现代园林经济与园林管理研究

冯炜东　黄　璞　王　莉◎著

吉林科学技术出版社

图书在版编目（CIP）数据

现代园林经济与园林管理研究 / 冯炜东，黄璞，王
莉著 . —长春：吉林科学技术出版社，2023.6
ISBN 978-7-5744-0371-0

Ⅰ.①现…　Ⅱ.①冯…　②黄…　③王…　Ⅲ.①园林 –
经济管理 – 研究　Ⅳ.① TU986.3

中国国家版本馆 CIP 数据核字（2023）第 087443 号

现代园林经济与园林管理研究

著　冯炜东　黄　璞　王　莉
出 版 人　宛　霞
责任编辑　蒋雪梅
封面设计　易出版
制　　版　易出版
幅面尺寸　170mm×240mm
开　　本　16
字　　数　206 千字
印　　张　14.5
印　　数　1–1500 册
版　　次　2023年6月第1版
印　　次　2024年1月第1次印刷

出　　版　吉林科学技术出版社
发　　行　吉林科学技术出版社
地　　址　长春市福祉大路5788号
邮　　编　130118
发行部电话/传真　0431-81629529 81629530 81629531
　　　　　　　　　81629532 81629533 81629534
储运部电话　0431-86059116
编辑部电话　0431-81629518
印　　刷　廊坊市印艺阁数字科技有限公司

书　　号　ISBN 978-7-5744-0371-0
定　　价　75.00元

前　言

目前，我国的社会发展越来越趋向于现代化，人民的生活节奏越来越快，满是钢筋水泥的生存环境和枯燥无味的生活日常使得人们承受着莫大的精神压力。因此，为人们打造出一个与自然相融合的环境、构建出生态园林的氛围，不但可以成为人们生活的润滑剂，而且还可以使人们的精神得到放松，是促成人们健康生活的必要手段。正因如此，人们开始在现代园林的发展方面加大力度，努力探索与之相关的理论和问题，所以，对于园林经济的建设和管理方式就变成了值得思考的问题。

随着我国经济建设的快速发展和人口的不断增长，生态环境问题成为制约我国国民经济进一步发展的瓶颈。在全球化的保护自然和生态环境潮流的推动下，以保护自然环境、维护生态平衡为核心的可持续发展理论深入人心。园林事业亦日益受到人们的重视，得以长足发展，全国各地涌现出一大批融自然山水花木与现代建筑艺术于一体的优秀园林作品。然而，毋庸讳言，在片面追求经济利益和急功近利等思想影响下，也出现了一些矫揉造作、复制抄袭、东拼西凑或粗制滥造的东西，造成我国园林界目前的百花齐放却良莠不齐，欣欣向荣却鱼龙混杂的局面。

如要打破现状，我国的园林领域发展就要抓住园林经济和企业管理对经济效益和社会效益的重要性。本书把园林工程项目管理的合理、规范、优化作为园林企业经营发展战略的重要举措，把理论与实际相结合，做好园林工程的全面管理以及经济核算与对园林工程经济学和园林工程技术经济学的基本应用。

由于撰写时的仓促，本书难免存在一些细节上的问题，恭请广大读者对提出书中的不足之处，以帮助笔者对本书做出进一步的完善。

编　者

2023 年 3 月

目 录

第一章　中国园林概述⋯⋯⋯⋯⋯⋯⋯⋯⋯⋯⋯⋯⋯⋯⋯⋯⋯⋯⋯**001**

　　第一节　园林的定义与范畴⋯⋯⋯⋯⋯⋯⋯⋯⋯⋯⋯⋯⋯⋯⋯001

　　第二节　园林的组成要素⋯⋯⋯⋯⋯⋯⋯⋯⋯⋯⋯⋯⋯⋯⋯⋯003

　　第三节　园林的具体功能⋯⋯⋯⋯⋯⋯⋯⋯⋯⋯⋯⋯⋯⋯⋯⋯030

第二章　现代园林企业管理⋯⋯⋯⋯⋯⋯⋯⋯⋯⋯⋯⋯⋯⋯⋯⋯**037**

　　第一节　园林企业特征与基础管理⋯⋯⋯⋯⋯⋯⋯⋯⋯⋯⋯⋯037

　　第二节　园林企业财务会计管理⋯⋯⋯⋯⋯⋯⋯⋯⋯⋯⋯⋯⋯041

　　第三节　园林企业劳动管理⋯⋯⋯⋯⋯⋯⋯⋯⋯⋯⋯⋯⋯⋯⋯048

第三章　现代园林花木的营销管理⋯⋯⋯⋯⋯⋯⋯⋯⋯⋯⋯⋯⋯**055**

　　第一节　经营管理⋯⋯⋯⋯⋯⋯⋯⋯⋯⋯⋯⋯⋯⋯⋯⋯⋯⋯⋯055

　　第二节　产品销售⋯⋯⋯⋯⋯⋯⋯⋯⋯⋯⋯⋯⋯⋯⋯⋯⋯⋯⋯066

第四章　现代园林工程施工管理⋯⋯⋯⋯⋯⋯⋯⋯⋯⋯⋯⋯⋯⋯**081**

　　第一节　园林工程施工管理概述⋯⋯⋯⋯⋯⋯⋯⋯⋯⋯⋯⋯⋯081

　　第二节　园林工程施工质量管理⋯⋯⋯⋯⋯⋯⋯⋯⋯⋯⋯⋯⋯093

　　第三节　园林工程施工成本管理⋯⋯⋯⋯⋯⋯⋯⋯⋯⋯⋯⋯⋯106

　　第四节　园林工程施工安全管理⋯⋯⋯⋯⋯⋯⋯⋯⋯⋯⋯⋯⋯123

　　第五节　园林工程施工生产要素管理⋯⋯⋯⋯⋯⋯⋯⋯⋯⋯⋯136

第五章　现代园林植物养护管理⋯⋯⋯⋯⋯⋯⋯⋯⋯⋯⋯⋯⋯⋯**152**

　　第一节　园林植物养护管理概述⋯⋯⋯⋯⋯⋯⋯⋯⋯⋯⋯⋯⋯152

　　第二节　土壤管理⋯⋯⋯⋯⋯⋯⋯⋯⋯⋯⋯⋯⋯⋯⋯⋯⋯⋯⋯154

　　第三节　灌溉与排水⋯⋯⋯⋯⋯⋯⋯⋯⋯⋯⋯⋯⋯⋯⋯⋯⋯⋯156

　　第四节　施肥⋯⋯⋯⋯⋯⋯⋯⋯⋯⋯⋯⋯⋯⋯⋯⋯⋯⋯⋯⋯⋯157

第五节　自然灾害防治·······················159

第六节　园林植物病虫害防治·················163

第七节　园林植物的整形修剪···············167

第六章　甘肃省园林景观建设研究·············**178**

第一节　甘肃省园林景观建设分类···········178

第二节　甘肃省园林建设的现状与不足·······181

第七章　甘肃省园林植物应用与分析···········**185**

第一节　甘肃省气候与自然环境调查·········185

第二节　甘肃省园林绿化中存在的问题·······187

第三节　甘肃省园林植物的选择与配置·······189

第八章　甘肃省生态园林建设与可持续发展研究···**199**

第一节　甘肃省生态园林建设的原则与途径···199

第二节　甘肃省生态园林用水节水问题探索···202

第三节　甘肃省生态园林修复的技术与措施···213

第四节　甘肃省生态园林可持续发展的建议···221

参考文献·····································**225**

第一章　中国园林概述

对于我国而言，不管是富丽堂皇的皇家园林，还是巧夺天工的苏州园林，在园林领域中都是很难超越的经典，也是园林绿化规划设计的卓越成就。伴随着我国经济的不断发展，我国的园林绿化也在高速发展着。通过园林绿化能够改善人们的居住环境，净化区域空气等。而且会对风沙起到防御作用，减弱噪声，在光合作用、蒸腾作用的影响下，会促进空气和水之间的良性循环，为人们创造一个健康舒适的居住环境。

第一节　园林的定义与范畴

"园林"一词诞生已久。北魏杨衒之《洛阳伽蓝记·城东》："惟伦最为豪侈，斋宇光丽，服车精奇，车马出入，逾于邦君。园林山池之美，诸王莫及。"晋张翰《杂诗》："暮春和气应，白日照园林。"唐代贾岛《郊居即事》："住此园林久，其如未是家。"姚合《扬州春词》："园林多是宅，车马少于船。"明代刘基《春雨三绝句》："春雨和风细细来，园林取次发枯黄。"清代吴伟业《晚眺》："原庙寒泉里，园林秋草旁。"这里的"园林"，就是我们今天所谓的有假山水榭、亭台楼阁，花草树木，供人休息和游赏的地方。

园林是人类对生存环境的实践活动，是一个渐次扩展的概念。园林以物化的形式承载着风格，思想、理论、气质、形式，凝聚了世界各民族对生存环境的认知历程与审美实践，按照艺术规律、美的尺度与造型，在过程中积淀其深层的物质精神构成，体现造园的文化艺术和造园的特征。

西文的拼音文字如拉丁语系的 Garden，Garden，Jardon 等，源出于古希伯来文的 Gen 和 Eden 两字的结合。前者意为界墙，蕃篱，后者即乐园，也就是《旧约·创世纪》中所描述的充满着果树鲜花，潺潺流水的"伊甸园"。按照中国自然科学名词审定委员会颁布的《建筑·园林城市规划名词》规定，"园林"被译为 garden and park 即"花园及公园"的意思。garden 一词，现代英文译为"花园"，还包括菜园、果园、草药园、猎苑等。park 一词即是"公园"之意，即向全体公众开放的园林。西方园林秉承历史的传承性和理论的发展，对环境建设的反思，在实践上更加注重理性思辨色彩。19 世纪下半叶，西方景观"Landscape Architecture"一词的出现取代了传统的"Garden"或"Park"。"Landscape Architecture"明显地体现了现代园林的文化、艺术、生态的知识经济时代的特征，增大了概念的外延内在的特质，而后建立在"现代主义运动（Modern Movement）"理论与实践基础上的现代绘画，雕塑，现代建筑而产生了现代景观（Modern Landscape Architecture）。1960 年 5 月，在日本东京的"世界设计会议"上，提出"环境设计"（Enviroment Design）的这一划时代意义的概念，受到普遍认同，更加强调设计性，前瞻性、艺术性、文化性，更加关注环境性、人与物的通透性。现阶段的中国园林环境的概念仍缺乏其内在的深度，显得模糊与滞后。20 世纪初的现代绘画，现代雕塑，现代建筑这三者激动人心的史诗般的、才华横溢的变革，表现了景观设计新的设计思想和设计语言，表达了工业社会到信息社会人们新的生活方式，审美标准和审美诉求及社会节奏。

我国"园林"一词的出现始于魏晋南北朝时期。陶渊明在《从都还阻风于规林》有"静念园林好，人间良可辞"的佳句，沈约在《宋志·乐志》亦有"雉子游原泽，幼怀耿介心；饮啄虽勤苦，不愿栖园林"的兴叹。园林多指那些具有山水田园风光的乡间庭园，正如陶渊明在《归园田居·其一》中所描绘的情景："方宅十余亩，草屋八九间。榆柳荫后檐，桃李罗堂前。暖暖远人村，依依墟里烟。狗吠深巷中，鸡鸣桑树巅。"如《饮酒》中的："采菊东篱下，悠然见南山。山气日夕佳，飞鸟相与还。"

在园林历史发展中，"园林"的含义有了较大的发展。在中国，人们又把"园林"和"园"当作一回事。《辞海》中不见"园林"一词，只有"园"。"园"有两种解释：四周常围有垣篱，种植树木，果树、花卉或蔬菜等植物和饲养、展出动物的绿地，如公园，植物园，动物园等；帝王后妃的墓地。《辞源》亦不见"园林"，只有"园"。"园"有三种解释：用篱笆环围种植蔬菜、花木的地方；别墅和游憩的地方；帝王的墓地。我国台湾《中文大辞典》收有"园林"一词，释为"植花木以供游息之所"，另收"园"一词，有五种解释：果园；花园；有蕃曰园，《诗·秦风》疏："有蕃曰园，有墙曰囿"；圃之樊也；茔域，《正字通》："凡历代帝、后葬所曰园。"

《中国大百科全书》称园林（park and garden）是"在一定的地域运用工程技术和艺术手段，通过改造地形（或进一步筑山、叠石、理水）种植树木花草，营造建筑和布置园路等途径创作而成的美的自然环境和游憩境域"。园林的范围包括庭园、宅园、小游园、花园、公园、植物园和动物园等，随着园林学科的发展还包括森林公园、风景名胜区、自然保护区、国家公园的游览区以及休闲疗养胜地等。这个定义概括了园林的特点和构成范围，包含以下几点：

第一，园林是一个供人们观赏、休闲、游憩的场所，一个户外的活动空间或视觉空间，这个空间有大尺度的，也有小尺度的；大尺度的如森林公园，风景名胜区等；小尺度的如街道小游园，庭院绿化等。

第二，园林的构成要素有地形、水体、山石、建筑、植物等，它们的和谐搭配形成了园林的不同类型和风格。园林的构成要素在园林中并不是随机地、任意地组合在一起的，而是互相联系、有机地组合在一起的，各种构成要素的使用比例，也不是任意的，而是根据园林形式和园林风格的变化而变化的。园林作为艺术品，它的风格必然与文化传统，历史条件，地理环境有着密切的关系，也带有一定的阶级烙印。

第三，园林既是物质产品，又是精神产品，它和雕塑，建筑等都属三维空间的造型艺术，但园林和雕塑、建筑等的根本区别在于它是一个自然物的开放空间。园林的营造是在经济，技术条件的制约下，在满足使用功能和生态功能的前提下，艺术地布局，从而既形成了一个赏心悦目的户外环境，满足了大众的精神需求，又维护了国土安全和环境生态效益的平衡。

随着时代的发展和经济全球化，园林学科将向社会的广度与深度渗透，现代园林的社会属性、文化内涵与构成范围又会有新的发展。

第二节 园林的组成要素

中国园林主要由建筑、山石、水体、动物、植物等五大要素组成。历代造园匠师都充分利用这些要素，精心规划，辛勤劳作，创作了一座座巧夺天工的优秀园林，成为封建帝王、士大夫、富商巨贾等"放怀适情，游心玩思"的游憩环境。下面拟分为园林建筑艺术，掇山叠石、理水、园林动物与植物等四个部分分别予以说明。

一、园林建筑艺术

我国建筑艺术实质上是木材的加工技术和装饰艺术。园林建筑不同于一般的建筑，它们散布于园林之中，具有双重的作用，除满足居住休息或游乐等需要外，它与山池、花木共同组成园景的构图中心，创造了丰富变化的空间环境和建筑艺术。我国园林建筑艺术的成熟经历了漫长而曲折的发展过程。

（一）园林建筑的历史沿革

据《易经》记载："上古穴居而野处，后世圣人易之以宫室，上栋下宇，以待风雨"。说明了一个上古时代穴居游牧生活逐渐向着建筑房屋的演变过程。至夏、殷时代，建筑技艺逐渐发展，出现了宫室、世室、台等建筑物，建筑材料开始使用砖、瓦和三合土（细沙、白灰、黄土）。周时始定城郭宫室之制，前朝后市，左庙右社，并规定大小诸侯的级别，宫门、宫殿、明堂、辟雍等都定出等级。宫苑之中囿、沼、台三位一体，组成园林空间，直到周代确立下来。

春秋战国时建筑技艺已相当发达。梁柱等上面都有了装饰，墙壁上也有了壁画，砖瓦的表面都模制出精美的画案花纹和浮雕图画。《诗经》上形容周代天子的宫殿式样是"如翚斯飞"，说明我国宫室屋顶的出檐伸张在周朝末期就已经有了，而且在建筑设计时能考虑到殿馆、阁楼、廊道等建筑物与池沼楼台的景物的联系，相映生辉。

秦汉时代是我国园林建筑发展的里程碑。秦始皇在咸阳集中各地匠师进行大规模的建筑活动。汉代砖瓦已具有一定的规格，除了一般的筒板瓦、长砖、方砖外，还烧制出扇形砖、楔形砖和适应构造和施工要求的定形空心砖。从汉代的石阙、砖瓦、明器、房屋和画像砖等图像来看，框架结构在汉代已经达到完善地步，从而使建筑的外形也逐渐改观。各种式样的屋顶如四阿、悬山、硬山、歇山、四角攒尖、卷棚等在汉代都已出现，屋顶上直搏脊、正脊上有各种装饰。用斗拱组成的构架也出现，而且斗拱本身不但有普通简便的式样还有曲拱柱头，铺作和补间铺作。不但有柱形、柱础、门窗、拱券、栏杆、台基等，而且本身的变化很多，门窗栏杆是可以随意拆卸的。总的说来，汉代在建筑艺术形式上的成就为我国木结构建筑打下了坚实的基础，其外形一直代代传承下来。

此外，汉代的精美雕刻，为园林建筑增光添彩，如太液池和昆明池旁的石人和石刻的鲸鱼、龟，以及立石作牵牛织女，还有不少铜铸的雕像如仙女承露盘，更增加了园林的观赏游乐情趣。

南北朝的园林建筑极力追求豪华奢侈。在建筑艺术上特别是细部手法和装饰图案方面，吸收了一些外来因素、卷草纹、莲花纹等图案花纹逐渐融会到传统形式中，并且使它丰富和发展起来。

　　宫苑的营造上"凿渠引水，穿池筑山"，山水已是筑苑的骨干，同时"楼殿间起，穷华极丽"，为隋代山水建筑宫苑开其端，掇山的工程已具相当技巧，如景云山"基于五十步，峰高七十丈"。

　　随着佛教兴起，佛寺建筑大为发展。塔，是南北朝时代的新创作，是根据佛教浮图的概念用我国固有建筑楼阁的方式来建造的一种建筑物。早期时候，大都是木结构的木塔，在发展过程中砖石逐渐代替了木材作为建塔的主要材料，有的砖塔在外形上还保留着木塔的形式。

　　自从北魏奉佛教为国教后，大兴土木敕建佛寺，据杨衒之《洛阳伽蓝记》所载，从汉末到西晋时只有佛寺42所，到了北魏时，洛阳京城内外就有1000多所，其他州县也多有佛寺，到了北齐时代全国佛寺约有3万多所，这些佛寺的建筑，尤其是帝王敕建的，都是装饰华丽金碧辉煌，跟帝王居住的宫苑一样豪华。以北魏胡太后所建的永宁寺在当时最为有名。

　　隋唐时期，土木结构的基本形式，用料标准已有定型，都市规划详密，布局严整，设计中不仅使用图样，还有木制模型，这是我国建筑技术史上的一大突破。此外，桥梁建筑以其精美独特的风格与施工技巧而闻名于世。

　　唐代寺观建筑得到全面的发展，从现存于山西五台山的唐代建筑，即建于公元782年的南禅寺大殿和建于公元857年的佛光寺大殿，可称为唐代寺观建筑典范，不难看出秀丽庄重的外形和内部艺术形象处理是唐代寺观建筑的特色。

　　宋朝建筑不仅承继了唐朝的形式但略为华丽，而且在结构、工程技法上更加完善，这时出现了一部整理完善的建筑典籍，它就是李诫的《营造法式》。这本书从简单的测量方法、圆周率等释名开始，依次叙述了基础、石作、大小木作、竹瓦泥砖作、彩作、雕作等制度及功限和料例，并附有各式图样。这本古代建筑专著是集历代建筑经验之大成，成为后世建筑技术上的典则。

　　宋代园林建筑的造型，几乎达到了完美无缺的程度，木构建筑相互之间的恰当比例关系，预先制好的构件成品，采用安装的方法，形成了木构建筑的顶峰时期。当时还有了专门造假山的"山匠"。这些能"堆掇峰峦，构置洞壑，绝有天巧"的能工巧匠，为我国园林艺术的营造和发展，都做出了极为宝贵的贡献。

　　由于唐、宋打下了非常厚实的造园艺术基础，才使我国明末清初时期的园林艺术，达到炉火纯青的地步。明清之际，由于制砖手工业的发展，除重要城市以外，中心县城的城垣，民间建筑也多使用砖瓦，宫廷建筑完全定型化、程式化，而缺乏生气，但也留下了许多优秀建筑作品。园林建筑这时期数量多，富于变化，设计与施工均有较大发展。明末计成的《园冶》是一部专门总结造园理论和经验的名著，他系统地研究了江南一带造园技术的成就，主张"虽有人作，宛自天开"，强调因地制宜，使园林富有天然色彩，并以此作为衡量园林建筑优劣的重要尺度之一。

古代一度蓬勃发达的科学技术到清朝中、后期失去了前进的势头，园林建筑技艺回归为匠师们的口授心传，清乾嘉以后园林终于走向逐渐衰落的局面。

（二）园林建筑类型及装饰

1. 园林建筑种类

园林建筑有着不同的功能和取景特点，种类繁多。计成的《园冶》就有门楼、堂、斋、室、房、馆、楼、台、阁、亭、榭、轩、卷、广、廊等15种，实际上远不止此。它们都是一座座独立的建筑，都有自己多样的形式。甚至本身就是一组组建筑构成的庭院，各有用处，各得其所。园景可入室、进院、临窗、靠墙，可在厅前、房后、楼侧、亭下，建筑与园林相互穿插、交融，你中有我，我中有你，不可分离。在总的园林布局下，做到建筑与环境协调和谐统一，艺术造型参差错落有致，园景变化无穷。

（1）亭

亭的历史十分悠久。周代的亭，是设在边防要塞的小堡垒，设有亭吏。到了秦汉，亭的建筑扩大到各地，成为地方维护治安的基层组织。《汉书》记载："亭有两卒，一为亭父，掌开闭扫除；一为求盗，掌逐捕盗贼"。魏晋南北朝时，代替亭制而起的是驿。此后，亭和驿逐渐废弃。但民间却有在交通要道筑亭作为旅途歇息的习俗而沿用下来，也有的作为迎宾送客的礼仪场所，一般是十里为长亭，五里为短亭。同时，亭作为点景建筑，开始出现在园林之中。

唐时期，苑园之中筑亭已很普遍，造型也极精巧。《营造法式》中就详细地描述了亭的形状和建造技术，此后，亭的建筑便愈来愈多，形式多种多样。

亭子不仅是供人旅途休息的场所，又是园林中重要的点景建筑。布置合理，全园俱活，不得体则感到凌乱。明代著名的造园家计成认为，山顶、水涯、湖心、松荫、竹丛，花间都是布置园林建筑的合适地点，在这些地方筑亭，一般都能构成园林空间中美好的景观艺术效果。也有在桥上筑亭的，扬州瘦西湖的五亭桥、北京颐和园中西堤上的桥亭等，亭桥结合，构成园林空间中的美好景观艺术效果，又有水中倒影，使得园景更富诗情画意。如扬州的五亭桥，还成为扬州的标志。

园林中高处筑亭，既是仰观的重要景点，又可供游人统览全景，在叠山脚前边筑亭，以衬托山势的高耸，临水处筑亭，则取得倒影成趣，林木深处筑亭，半隐半露，既含蓄而又平添情趣。

在众多类型的亭中，方亭最常见，它简单大方。圆亭更秀丽，但额枋挂落和亭顶都是圆的，施工要比方亭复杂。在亭的类型中还有半亭和独立亭，桥亭等，半亭多与走廊相连，依壁而建。亭的平面形式有方、长方、五角、六角、八角、圆、梅花，扇形等。亭顶除攒尖以外，歇山顶也相当普遍。

（2）台

中国古代园林的最初小品，《尔雅·释宫》曰："四方而高曰台"；《释名》曰："台，持也。言筑土坚高，能自胜持也"。《诗经·大雅》郑玄注："国之有台，所以望氛，察灾祥，时观游，节劳佚也"。《吕氏春秋》高秀注："积土、四方而高曰台"。《白虎通·释台》："考天人之际，查阴阳之会，揆星度之验"。以上是秦汉时期人们关于台的认识，表明台是用土堆积起来的坚实而高大、方锥状的建筑物，具有考察天文、地理、阴阳、人事和观赏游览等功能。其实，台最初是独立的敬天祭神的神圣之地，无其他建筑物。以后才和宫室建筑结合，如钧台（夏启），鹿台（商纣王）等。春秋以后，台又与其他观赏建筑物相结合，共同构成园林景观，如姑苏台（吴王夫差）鸿台（秦始皇）、汉台、钓鱼台等。计成的《园冶》载："园林之台，或掇石而高，上平者；或木架高而版平无层者；或楼阁前出一步而敞者，俱为台"。表明以后园林中设台只是材料有所变化，而仍然保持高起，平台，无遮的形式，达到登高望远等效果。

（3）廊

我国建筑中的走廊，不但是厅堂、馆阁、楼室的延伸，也是由主体建筑通向各处的纽带。而园林中的廊，既起到园林建筑的穿插、联系的作用，又是园林景色的导游线。如北京颐和园的长廊，它既是园林建筑之间的联系路线，或者说是园林中的脉络，又与各种建筑组成空间层次多变的园林艺术空间。

廊的形式有曲廊、直廊、波形廊、复廊。按所处的位置分，有沿墙走廊、爬山走廊、水廊、回廊、桥廊等。

计成对园林中廊的精练概括为："宜曲宜长则胜"；"随形而弯，依势而曲；或蟠山腰，或穷水际，通花渡壑，蜿蜒无尽"。

廊的运用，在江南园林中十分突出，它不仅是联系建筑的重要组成部分，而且是在划分空间，组成一个个景区的重要手段，廊又是组成园林动观与静观的重要手法。

廊的形式以玲珑轻巧为上，尺度不宜过大。沿墙走廊的屋顶多采用单面坡式，其他廊的屋面形式多采用两坡顶。

（4）桥

桥的种类繁多，千姿百态。在我国园林之中，有石板桥、木桥、石拱桥、多孔桥、廊桥、亭桥等。置于园林中的桥，除了实用之外，还有观赏、游览以及分割园林空间等作用。园林中的桥，又多以矫健秀巧或势若飞虹的雄姿，或小巧多变，精巧细致，吸引着众多的游客慕名而来。

我国桥梁的类型，在江南园林中，可以说是应有尽有。而且在每个园林，以致每个景区几乎都离不开桥。如杭州西湖园林区，白堤断桥"西村唤渡处"的西冷桥、花港观鱼的木板曲桥、"三潭印月"的九曲桥、"我心相印亭"处的石板桥等。各种各样的桥，在园林的平面与空间组合中都发挥了极其重要的作用。

在北方皇家园林中，北京颐和园的桥最具有特色。如昆明湖的玉带桥，全用汉白玉雕琢而成，桥面呈双向反曲线，显得富丽、幽雅、别致，又有水中倒影，成为昆明湖极重要的观赏点。昆明湖东堤上的十七孔桥，更是颐和园水面上必不可少的点景和水面分割，联系的一座造型极美的联拱大石桥。桥面隆起，形如明月，桥栏雕着形态各异的石狮，只只栩栩如生。在昆明湖的西堤上，又有西堤六桥，六桥特点各异，桥与西堤成为昆明湖水面分割的重要组成部分。

中国园林中的桥是艺术品，不仅在于它的姿态，而且还由于它选用了不同的材料。石桥之凝重，木桥之轻盈，索桥之惊险，卵石桥之危立，皆能和湖光山色配成一幅绝妙的图画。

（5）楼与阁

在园林建筑中，楼与阁是很引人注目的。它们体量较大，造型复杂，位置十分重要。在众多的园林中它往往起到控制全园的作用。

楼与阁极其相似，而又各具特点。《说文》曰："重屋曰楼"。《尔雅》曰："狭而修曲为楼"。楼的平面一般呈狭长形，也可曲折延伸，立面为二层以上。园林中的楼有居住、读书、宴客、观赏等多种功能。通常布置在园林中的高地、水边或建筑群的附近。阁，外形类似楼，四周常常开窗，每层都设挑出的平坐等。计成《园冶》载"阁者，四阿开四牖"。表明阁的造型是四阿式屋顶，四面开窗。阁的建筑，一层的也较多，如苏州拙政园的浮翠阁，留听阁。临水而建的就称为水阁，如苏州网师园的濯缨阁等。但大多数的阁是多层的，颐和园的佛香阁为八面三层四重檐，整个建筑庄重华丽，金碧辉煌，气势磅礴，具有很高的艺术性，是整个颐和园园林建筑的构图中心。

（6）厅、堂、轩

厅与堂在私家园林中，一般多是园主进行各种娱乐活动的主要场所。从结构上分，用长方形木料做梁架的一般称为厅，用圆木料者称堂。

厅又有大厅、四面厅、鸳鸯厅、花厅、荷花厅、花蓝厅。大厅往往是园林建筑中的主体，面阔三间五间不等。四周有回廊、桶扇，不作墙壁的厅堂称四面厅。如拙政园的远香堂。

厅内脊柱落地，柱间以屏风、门罩、纱桶等将厅等分为南北两部分。梁架一面用扁料，一面用圆料，装饰陈设各不相同。似两进厅堂合并而成的称为鸳鸯厅，如留园的林泉耆硕之馆，平面面阔五间，单檐歇山顶，建筑的外形比较简洁、朴素、大方。花厅，主要供起居和生活或兼用会客之用，多接近住宅。厅前庭院中多布置奇花异石，创造出情意幽深的环境，如拙政园的玉兰堂。荷花厅为临水建筑，厅前有宽敞的平台，与园中水体组成重要的景观。如苏州怡园的藕香榭、留园的涵碧山房等，皆属此种类型。花厅与荷花厅室内多用卷棚顶。花蓝厅的当心步柱不落地，代以垂莲柱，柱端雕花蓝，梁架多用方木。

轩是建在高旷地带而环境幽静的小屋，园林中多作观景之用。在古代，轩指一种有帷幕而前顶较高的车，"车前高曰轩，后低曰轾"。《园冶》中说得好："轩式类车，取轩欲举之意，宜置高敞，以助胜则称"。轩在建筑上，则指厅堂前带卷棚顶的部分。园林中的轩轻巧灵活，高敞飘逸，多布局在高旷地段。如留园的绿阴轩，闻木樨香轩、网师园的竹外一枝轩。轩建于高旷的地方，对于观景有利。

（7）榭、舫

榭与舫，《园冶》中说："榭者，藉也。藉景而成者也。或水边，或花畔，制亦随态"。

榭与舫相同处是多为临水建筑，而园林中榭与舫，在建筑形式上是不同的。榭又称为水阁，建于池畔，形式随环境而不同。它的平台挑出水面，实际上是观览园林景色的建筑。建筑的临水面开敞，也设有栏杆。建筑的基部一半在水中，一半在池岸，跨水部分多做成石梁柱结构，较大的水榭还有茶座和水上舞台等。

舫，又称旱船。是一种船形建筑，又称不系舟，建于水边，前半部多是三面临水，使人有虽在建筑中，却又犹如置身舟楫之感。船首的一侧设平板与岸相连，颇具跳板之意。船体部分通常采用石块砌筑。

在我国古代园林中，榭与舫的实例很多，如苏州拙政园中的芙蓉榭，半在水中、半在池岸，四周通透开敞。颐和园石舫的位置选得很妙，从昆明湖上看去，好像正从后湖开来的一条大船，为后湖景区展开起着景露意藏的作用。

（8）园门

园林中的门，犹如文章的开头，是构成一座园林的重要组成部分。造园家在规划构思设计时，常常是搜奇夺巧，匠心独运。如南京瞻园入口的门，简洁、朴实无华，小门一扇，墙上藤萝攀绕，于街巷深处显得清幽雅静，游人涉足入门，空间则由"收"而"放"。苏州留园的人口处理更是苦心经营，园门粉墙、青瓦，古树一枝，构筑可谓简洁，入门后经过三个过道三个小厅，造成了游人扑朔迷离的游兴。最后看见题额"长留天地间"的古木交柯门洞，门洞东侧开一月洞窗，细竹插翠，指示出眼前即到佳境。这种建筑空间的巧妙组合中，门起到了非常重要的作用。

园林的门，往往也能反映出园林主人的地位和等级。例如进颐和园之前，先要经过东宫门外的"涵虚"牌楼、东宫门、仁寿门、玉澜堂大门，宜芸馆垂花门，乐寿堂东跨院垂花门，长廊入口邀月门这七种形式不同的门，穿过九进气氛各异的院落，然后步入七百多米的长廊，这一门一院形成不同的空间序列，又具有明显的节奏感。

（9）园林中的景墙

粉墙漏窗，已经成为人们形容我国古代园林建筑特点的口头语之一，在我国的古代园林中，经常会看到精巧别致、形式多样的景墙。它既可以划分景区，又兼有造景的作用。在园林的平面布局和空间处理中，它能构成灵活多变的空间关系，能化大为小，能构成园中之园，也能以几个小园组合成大园，也是"小中见大"的巧妙手法之一。

所谓景墙，主要手法是在粉墙上开设玲珑剔透的景窗，使园内空间互相渗透。如杭州三潭印月绿洲景区的"竹径通幽处"的景墙，既起到划分园林空间的作用，又通过漏窗起到园林景色互相渗透的作用。上海豫园万花楼前庭院的粉墙，北京颐和园中的灯窗墙，苏州拙政园中的云墙，留园中的粉墙等都以其生动的景窗，令人叹为观止。

景窗的形式多种多样，有空窗、花格窗、博古窗、玻璃花窗等。

（10）广

"因岩为屋曰广，盖借岩成势，不完成屋者为广"。《园冶》中的意思是说，靠山建造的房屋谓之广，凡是借用山的一面所构成半面，而又不完整的房子，都可以称为"广"。

（11）塔

塔起源于印度，译文浮屠，塔波等，最初是佛家弟子们为藏置佛祖舍利和遗物而建造的。公元 1 世纪随佛教传入我国。早期的中国佛塔是平面呈正方形的木构楼阁式塔，是印度式的塔与我国秦汉时期高层楼阁建筑形式结合的产物。塔层多为奇数，以七级最常见；刹安置于塔顶，高度为塔高的 1/4 ～ 1/3，刹既具有宗教意义（修成正果、大觉大悟），同时又具装饰作用。

南北朝时出现密檐式塔（一层特别高大）。隋唐时有：①单层亭阁式塔；②金刚座宝塔（一座高台并立 5 座）。塔由佛殿前退居佛殿后，砖石逐渐取代木料，塔平面有六角、八角、圆形等。元代出现喇嘛塔，主要在藏族、蒙古族。著名的塔有：①山西应县木塔；②西安慈恩寺塔；③妙应寺白塔（元）；④北京阜城门白塔；⑤河南登封嵩岳寺塔；⑥苏州虎丘云岩寺塔；⑦云南大理三塔；⑧北海白塔（顺治）；⑨西湖雷峰塔；⑩钱塘江白塔、六和塔。

（12）谯楼

古代城墙上的高楼，作战时可瞭望敌阵。楼中有鼓，夜间击鼓报时，亦称鼓楼。以后，逐渐进入皇家园林和寺观园林中。

（13）馆

馆也与厅堂同类，是成组的起居或游宴处所。最初的馆为帝王的离宫别馆，后发展成为招待宾客的地方。特点是规模较大，位置一般在高敞清爽之地。但在江南园林中是园主人休憩、会客的场所。如拙政园玲珑馆、网师园的蹈和馆，沧浪亭的翠玲珑馆等。

（14）斋

幽深僻静处的学舍书屋，一般不做主体建筑。计成《园冶》曰："斋较堂，惟气藏而致敛，有使人肃沫斋敬之义，盖藏修密处之地，故或不宜敞显"。多指专心静修或读书的场所，形式较模糊，多以个体出现，一般设在山林中，不甚显露。

2. 园林建筑局部造型与装饰

（1）屋顶造型艺术

我国古典园林艺术建筑的外观一般具有屋顶、屋身和台基三个部分，历史上称为"三段式"，因此构成的建筑外型有独特风格。屋顶形式是富有艺术表现力的一个重要部件。园林建筑艺术贵在看顶，造型多变，翼角轻盈，形成我国园林建筑玲珑秀丽的外形，是构成我国园林艺术风格的重要因素之一。

屋顶有庑殿或四阿、硬山、悬山、歇山、卷棚、攒尖、穹隆式等数十种。

庑殿。传统建筑屋顶形式之一，四面斜坡，有一条正脊和四条斜脊，屋面略有弧度，又称四阿式，多用于宫殿（寺观亦用）。

穿窿式。屋顶形式之一，屋盖为球形或多边形，通称圆顶。此外，用砖砌的无梁殿，室内顶呈半圆形，亦称穿窿顶。

卷棚顶。传统建筑双坡屋顶形式之一，即前后坡相接处不用脊而砌成弧形砌面。

悬山。传统建筑屋顶形式之一，屋面双坡，两侧伸出于山墙之外，屋面上有一条正脊和四条垂脊，又称"挑山"。

硬山。传统建筑双坡屋顶形式之一，两侧山墙同屋面齐平或略高于屋面。

歇山。传统建筑屋顶形式之一，是硬山，庑殿式的结合，即四面斜坡的屋面上部转折成垂直的三角形墙面。有一条正脊，四条垂脊和垂脊下端处折向的戗脊四条，故又称九脊式。

攒尖顶。传统建筑的屋顶形式之一，平面为圆形或多边形，上为锥形，见于亭阁，塔等。

（2）屋脊与屋面装饰

屋脊是与屋顶斜面结合一起的连线，具有"倒墙屋不坍"的特征，有正脊、斜脊、戗脊垂脊等。屋面即屋顶斜面。屋顶如为歇山式或攒尖式，其屋角做法有水戗发戗和嫩戗发戗，前者起翘较小，后者起翘大。屋角起翘升起的比例恰当，则建筑造型优美，反之艺术效果则差。

飞檐。古典建筑屋檐形式，微度上翘，屋角反翘较高。清代反翘突出，其状如飞。

瓦当。筒瓦之头，表面有凸出的纹饰或文字。先秦为半圆形，秦汉后出现圆形。

鸱尾，也叫鸱吻。古建筑屋面正脊两端的脊饰。汉代用凤凰，六朝到唐宋，用鸱尾（尾向内卷曲），明清也用鸱尾（尾向外卷曲）。此外，屋面上也有其他的吉祥物装饰。

雀替。我国传统建筑中，柱与枋相交处的横木托座，从柱头挑出承托其上之枋，以减少枋的净跨度，起加固和装饰作用。

（3）梁架

木构架建筑以木作为骨架，常用迭梁式，即在基座或柱础上立木柱，柱上架梁，梁上再迭短柱和短梁，直到屋脊为止。在硬山，悬山，歇山三种屋顶中，前二种梁架结构由立贴组成，天花多用卷棚，梁架用方料或圆料皆可。攒尖顶的做法一是老戗支撑灯心木，二是用大梁支撑灯心木，三是用搭角梁的做法。另外混合式屋顶，这要根据平面等形式灵活运用了。

斗拱。木构建筑的独特构件之一。一般置于柱头和额枋，屋面之间，用以支承梁架，挑出屋檐，兼具装饰作用。由斗形的木块和弓形的横木组成，纵横交错层叠，逐层向外挑出，形成上大下小的托座。

（4）天花

建筑物内顶部用木条交叉为方格，上铺板，发遮蔽梁以上部分，称天花。其中，小方格叫"平暗"，大方格叫"平棋"，上面多施鸟兽、花卉等彩绘。

（5）门窗

园林内部的洞门，漏窗形式多样，千变万化。窗棂也用木、竹片、铁片、铁丝，砖等制成各种图案花纹，使建筑物里里外外增添许多情趣。

相轮。塔刹的一部分，数重圆环形的铁圈，每重又有内外两道圈，中间小圈套在塔心柱上端。

（6）基座

木构架建筑最怕潮湿，故一般都有基座。基座可以是一层也可以多层，用土或灰土夯成，周围用砖石包围成平整平面，或做成须弥座形式。须弥座又名金刚座，我国古建筑台基的一种形式。用砖或石砌，上置佛像和神龛等。座上有凸凹的线脚，并镌刻纹饰。

藻井为古代建筑平面上凹进部分，有方形、六角形、八角形、圆形等，上有雕刻或彩绘。多在寺庙佛座上和宫殿的宝座上。

（7）塔刹

佛塔顶部的装饰，多用金属制成，有覆钵、相轮、宝盖或仰月、宝珠等部件，使塔的造型更神圣美观。

二、掇山叠石

中国园林的骨干是山水。"疏源之去由，察水之来历"，低凹可开池沼，掘池得土可构岗阜，使土方平衡，这是自然合理而又经济的处理手法。

我国园林中创作山水的基本原则是要得自然天成之趣，明代画家唐志契在《绘画微言》中说："最要得山水性情，得其性情便得山环抱起伏之势，如跳如坐，如俯如仰，"亦便得水涛浪萦洄之势，如绮如鳞，如怨如怒"。

因此，我们对于园林作品中山水创作的评价，首先要求合乎自然之理，就是说要合乎山水构成的规律，才能真实，同时还要求有自然之趣，也就是说从思想感情上把握山水客观形貌的性格特点，才能生动而形象地表现自然。园林里的山水，不是自然的翻版，而是综合的典型化的山水。

（一）掇山总说

因地势自有高低，园林里的掇山应当以原来地形为据，因势而堆掇。掇山可以是独山，也可以是群山，"一山有一山之形，群山有群山之势"，而且"山之体势不一，或崔巍，或嵯峨，或崎拔，或苍润，或明秀，皆入巧品"。（清唐岱：《绘事发微》）怎样来创作不同体势的山，这就需要"看真山，……辨其地位，发其神秀，穷其奥妙，夺其造化"。

掇山时，把岗阜连接压覆的山体就称作群山。要掇群山必是重重叠叠，互相压覆的，有近山，次山，远山，近山低而次山，远山高，近山转折而至次山，或回绕而到远山。近山、次山、远山，必有其一为主（称主山），余为宾（称客山），各有顺序，众山拱伏，主山始尊，群峰盘亘，主峰乃厚，这是总的立局。不论主山、客山都可适当的伸展，而使山形放阔，向纵深发展，这样就可以有起有伏，有收有放，于是山的形势就展开了，动起来了，一句话就能富有变化了。同时古人又指出，既是群山必然峰峦相连，必须注意"近峰远峰，形状勿令相犯"，不要成笔架排列。

就一山的形势来说，山的主要部分有山脚（即山麓）、山腰、山脊和山头（即山顶）之分。掇山必须相地势的高低，要"未山先麓，自然地势之嶙嶒"（《园冶》）；至于山头山脚要"俯仰照顾有情"，要"近阜下以承上"，这都是合乎自然地理的。山又分两麓，山的阴坡土壤湿润，植被丰富，阳坡土壤干燥，植被稀少，山的各个不同部分又各有名称，而且各有形体。"尖曰峰，平曰顶，员（圆）曰峦，相连曰岭，有穴曰岫，峻壁曰崖，崖下曰岩，岩下有穴而名岩穴也"。"山岗者，其山长而有脊也"。"山顶众者山颠也"。"岩者，洞穴是也，有水曰洞，无水曰府，言堂者，山形如堂屋也。言嶂者，如帷帐也"。"土山曰阜，平原曰坡，坡高曰陇"，"言谷者，通路曰谷，不相通路者曰壑。穷渎者无所通，而与水注者，川也。两山夹水曰润，陵夹水曰溪，溪中有水也"。（宋韩拙：《山水纯全集》）。此外，山峪（两山之间流水的沟）、山壑（山中低坳的地方）、山坞（四面高而当中低的地方），山限（山水弯曲的地方），山岫（有洞穴的部分）也是常见的一些名称，所有这些，都各具其形，可因势而作。

另外，"山有四方体貌，景物各异"。这就是说山的体貌因地域而有不同，性情也不一样。所谓"东山敦厚而广博，景质而水少"。西山川峡而峭拔，高耸而险峻，南山低小而水多，江湖景秀而华盛。北山阔嫚而多阜，林木气重而水窄。韩拙这段议论确是深刻地观察了我国各方的山貌而得其性情的高论。

（二）掇山种类

1. 高广的大山

要堆掇高广的大山，在技术上不能全用石，还需用土，或为土山或土山带石。因为既高而广的山，全用石，从工程上说过于浩大，从费用上说不太可能，从山的性情上说，磊石垒垒，草木不生，未免荒凉枯寂。堆掇高广的大山，全用土，形势易落于平淡单调，往往要在适当地方叠掇点岩石，在山麓山腰散点山石，自然有峻嶒之势，或在山的一边筑峭壁悬崖以增高巉之势，或在山头理峰石，以增高峻之势。所以堆掇高广的大山总是土石相间。李渔在《闲情偶寄》中写道："以土代石之法，既减人工，又省物力，且有天然委曲之妙……垒高广之山，全用碎石则如百纳僧衣，求一无缝处而不得，此其所以不耐观也。以土间之，则可泯然无迹，且便于种树，树根盘固，与石比坚，且树大叶繁，混然一色，不辨其为谁石谁土……此法不论石多石少，亦不必定求土石相半。土多则是土山带石，石多则是石山带土，土石二物，原不相离。石山离土，则草木不生，是童山矣。"例如：北京景山、北海的白塔山皆是如此，然而像北海白塔山后山部分不露土的堆石掇山，工程巨大，非一般人力所能及。

2. 小山的堆叠

小山的堆叠和大山不同。这里所说的小山，是指掇山成景的小山，例如颐和园谐趣园中的掇山和北海静心斋中的掇山。李渔在《闲情偶寄》中认为，堆叠小山不宜全用土，因为土易崩，不能叠成峻峭壁立之势，尽为馒头山了。同时堆叠小山完全用石，也不相宜。从未有完全用石掇成石山，甚或全用太湖石的。大抵全石山，不易堆叠，手法稍低更易相形见拙。例如苏州狮子林的石山，在池的东、南面，叠石为山，峰峦起伏，间以溪谷，本是绝好布局，但山上的叠石，在太湖石上增以石笋，好像刀山剑树，彼此又不相连贯，甚或故意砌仿狮形，更不耐观。

一般地说，小山而欲形势具备，可用外石内土之法，即可有壁立处，有险峻处。同时外石内土之法也可防免冲刷而不致崩坍。这样，山形虽小，还是可以取势以布山形，可有峭壁悬崖，洞穴、洞壑，做到山林深意，全在匠心独运。例如北海静习斋的掇山、苏州环秀山庄和拙政园的掇山，都不愧是咫尺山林，多方景胜，意境幽深。

3. 庭院掇山

一般宅第庭院或宅园中虽仅数十平方米也可掇山，但所掇的山只能称作小品。计成在《园冶》的掇山篇中认为对于叠山小品，因简而易从。计成根据掇山小品的位置、地点或依傍的建筑物名称而分为多种。"园中掇山"就称园山，"而就厅前一壁楼面三峰而已，是以散漫理之，可行佳境也"。计成认为："人皆厅前掇山（称厅山），环堵中耸起高高三峰，排列于前殊为可笑，加之以亭，及登一无可望，置之何益，更亦可笑"。这样塞满了厅前，成何比例，而又高又障眼，成何体态。他的意见：不如"或有嘉树稍点玲珑石块。不然墙中嵌理壁岩，或顶植卉木垂萝，似有深境也"。或有依墙壁叠石掇山的可称"峭壁山"，"靠壁理也，籍以粉壁为纸以石为绘也。理者相石皴纹，仿古人笔意，植黄山松柏古梅美竹，收之圆窗，宛然镜游也"。这就是说选皴纹合宜的山石数块，散点或聚点在粉墙前，再配以松桩（好似生在黄山岩壁上的黄山松）梅桩，岂不是一幅松石梅的画。以圆窗望之，画意深长，不必跋山涉水而可卧游。《园冶》掇山篇写道"书房山，凡掇小山，或依嘉树卉木，聚散而理，或悬崖峻壁各有别致。书房中最宜者，更以山石为池，俯于窗下，似得濠濮间想。更有"池山"。"池上理山，园中第一胜也，若大若小，更有妙境。就水点其步石，从巅架以飞梁，洞穴潜藏，空岩径水，峰峦飘渺，漏月招云，莫言世上无仙，斯住世之瀛壶也。"苏州环秀山庄的掇山，称为池山杰作。

4. 峰峦谷的堆叠

（1）峰

掇山而要有凸起挺拔之势，应选合乎峰态的山石来构成，山峰有主次之分。主峰应突出居于显著的位置，成为一山之主并有独特的属性。次峰也是一个较完整的顶峰，但无论在高度、体积或姿态等属性应次于主峰。一般地说，次峰的摆布常同主峰隔山相望，对峙而立。

拟峰的石块可以是单块形式，也可以多块叠掇而成。作为主峰的峰石应当从四面看都是完美的。若不能获得合意的峰石，比如说有一面不够完整时，可在这一面拼接，以全其峰势。峰石的选用和堆叠必须和整个山形相协调，大小比例确当。若做巍峨而陡峭的山形，峰态尖削，峰石宜竖，上小下大，挺拔而立，可称剑立式。若做宽广而敦厚的中高山形，峰态鼓包而成圆形山峦，叠石依玲珑面垒，可称垒立式。或像地垒那样顶部平坦叠石宜用横纹条石层叠，可称层叠式。若做更低而坡缓的山形，往往没有山脊或很少看出山脊，为了突出起见，对于这种很少看到山脊较单调的山形有用横纹条石参差层叠，可称做云片式。

掇山而仿倾斜岩脉，峰态倾劈，叠石宜用条石斜插，通称劈立式。掇山而仿层状岩脉，除云片式叠石外，还可采用块石竖叠上大下小，立之可观，可称作斧立式。掇山而仿风化岩脉，这种类型的峰峦岭脊上有经风化后残存物。常见的凸起小型地形有石塔、石柱、石钻、石蘑菇等。这些小品可选用合态的块石拼接叠成。

峰顶峦岭本不可分，所谓"尖曰峰，平曰峦，相连曰岭"。（《山水纯全集》）。从形势说，"岭有平夷之势，峰有峻峭之势，峦有圆浑之势"（《绘事发微》）。峰峦连延，但"不可齐，亦不可笔架式，或高或低，随致乱掇，不排比为妙"（《园冶》）。

（2）悬崖峭壁

两山壁立，峭峙千仞，下临绝壑的石壁叫做悬崖；山谷两旁峙立着的高峻石壁，叫做峭壁。在园林中怎样创作悬崖峭壁呢？垒砌悬崖必须注意叠石的后坚，就是要使重心回落到山岩的脚下，否则有前沉陷塌的危险。立壁当空谓之峭，峭壁常以页岩、板岩，贴山而垒，层叠而上，形成峭削高竣之势。

（3）理山谷

理山谷是掇山中创作深幽意境的重要手法之一。尤其立于平地的掇山，为了使意境深幽，达到山谷隐隐现现，谷内宛转曲折，有峰回路转的效果，必须理山谷。园林上有所谓错断山口的创作。错断和正断恰恰相反。正断的意思是指山谷直伸，可一眼望穿，错断山口是指在平面上曲折宛转，在立面上高低参差、左右错落，路转景回那样引人入胜的立局。

（5）洞府的构叠

计成在《园冶》中写道："峰虚五老，池凿四方，不洞上台，东亭西榭。"这表明堆叠假山时，可先叠山洞然后堆土成山，其上又可作台以及亭榭。

园林中的掇山构洞，除了像北海、颐和园顺山势穿下曲折有致的复杂山洞外，有时也创作不能空行的单口洞。单口洞有的较宽好似一间堂屋，也可能仅是静壁垒落的浅洞，李渔在《闲情偶寄》里写道："作洞，亦不必求宽，宽则籍以坐人，如其太小，不能容膝，则以他屋联之。屋中亦置小石数块，与此洞若断若连，是使屋与洞混而为一，虽居屋中与坐洞中无异矣。"

关于理山洞法，计成在《园冶》里认为：洞基两边的基石，要疏密相间，前后错落而安，在这基础上，"起脚如造屋，立几柱著实"，但理洞的石柱可不能像造屋的房柱那样上下整齐，而应有凹有凸，能差上叠。在弯道曲折地方的洞壁部分，可选用玲珑透石如窗户能起采光和通风作用，也可以采用从洞顶部分透光，好似天然景区的所谓"一线天"。及理上，合凑收顶，可以是一块过梁受力，在传统上叫单梁；也可以双梁受力，也可以三梁受力，通称三角梁；也可以多梁而构成大洞的就称复梁。洞顶的过梁切忌平板，要使人不觉其为梁，而好似山洞的整个岩石一部分。为此，过梁石的堆叠要巧用巧安。传统的工程做法上为了稳住梁身，并破梁上的平板，在梁上内侧要用山石压之，使其后坚。过梁不要仅用单块横跨在柱上，在洞柱两侧应有辅助叠石作为支撑，即可支撑洞柱不致因压梁而歪倒，又可包镶洞柱，自然而不落于呆板。

从上洞的纵长的构叠来说，先是洞口，洞口宜自然，其脸面应加包镶，既起固着美观作用，又和整个叠石浑为一体，洞内空间或宽或窄，或凸或凹，或高或矮，或敞或促，随势而理。洞内通道不宜在同一水平面上而宜忽上忽下，跌落处或用踏阶，通道不宜直穿而曲折有致，在弯道的地方，要内收外放成扇形。山洞通道达一定距离或分叉道口的地方，其空间应突然高起并较宽大，也就是说，这里要设"凌空藻井"，如同建筑上有藻井一般。

（三）叠石

我国园林艺术中，对于岩石材料的运用，不仅叠石掇山构洞，而且成为园林中构景的因素之一。如同植物题材一样，运用岩石的点缀只要安置有情，就能点石成景，别有一番风味，统称为叠石。运用岩石点缀成景时，一块固可，八九块也可。其次，在运用岩石作为崇台楼阁基础的堆石时，既要达到工程上的功能要求，又要满足局部的艺术要求，因此，这类基础工程的叠石也是园林艺术上叠石方式之一。此外，在园林中还利用岩石来建筑盘道、蹬阶、跋径、铺长路面等。这类工程也都是既要完成功能要求又要达到艺术要求的特殊的叠石方式。

叠石的方式众多，归纳起来可分为三类：第一类是点石成景为主，其手法有单点，聚点和散点。第二类是堆石成景。用多块岩石堆叠成一座立体结构的，完成一定形象的堆石形体。这类堆石形体常用作局部的构图中心或用在屋旁道边、池畔，水际、墙下、坡上，山顶、树底等适当地点来构景。在手法上主要是完成一定的形象并保证它坚固耐久。据明末山石张的祖传：在体形的表现上有两种形式；一称堆秀式，一称流云式。在叠石的手法上有挑、飘、透、跨、连、悬、垂、斗、卡、剑十大手法；在叠石结构上有安、连、接、斗、跨、拼、悬、卡、钉、垂十个字。第三类是工程叠石，首要着重工程做法尤其是作为崇台楼阁的基石，但同要完成艺术的要求。至于盘道、蹬级、步石、铺地等不仅要力求自然随势而安，而且要多样变化不落呆板。

1. **点石手法**

（1）单点

由于某个单个石块的姿态突出，或玲珑，或奇特，立之可观时，就特意摆在一定的地点作为一个小景或局部的一个构图中心来处理。这种理石方式在传统上称做"单点"。块石的单点，主要摆在正对大门的广场上，门内前庭中或别院中。

块石的单点不限于庭中的院中，就是园地里也可独立石块的单点。不过在后者的情况下，一般不宜有座，而直接立在园地里，如同原生的一般，才显得有根。园地里的单点要随势而安，或在路径有弯曲的地方的一边，或在小径的尽头，或在嘉树之下，或在空旷处中心地点，或在苑路交叉点上。单点的石块应具有突出的姿态，或特别的体形表现。古人要求或"透"，或"漏"，或"瘦"，或"皱"，甚至"丑"。

（2）聚点

摆石不止一块而是两三块，甚止至八九块成组地摆列在一起作为一个群体来表现，称之为"聚点"。聚点的石块要大小不一，体形不同，点石时切忌排列成行或对称。聚点的手法有重气势，关键在一个"活"字。我国画石中所谓"嵌三聚五"，"大间小，小间大"等方法跟聚点相仿佛。总的来说，聚点的石块要相近不相切，要大小不等，疏密相间，要错前落后，左右呼应，高低不一，错综结合。聚点手法的运用是较广的，前述峰石的配列就是聚点手法运用之一。而且这类峰石的配列不限于掇山的峰顶部分。就是在园地里特定地点例如墙前、树下等也可运用。墙前尤其是粉墙前聚点岩石数块，缀以花草竹木，也就好比以粉墙为纸，以石和花卉为图案。嘉树下聚点玲珑石数块，可破平板同时也就是以对比手法衬托出树姿的高伟。此外，在建筑物或庭院的角隅部分也常用聚点块石的手法来配饰，这在传统上叫做"抱角"。例如避暑山庄、北海等园林中，下构山洞为亭台的情况下，往往在叠石的顶层，根据亭式（四方或六角或八角）在角隅聚点玲珑石来加强角势，或在榭式亭以及敞阁的四周的隅角，每隅都聚点有组石或堆石形体来加强形势，例如颐和园的"意迟云在"和"湖山真意"等处。在墙隅、基角或庭院角隅的空白处，聚点块石二三，就能破平板得动势而活。例如北海道宁斋后背墙隅等，这种例子是很多的。此外，在传统上称做"蹲配"的点石也属于聚点，例如在垂花门前，常用体形大小不同的块石或成组石相对而列。更常用的是在山径两旁，尤其是蹬道的石阶两旁，相对而列。

（3）散点

乃是一系列若断若续，看起来好像散乱，实则相连贯而成为一个群体的表现。散点的石，彼此之间必须相互有联系和呼应而成为一个群体。散点处理无定式，应根据局部艺术要求和功能要求，就地相其形势来散点。散点的运用最为广大，在掇山的山根、山坡、山头，在池畔水际，在溪涧河流中，在林下，在花径中，在路旁径缘都可以散点而得到意趣。散点的方式十分丰富，主取平面之势。例如山根部分常以岩石横卧半含土中，然后又有或大或小，或竖或横的块石散点直到平坦的山麓，仿佛山岩余脉或滚下留住的散石。山坡部分若断若续的点石更应相势散点，力求自然。土山的山顶，不宜叠石峻拔，就可散点山石，好似强烈风化过程后残存的较坚固的岩石。为了使邻近建筑物的掇山叠石能够和建筑连成一体，也常采用在两者之间散点一系列山石的手法，好似一根链子般贯连起来，尤其是建筑的角隅有抱角时，散点一系列山石更可使嶙峋的园地和建筑之间有了中介而联结成一体。不但如此，就是叠石和树丛之间，或建筑物和树丛之间也都可用散点手法来联结。

2. 堆石形体

堆叠多块石构造一座完整的形体，既要创作一定的艺术形象，在叠石技法上又要恰到好处，不露斧凿之痕，不显人工之作。历来堆石肖仿狮、虎、龙、龟等形体的，往往画虎不成反类犬，实不足取。堆石形体的创作表现无定式，根据石性，即各个石块的阴阳向背，纹理脉络，就其石形石质堆叠来完成一定的形象，使形体的表现恰到好处。总之堆石形体既不是为了仿狮虎之形而叠，也不是为了峻峭挺拔或奇形古怪而作，它应有一定的主题表现，同时相地相势而创作。

据山石张祖传口述，堆石形体的表现有"堆秀式"、"流云式"。堆秀式的堆石形体常用丰厚积重的石块和玲珑湖石堆叠，形成体态浑厚稳重的真实地反映自然构成的山体或剪裁山体一段。前述拟峰的堆叠中有用多块石拼叠而成峰者可有堆秀峰（即堆秀式）和流云峰（流云式）。掇山小品的厅山，峭壁山，悬崖环断等都运用堆秀式叠法。流云式的堆石形体以体态轻飘玲珑为特色，重视透漏生奇，叠石力求悬立飞舞，用石（主为青石，黄石）以横纹取胜。据称这种形式在很大程度以天空云彩的变化为创作源泉。

3. 基础和园路叠石

有时为了远眺，为了借景园外而建层楼敞阁亭榭，宜在高处。于是叠小山作为崇台基础，而建楼阁亭榭于其上或其前或其侧。《园冶·掇山》篇中写道："楼面掇山，宜最高才入妙，高者恐逼于前，不若远之，更有深意。"对于阁山，计成认为："阁，皆四敞也，宜于山侧，坦而可上，便以登眺，何必梯之。"此外，从假山或高地飞下的扒山廊、跨谷的复道、墙廊等，在廊基的两侧也必有叠石，或运用点石手法和基石相结合，既满足工程上要求又达到艺术效果。飞渡山涧的小桥，伸入山石池的曲桥等，在桥基以及桥身前后也常运用各种叠石方式，它们与周围的环境相协调，形势相关联。

园路的修建不只是用石，这里仅就园林里用石的铺地、砌路、山径、盘道、蹬级、步石和路旁叠石的传统做法简述如下。计成在《园冶·铺地》篇中认为：园路铺地的处理，可相地合宜而用。有时，通到某一建筑物的路径不是定形的曲径而是在假定路线的两旁散点和聚点有石块，离径或近或远，有大有小，有竖有横，若断若续的石块，一直摆列到建筑的阶前。这样，就成为从曲径起点导引到建筑前的一条无形的但有范围的路线。有时必须穿过园地到达建筑但又避免用园路而使园地分半，就采用隔一定躒距安步石的方式。如果步石是经过草地的，可称跋石（在草地行走古人称"跋"）。

假山的坡度较缓时山路可盘绕而上，或虽峭陡但可循等高线盘桓而上的路径，通称盘道。盘道也可采用不定形的方式，在假定路线的两旁散点石块，好似自然而然地在山石间踏走出来的山径一般，这样一种山径颇有掩映自然之趣。如果坡度较陡，又有直上必要，或稍曲折而上，都必须蹬级。山径，盘道的蹬级可用长石或条石。安石以平坦的一面朝上，前口以斜坡状为宜，每级用石一块可，或两块拼用亦可，但拼口避免居中，而且上下拼口不宜顺重，也就是说要以大小石块拼用，才能错落有致。在弯道地方力求内收外放成扇面状，在高度突升地方的蹬级，可在它两旁用体形大小不同的石块相对剑立，即常称做蹲配的点石。这蹲配不仅可强调突高之势，也起扶手作用，同时也挡土防冲刷的作用。有时崇台前或山头临斜坡的边缘上，或是山上横径临下的一边，往往点有一行列石块，好似用植物材料构成的植篱一样。这种排成行列的点石也起挡土防冲刷的作用。

4. 选石

掇山叠石都需要用石。我国山岭丘壑广大，江河湖海众多，天然石材蕴藏丰富，历代造园家慧眼独具，从中筛选出很多名石。计成《园冶》对中国古代园林常用石品归纳为16种，主要如下：

（1）太湖石：产于苏州洞庭山水边。石性坚实而润泽，具有嵌空、穿眼、宛转、险怪等各种形象。一种色白，一种色青而黑，一种微黑青色。石质纹理纵横交织，笼络起伏，石面上遍布很多凹孔。此石以高大者为贵，适宜竖立在亭、榭、楼、轩馆堂等物之前，或点缀在高大松树和厅花异木之下，堆成假山，景观伟丽。

（2）昆山石：产于江苏昆山县马鞍山土中，石质粗糙不平，形状奇突透空，没有高耸的峰峦姿态。石色洁白，可以做盆景，也可以点缀小树和花卉。

（3）龙潭石：产于南京以东约70里一个叫七星观的地方。石有数种，一种色青质坚，透漏，纹理频似太湖石。一种色微青，性坚实，稍觉顽笨，堆山时可供立根后覆盖椿头之用。一种花纹古拙，没有洞，宜于单点。一种色青有纹，像核桃壳而多皱，若能拼合皱纹掇山，则如山水画一般。

（4）青龙山石：产于南京青龙山。有一种大圈大孔形状，完全由工匠凿取下来，做成假山峰石，只有一面可看。可以堆叠成像供桌上的香炉，花瓶式样，如加以劈峰，则呈"刀山剑树"模样。也可以点缀在竹树下，但不宜高叠。

（5）灵璧石：产于安徽宿县的磬山。形状各异，有的像物体，有的像峰峦，险峭透空。可以置放几案，也可制成盆景。

（6）岘山石：产于镇江城南的大魄山。形状奇怪万状，色黄，质清润而坚实。另有一种灰青色，石眼连贯相通。三者都是掇山的好石料。

（7）宣石：产于安徽宣城县东南。石色洁白，且越陈旧越洁白。另有一种宣石生棱角，形似马牙，可摆放在几案上。

（8）湖口石：产于江西九江湖口县。一种青色，自然生成像峰峦、崖、壑或其他形状。一种扁薄而有孔隙，洞眼相互贯通，纹路像刷丝，色微润。苏轼视为"壶中九华"，并有"百金归贾小玲珑"之礼赞。

（9）英石：产于广东英德县。有十数种，色分别量白、青灰、黑及浅绿，呈峰峦壑之形，以"瘦、透、漏、皱"的质地而闻名。可置放几案，也可点缀假山。

（10）散兵石：产于巢湖之南。石块或大或小，形状百出，质地坚实，色彩青黑，有像太湖石的，有古雅质朴而生皱纹的。

（11）黄石：常州的黄山，苏州的尧峰山，镇江的圃山，沿长江直到采石矶都有出产。石质坚实，斧凿不入，石纹古朴拙茂，奇妙无穷。

（12）锦川石：据陈植先生考，此石产地不一，一为辽宁锦县小凌河，一为四川等地。有五色石的，也有纯绿色的，纹路像松树皮。纹眼嵌空，青莹润泽，可插立花间树下，也可堆叠假山，犹如劈山峰。

（13）六合石子：产于江苏南京灵崖山。石很细小，形似纹彩斑斓的玛瑙，有的纯白，有的五花十色。形质和润透亮，用来铺地，或置之洞壑溪流处，令人赏心悦目。

掇山叠石的用石，不限于上述石材，古代造园家都能够根据当地物产，因地制宜地选择石料，如北京地区选用北太湖石、西山湖石，岭南地区选用珊瑚礁、石蛋等。计成在《选石》篇前言中就说："是石堪堆，便山可采，石非草木，采后复生。"在篇末又说："夫葺园圃假山处处有好事，处处有石块，但不得其人，欲询出石之所，到地有山，似当有石，虽不得巧妙者，随其顽夯，但有文理可也。从岩石学分类来说，属火成岩的花岗岩各类、正长岩类、闪长岩类、辉长岩类、玄武岩类、属层积岩的砂岩、有机石灰岩，以及属变质岩的片麻岩、石英岩等都可选用。

采用多种岩石时，应当把石头分类选出，地质上产生状态相类生在一起的才可在叠石时合在一起使用，或状貌、质地、颜色相类协调的才适合在一起使用，有的石块"堪用层堆"，有的石块"只宜单点"，有的石块宜作峰石或"插立可观"，有的石头"可掇小景"，都应依其石性而用。至于作为基石，中层的用石，必须满足叠石结构工程的要求，如质坚承重，质韧受压等。

石色不一，常有青、白、黄、灰、紫、红等。叠石中必须色调统一，而且要和周围环境调和。石纹有横有竖，有核桃纹多皱，有纹理纵横，笼络起隐，面多坳坎，有石理如刷丝，有纹如画松皮。叠石中要求石与石之间的纹理相顺，脉胳相连，体势相称。还要看石面阴阳向背，有的用石还稍加斧琢，使之或成物状，或成峰峦。

三、理水

（一）理水总说

中国山水园中，水的处理往往是跟掇山不可分的。掇山必同时理水，所谓"山脉之通，接其水径；水道之达，理其山形"。古人往往根据江、河、湖、泊等而因地因势在园林中创作，随山形而理水，随水道而掇山。

园林里的理水，首先要察水之源，没有水源，当然就谈不上理水。另一方面，在相地的时候，通常就应考虑到所选园地要有水源条件。就水的来源而说，不外地面水（天然湖泊、河流、溪涧），地下水（包括潜流）和泉水（指自溢或自流的）。实际上只要园址内或邻近园址地方有水源，不论是哪一种，都可用各种方法导引入园而造成多种水景。

一个园林的具体理水规则是看水源和地形条件而定，有时还要根据主题要求进行地形改造和相应的水利工程。假设在园址的邻近地方有地上水源但水位并不比园地高，就可在稍上的地点打坝筑闸贮水以提高水位，然后引到园中高处，就可以"行壁山顶，留小坑，突出石口，泛漫而下，才如瀑布"（《园冶》），这是一景；瀑布的"涧峡因乎石碛，险夷视乎岩梯"，全在因势视形而创作飞瀑、帘瀑、叠瀑，尾瀑等形式，瀑布之下或为砂地或筑有渊潭，又成一景；从潭导水下引，并修堰筑闸，也成一景；我国园林中常在闸上置亭桥，又成一景。导水下引后流为溪河，溪河中可叠石中流而造成急湍，溪河可萦回旋绕在平坦的园地上，或由东而西或由北而南出。溪流的行向切忌居中而把园地切半，宜偏流一边。溪流的末端或放之成湖泊或汇注成湖池。湖泊广阔的更可有港湾岛洲，或长堤横隔，岸茸蒲汀，景象更增。总之在地形条件较为理想的情况下，可以有种种理水形式。一般来说，一个园林中理水形式并不需一应俱全，往往只要有一二种，水景之胜就能突出。

（二）理水手法

园林里创作的水体形式主要有湖泊池沼，河流溪涧，以及曲水、瀑布、喷泉等水型。对于湖泊，池沼等水体来说，大体是因天然水面略加人工或依地势就低凿水而成。这类水体，有时面积较大。为了使水景不致陷于单调呆板和增进深远可以有多种手法，如果条件许可时，可以把水区分隔成水面标高不等的二三水区，并把标高不等的水区或用长桥相接从而在递落的地方形成长宽的水幕。也可以用长堤分隔，堤上有桥。标高不等的水区也可以各自成为一个单位，但在湖水连通地方建闸控制。也可以使用安排岛屿，布置建筑的手法增进曲折深远的意境。

对于开阔水面的所谓悠悠烟水，应在其周围或借远景，或添背景加以衬托，开阔水面的周岸线是很长的，要使湖岸天成，但又不落呆板，同时还要有曲折和点景，湖泊越广，湖岸越能秀若天成。于是在有的地方垒做崖岸，或有的地方突出水际，礁石罗布并置有亭，码头、傍水建筑前，适当的地方多用条石整砌。规模小的园林或宅园，或大型园林中的局部景区，水体形式取水池为主。水池的式样或方、或圆、或心形，要看条件和要求而定。如果是庭中做池多取整形，往往把池凿成四方或长方，池岸边廊轩台基用条石整砌。庭园里又常在池上叠山，水点步石，从山巅架以飞梁，洞穴潜藏，穿岩径水，峰峦飘渺，漏月招云，更有妙境。

对于河流溪涧等水体形式的处理，规模较大的园林里的河流可采取长河的形式。溪涧的处理要以萦回并出没岩石山林间为上，或清泉石上流，漫注砾石间，水声淙淙悦耳；或流经砾石沙滩，水清见底；或溪涧绕亭榭前后，或穿岩入洞而回出。

瀑布这一理水方式，必须有丰富的水源、一定的地形和叠石条件。从瀑布的构成来说，首先在上流要有水源地（地面水或泉），至于引水道可隐（地下埋水管）可现（小溪形式）。其次是有落水口，或泻两石之间（两崖迫而成瀑），或分左右成三四股甚至更多股落水。再次，瀑身的落水状态必须随水形岩势而定，或直落或分段成二叠三叠落下，或依崖壁下泻或凭空飞下等。瀑下通常设潭，也可以铺设砂地。

瀑布的水源可以是天然高地的池水，溪河水，或者用风车抽水或虹吸管抽到蓄水池，再经导管到水口成泉，在沿海地区，有利用每天海水涨潮后造成地下水位较高的时候，湖池高水线安水口导水造成瀑泉。有自流泉条件时，流量大水量充裕可做成宽阔的幕瀑直落，水花四溅；分段叠落时，绝不能各段等长应有长有短，或为二叠，或为三叠，或仅有较小水位差时，可顺叠石的左左右右蜿转而下；若两个相连的水体之间水位高差较大时，可利用闸口造成瀑布，在设有闸板时，往往可在闸前点石掩饰，其前后和两旁都可包镶湖石，处理得体时妙趣自然。闸下和闸前水中点石，传统做法是先有跌水石，其次在岸边设抱水石，然后在水流中叠劈水石，最后在放宽的岸边有送水石。

我国山水园中各种水体岸边多用石，小型山石池的周岸可全用点石，既坚固（护岸）又自然。此外码头和较大湖池的部分驳岸都可用点石方式装饰，更有进者在浅水落滩或出没花木草石间的溪水，或水点步石，自然成趣。

四、园林动物与植物

（一）动物

动物是中国园林的组成要素之一，它给园林凭添无限生机与活力。莺歌燕舞，方显出园林花繁叶茂，虎啸猿啼，更映衬园林的山重水复，曲径通幽。飞禽走兽地来往穿梭，使中国园林真正具备了返璞归真，自然天成的意境。此外，园林动物品种多寡，数量的大小又是园主人财富、地位和权势的象征。

中国古代园林从萌芽期便与飞禽走兽联系在一起，并从狩猎为主发展到观赏保护为主，直到近代公园兴起，才把动物划分开来。即使如此，为了人们游憩和观赏需要亦保留了动物园林。早在新石器时代，先民们除了采集草木果实以外，狩猎活动是经常性的社会劳动，从内蒙阴山岩画中可以清楚地看出，鹿类、野猪、野马、羚羊、鼠类、野兔等动物同人类生活发生了密切关系。

传说轩辕黄帝的悬圃（亦作平圃）畜养着飞鸟百兽。据《史记·殷本记》载，殷纣王曾广益宫室，收狗马奇物于其中。同时扩建沙丘苑台，放养各类野兽蛋鸟。另据《诗经》、《孟子》等文献记载，周文王的灵囿磨鹿攸伏，鸟翔鱼跃，樵夫、猎人随意出入。可见，初期苑囿中动物活动的繁荣景象。《周礼·地官》中记载："囿人，掌囿游之兽禁，牧百兽"。囿人的职责是管理和饲养禽兽，举凡熊、虎、孔雀、狐狸、兔、鹤等诸禽百兽，皆有专人饲养和管理。

秦汉时期的上林苑是专供皇帝观赏游猎的场所，苑中畜养百禽走兽。汉武帝时，四方贡献珍禽异兽。北朝曾献来一只猛兽，其状如狗，鸡犬四十里不敢吠叫，老虎见了闭目低头。另据《汉书·扬雄传》载，成帝命右扶风发民入南山，西自褒斜，东至弘农，南驱汉中，遍地撒布罗网，捕熊罴、豪猪、虎、豹、兕、狐、菟、麋鹿等，载以槛车，输入长杨射熊馆。上林苑又设鱼鸟观、走马观、犬台观、观象观、燕升观白鹿观等分门别类驯养禽兽。

秦汉时期的私家园林也同样畜养鸟兽以供观赏娱乐。袁广汉园，奇兽怪禽，委积其间，见于记录的有白鹦鹉、紫鸳鸯、牦牛、青兕等。

这一时期，动物分类知识逐渐提高，《尔雅》明确将动物分为虫、鱼、鸟、兽、畜5类，并收录哺乳动物50多种，《说文解字》收录鸟类100多种，兽类60多种。

魏晋六朝时期，寺观园林异军突起，佛、道二教崇尚自然，追求返璞归真，凡飞禽走兽皆可徜徉于寺观园林中。据《洛阳伽蓝记》载，景明寺有三池，荏蒲菱藕，水物生焉，或黄甲紫鳞，出没于繁藻，或青凫白雁，浮沉于碧水；景林寺春鸟秋蝉，鸣声相续，不绝于耳；七山寺周围林蔽弥密，猿猴连臂，鸿鹄翔集，白鸟交鸣，虎豹往来安详，熊罴隐木生肥，巨象数仞，雄蟒十围，鹿麀易附，狒兔俱依，另有秋蝉，寒鸟，蟋蟀、狐猿，鸿雁、鹍鸡等嬉戏其中，呈现一派返璞归真，民胞物与的升平景象。

隋炀帝建洛阳西苑，命天下州郡贡献珍禽异兽；宋徽宗修寿山艮岳，派太监宫人四方搜求山石花木，鸟兽宠物；明永乐皇帝派遣郑和船队七下西洋，引来非洲，西亚、东南亚诸国使节朝拜，同时，把这些地区的珍禽异兽作为方物贡献给天朝大国；康熙皇帝规定，宫中禁军每年一度去木兰围场围猎，从而使宠物常新，满清几代宫苑里翠鸟满林，野兽成群。

明末清初，文人士大夫受禅悦之风影响，或由于森林植被大规模破坏而造成大范围的狼灾虎患，从而使园林动物饲育、观赏活动有较大改观，理论上不大提倡在园林中放养大型凶禽猛兽，而提倡吉鸟祥兽。在园林实践中，一些文人园林在表现形式上，并不真正放飞禽兽以悦视听，而以奇木怪石创作各种动物姿态，令人触物生情，激发联想。无锡寄畅园的九狮台，扬州的九狮山，苏州网师园冷泉亭中展翅欲飞的鹰石等栩栩如生的鸟兽形象，通过艺术的感受力和想象力，以形求意，以意示"意"，达到内心情感的深化和天人合一哲理的实现。园林动物观赏呈现明显的写意化趋势。然而，这只是私家园林，尤其是江南一些文人园林的表现，受其影响。当时皇家园林、寺观园林虽有个别园林模仿这种艺术，然而这些园林的动物驯养及观赏活动仍然是十分繁荣的。即使是江南园林中亦处处可见以园林动物为景题的景区，或蛙鸣鱼跃，鸳鸯戏嬉，或鹿游猿飞，鹦歌鹤舞，一派濠濮之情。

中国古代园林中的动物来源有以下途径：一是划地为牢。通过围猎，将鸟兽限制在一定的范围，然后经人工驯化而成；二是在国内搜求鸟兽，巧取豪夺（私家园林一般是买卖方式）；三是国外贡献方物时带来的奇禽怪兽。通过长期的围猎、驯养，我国古代园林动物知识不断丰富，到清初叶，见于历史文献记载的高级动物达到 675 种。其中，兽类 236 种，鸟类 439 种。

（二）植物

观赏植物（树木花卉）是构成园林的重要因素，是组成园景的重要题材。园林里的植物群体是最有变化的景观。植物是有机体，它在生长发育中不断地变换它的形态、色彩等，这种景观的变化不仅是从幼到老，从小苗到参天大树的变化，亦表现在一年之中随着季节的变换而变化。这样，由于植物的一系列的形象变化，凭借它们构成的园景也就能随着季节和年分的推移而有多样性的变化。

历来园林文献对于植物的记录语焉不详。或"奇树异草，靡不具植"（《西京杂记》袁广汉条），或"树以花木"，"茂树众果，竹柏药物具备"（《金谷园记》），或"高林巨树，悬葛垂萝"（《华林园》），或举例松柏竹梅等花木的植物名称而已。从这样简单的三言两语中，很难了解园林里的植物题材是怎样配置的，怎样构成园景和起些什么作用。但另一方面，特别是宋代以来的花谱、艺花一类书籍中，有对于植物的描写，写出了人们对于观赏植物的美的欣赏和享受。此外，从前人对于植物的诗赋杂咏中也可以发掘到人们由于植物的形象而引起的思想情感，从诗赋中也可以间接地推想和研究古人在园林中，组织植物题材和欣赏的意趣。

我国园林中历来对于植物题材的运用，如同山水的处理一样，首要在于得其性情，从植物的生态习性、叶落、花貌、气味及其色彩和枝干姿态等形象所引起的情感来认识植物的性格或个性。当然这种情感和想象要能符合于植物形象的某个方面或某种性质，同时又符合于社会的客观生活内容。

1. 对植物的艺术认识

由于人们处在不同的社会层面，生活环境之中，对同一种植物会有不同的艺术感受。譬如白杨树是我国古今常见的乡土树种，古人有"白杨潇潇"、"杨柳悲北风"的感受，是别恨离愁的咏叹。沈雁冰（茅盾）在抗日战争时期曾写过一篇《白杨礼赞》，描写了白杨的活力、倔强、壮美等性格。这个描写情景交融，更符合客观现实中的白杨的性质、特征和社会生活的内容，因此也就更能引导人们去欣赏白杨。又如菊花是我国普通的花卉，不同的人赋予它以不同的感情色彩。杜甫有"寒花开已尽，菊蕊独盈枝"；梅尧臣有"零落黄金蕊，虽枯不改香"；黄巢有"冲天香阵透长安，满城尽带黄金甲"；毛泽东有"不似春光，胜似春光，寥廓江天万里霜"的感慨。虽然我们承认不同时代，不同社会环境的人们对植物认识的差异，但是我们更要看到这种认识的趋同化和共性化。从《诗经》《楚辞》赋予植物比德思想开始，历经数千年传承、发展，形成了中华民族共同的思想、文化和艺术鉴赏标准。

比如说西方人对某种植物的美的感受就跟我们不同。拿菊花来说，我们爱好花型上称做卷抱、追抱、折抱、垂抱等品种，而西方人士却爱好花型整齐像圆球般圆抱类品种。从中国画中可以体会到我们对于线条的运用喜好采取动的线条。譬如画个葫芦或衣褶的线条都不是画到尽头的，所谓意到笔不到，要求含蓄，余味深长。正因为这样，在选取植物题材上常用枝条横施、疏斜、潇洒，有韵致的种类。由于爱好动的线条，在园林中对植物题材的运用上主要表现某种植物的独特姿态，因此以单株的运用为多，或三四株、五六株丛植时也都是同一种树木疏密间植，不同种的群植较少采用。西方人就爱好外形整齐的树种，能修剪整枝的树种，由于线条整齐，树冠容易互相结合而构成所谓林冠线。

再从植物的生态和生理习性方面来看我国人民的传统认识。以松为例，由于松树生命力很强，无论是瘠薄的砾石土，干燥的阳坡上都能生长，就是峭壁崖岩间也能生长，甚至生长了百年以上还高不满三四尺。松树，不仅在平原上有散生，就是高达一千数百米的中高山上也有生长。由于松"遇霜雪而不凋，历千年而不殒"，因此以松为坚贞不渝的象征。就松树的姿态来说，幼龄期和壮龄期的树姿端正苍翠，到了老龄期枝矫顶兀，枝叶盘结，姿态苍劲。因此园林中若能有乔松二三株，自有古意。再以垂柳为例，本性柔脆，枝条长软，洒落有致，因此古人有"轻盈袅袅占年华，舞榭妆楼处处遮"的诗句。垂柳又多植水滨，微风摇荡，"轻枝拂水面"，使人对它有垂柳依依的感受。

由于树木的花容，色彩、芬香等引起的精神上的影响，让多少诗人为之倾倒。宋代的《全芳备祖》，明代的《群芳谱》，清代的《广群芳谱》，皆辑录有丰富的诗词。这里以梅为例："万花敢向雪中出，一树独先天下春"（杨商夫诗）道出了梅花品格，"疏影横斜水清浅，暗香浮动月黄昏"（林逋），更道出了梅的神韵。人们都爱慕梅的香韵并称颂其清高，所谓清标雅韵，亮节高风，是对梅的性格的艺术认识。

正由于各种花木有不同的性质，品格，园林里种植时必须位置有方，各得其所。清代陈扶瑶在《花镜》课花十八法之一的"种植位置法"里有很好的发挥。他提到花木种植的位置时，首先从植物的生态习性，叶容花貌等感受而引起的精神上的影响出发，从而给予不同植物以不同性格或个性，也就是所谓"自然的人格化"。然后凭借这种艺术的认识，以植物为题材，创作艺术形象来表现园林的主题，这是我国园林艺术上处理植物题材的优秀传统。我国历来文人，特别是宋以后，常把植物人格化后所赋予的某种象征固定下来，认为由于植物引起的这样一种象征的确立之后，就无须在作品中再从形象上感受而从直接联想上就产生某种情绪或境界。梅花清标韵高，竹子节格刚直，兰花幽谷品逸，菊花操节清逸，于是梅兰竹菊以四君子入画，荷花是出淤泥而不染也是花中君子。此外还有牡丹富贵、红豆相思、紫薇和睦、鸟萝姻娅等。象征比拟的广泛运用简化了园林植物表现手法，能引起联想，增强了艺术感染力。然而，由于游园者个人修养的不同，艺术感受不完全一致。

2. 园林植物的配置方法

我国园林中对于植物题材的配置方式，根据场合，具体条件而不同。先就庭院这个场合来说，大都采用整齐的格局。在这种场合下，自然以采取整形的配置为宜，大抵依正房的轴线在它的左右两侧对称地配置庭阴树或花木。若是砖石铺地的庭院，为了种植，或沿屋檐前预欲留出方形、长方形、圆形的栽植畦池；或满铺时也可用盆植花木来布置，更有用花台来种植灌木类花木。这种高出地面、四周用砖石砌的光台，或依墙而筑，或正位建中，花台上还可点以山石，配置花草。在后院、跨院、书房前、花厅前，通常不采用上述这种整形布置，或粉墙前翠竹一丛或花木数株并散点石块，或在嘉树下缀以山石配以花草。

再就宅园单独的园林场合来说，树木的种植大都不成行列，具有独特姿态的树种常单植作为点景。或三四株、五六株时，大抵各种的位置在不等边三角形的角点上，三三两两，看似散乱，实则左右前后相互呼应，有韵律有连结。花朵繁荣，花色艳丽的花木常丛植成片，如梅林、杏林、桃林等。这类花木的品种都有十多种到数十种，花色以红、粉、白为主，成丛成片种植时，红白相间，色调自然调和。片植在明清时期逐渐减少。

少量花木的丛植很重视背景的选择。一般地说，花色浓深的宜粉墙，鲜明色淡的宜于绿丛前或空旷处。以香胜的花木，例如桂花、白玉兰、腊梅等，要结合开花时的风向植于建筑物附近才能凉风送香。

植物的配置跟建筑物的关系也是很密切的。居住的堂屋，特别是南向的、西向的都需要有庭阴树遮于前。更重要的，是根据花木的性格和不同的建筑物结构互相结合地配置。梅宜疏篱竹坞，曲栏暖阁；桃宜别墅幽限，小桥溪畔；杏宜屋角墙头，疏林广榭，梨宜闲庭旷圃，榴宜粉壁绿窗等。

我国园林中对于单花的配置方式也是多种多样的。在有掇山小品或叠石的庭院中，就山麓石旁点缀几株花草，风趣自然。叠石小品要结合种植时，还应在叠石时就先留有植穴，一般在庭前、廊前或栏杆前常采用定形的栽花床地，或用花畦，或用花台。在畦中丛植一种花卉或群植多种花卉。花畦边也可种植特殊的草类。在路径两旁，廊前栏前，常以带状花畦居多，但也有用砖瓦等围砌成各种式样的单个的小型花池，连续地排列。在粉墙前还可用高低大小不一的石块圈围成花畦边缘。

我国园林里也有草的种植，但不像近代西方园林里那样加以轧剪成为平整的草地。历来在台地的边皮部分或坡地上，主要用沙草科的苔草（Caren）禾本科的爬根草（Cynodon），草熟禾（Pod）的梯木草（Phleum）等，种植后任它们自然成长，绿叶下向，天然成趣。在阶前、路旁或花畦边常用生长整齐的草类，例如吉祥草（Liriope）和沿阶草（又称书带草 Ophiopogon）等形成边境。

对于水生和沼泽植物，既要根据水生植物的生态习性来布置，又要高低参差，团散不一，配色协调。在池中栽植，为了不使其繁生满池，常用竹篓或花盆种植，然后放置池中。庭院中的水池里要以形态整齐、以花取胜的水生植物为宜，也可散点茨荪、蒲草、自成野趣。至于园林里较大的湖池溪湾等，可随形布置水生植物，或芦苇成丛形成获港等。

第三节 园林的具体功能

一、构筑人类的生存环境

环境是指人们赖以生存的周围空间的各种自然条件。《中华人民共和国环境保护法》规定环境是指：大气、水、土地、矿藏、森林、草原、野生动物、名胜古迹、风景游览区、温泉、自然保护区、生活居住区等。在人类历史上，新鲜的空气和清洁的水，从来是靠大自然赐予的，而在今天情况下就完全不同了，在许多城市里，不但清洁的水，就是新鲜的空气，也是不容易取得的，而要靠人的劳动去创造，要付出相当的代价，才能取得，它已经成为一种劳动产品。因此，园林绿化事业，是属于生产性质的事业。它的性质与环境保护工程中的消烟除尘，降低噪声，工业生产过程中的防暑降温，回收有害气体；农田工程中的防风，筑堤有同样效果，只是园林绿化的防护作用，是通过有生命的植物材料实现罢了。它的效果不是在一个局部、一个短时间内所能反映出来的，因而往往被有的人所忽略，可是一旦奏效以后，在合理的养护管理下，它的效果是与日俱增的。

环境质量的好坏，与人们的生存和身体健康有密切关系，而园林绿化是影响环境质量的重要因素。我们知道生物界在生命活动过程中，生物与生物之间，生物与非生物之间，存在着一种互相依赖又互相制约的状态，在正常情况下它们中间保持着一种动态的平衡，我们称之谓生态平衡。但是，就人类来说，如果因为人为的因素，人的生活环境遭到污染，或是自然环境遭到破坏，人类的生活，甚至生存就会受到威胁。植物的生命活动对保护自然环境中的生态平衡，保持城市环境，促进人们身体健康具有重要作用。

人们对园林绿化功能的认识，是随着科学的发展逐步提高的。园林绿化是环境保护的重要手段。对环境保护这个概念，过去我们往往理解得比较狭窄，好像就是对工厂的"三废"治理而言的。实际上它的内容和方法是非常广泛的。用植树绿化的方法保持生态平衡，保护自然环境是重要的方法之一。自然环境的破坏，较之于环境污染对国民经济和人民生活的影响，严重得多。

近年来，在世界环境科学研究中，有一个值得注意的动向，就是对环境的自然净化方法被日益重视。绿色植物材料存在着强大的净化能力。在各种净化活动中，生物净化作用是一种十分活跃的因素。植物有不同的改造污染物的作用。实际上，千万年来自然净化作用一直在为保护自然界的生态平衡起着重要的作用。但是，人类与污染的长期斗争中，对自然净化的作用，没有得到足够的重视。当环境污染问题困扰着人类世界的时候，环境保护已然成为社会生活中一个大问题。这时，有人提出把污染物消灭在工厂围墙之内的设想，通过工厂内部的处理技术来控制污染。可是经过几十年的实践证明，单纯依靠这个办法是不够的，也是不全面的。因为这样做不但技术上困难很多，而且经济上消耗很大。厂内处理"三废"要消耗电能，而生产电能，可能又要产生新的污染。从生态学的观点来看，那种完全依靠消耗能源来治理污染的方法，在一定意义上讲，只能是转移污染。因此，许多国家的专家，已经在开始研究采用不消耗人工能源的办法来保护环境，探索如何利用自然净化的能力来消除污染。由此可见，自然净化已成为一种新的自然资源。人们对园林绿化的功能作用的认识已进入了一个新的阶段，对园林绿化的要求提到了新的高度。

从宏观上来认识，人类的发生和发展，完全依赖于地球上的生态系统。它是孕育人类发生和发展不可缺少的母体和摇篮。从自然界的发展历史过程，可以看到绿色植物对创造人类生存环境所发挥的伟大作用。地质科学告诉我们，地球存在至今已 46 亿年以上。10 亿年以前出现了原始生物；4 亿年前在海洋中出现了鱼类；2 亿年前出现了爬虫类；同时在陆地上出现了大量的森林；1 亿年前出现了哺乳动物；仅仅在 100 多万年前在地球上才出现了人类；而人类生存一刻也不能缺少氧气，氧气的来源主要是靠植物界制造的。地球上的原始大气成分和现在火星上的大气成分是一样的，几乎全是由二氧化碳组成的。只是发生了植物以后，主要是依靠植物，在生长过程中，吸收了碳而放出了氧气，才使今天大气中含有足够的氧气供人们呼吸。植物每生长出 1t 干物质，就能放出 2.5t 以上的氧气。当今地下蕴藏的煤和石油，是植物和动物的残骸形成的，所以说地下的煤和石油都曾为大气层贡献过大量的氧气。

工业的发展，城市人口的聚集，城市中的自然环境消耗殆尽，需要进行环境建设工程，创造人为的自然环境。这就有赖于园林绿化事业的发展。

在生态系统中，绿色植物是人类和生物界赖以生存的物质基础。绿色植物通过它的生命活动对生态的平衡功能是任何物质所不能代替的。绿化是城市环境中最有力的平衡者。人们可以花费大量投资，建造高楼大厦、修桥、筑路，如果不进行绿化建设，钢筋水泥的堆砌只能加剧生态失调，并不是适合人们生存的现代化城市，更不是文明城市。发展绿地广植树木是改善人们的生存环境，提高环境质量最积极、最稳定、最长效、最经济的手段。

许多发达国家提出了城市与自然共存的战略目标，1977 年国际建筑师协会拟订的《马丘比丘宪章》指出：城市要取得生活的基本质量，以及与自然环境和谐协调的有效手段之一，就是建筑与园林绿化的再统一。还有许多国家提出"城市森林"、"生态林业"、"多功能林业"等观点。虽然提法不同，但有其共同特点，那就是要发展园林绿化，大力种树、种草、种花，在城市这个人工生态系统中，增加绿化因素。在我国一些绿化先进城市，已经推行了森林城市的计划，有的正在推行城乡一体化的大环境绿化计划。

二、为城市提供防护作用

园林中的植物有吸滞烟灰、粉尘的功能，可以净化环境。空气中的烟灰粉尘会减低太阳照明和辐射强度，影响人的健康。树木的叶面积加起来要超过树冠占地面积的 60 ～ 70 倍，生长茂盛的草皮叶面为地面积的 22 ～ 28 倍，并且许多植物叶片、树枝表面粗糙，有的叶面生有茸毛，所以能阻滞、过滤和吸附烟灰、粉尘。据测定，绿地中空气的含尘量比街道上少 1/3 ～ 2/3，铺草皮的足球场比不铺草皮的足球场其上空含尘量减少 2/3 ～ 5/6。树木好象过滤器，蒙尘的植物经雨水冲洗后又能恢复其滞尘作用，在电子、仪表等生产精密产品的工业部门，有了良好的绿化环境，还可以促进产品质量的提高。

园林树木可以吸收有害气体，净化环境。在一定限度内树木能够吸收空气中的有害气体，有些植物对某些有害气体很敏感，在人体还不能觉察的浓度下，植物已出现伤害症状，因此又是很好的指示植物。

园林绿化，对改善小气候的功能也是显著的。例如：可以调节气温和湿度。在炎夏，柏油路面的温度是 30 ～ 40℃时，在草地上的温度仅 22 ～ 24℃。在空旷场地 1.5m 高度处的最高气温为 31.2℃时，地表最高温度竟达 43℃，而绿地都比其低 10 ～ 17.8℃。

人们认为最舒适的空气湿度，一般为相对湿度 30% ～ 60%，据测定 $1hm^2$ 内的阔叶树林能从叶面蒸腾 2500t 水，因此森林的湿度比城市高 36%。在行道树茂盛郁闭状态下，既能对行人走荫，又能对柏油路面降温，增加湿度，有利于路面的保护，还可以起到通风和防风的作用。城市道路与滨河绿地是城市的绿色走廊，有利于通风，在盛夏时，建筑密集地段的热空气不断上升，绿地中较冷空气随之向市中区补充，形成气流，起到调节气温的作用。在严冬时，若在寒风的上风向多栽树木，则可以减弱寒风侵袭，起到防风屏障的作用。

园林绿化可以吸收噪声，减轻城市的喧哗，起到"消声器"的作用，园林植物还可以减轻土壤的污染，树木能吸收土壤中的有害物质，使土壤净化。

园林绿化与国防的关系也是非常密切的。树木可以增加地貌的复杂性，增强军民回旋和隐蔽能力。对于人民来说，树木是坚不可摧的碉堡，无形的战壕和永不过时的防御工事，而对敌人来说，它是埋藏侵略者的坟墓。

园林绿化在自然灾害（如地震）中的疏散防护作用也是很大的。森林既是"绿色银行"又是"水库和粮仓"。它可以保持水土，调节气候，为什么万里长江会成为世界上含沙量最多的河流之一？为什么吞噬肥美草原的黄沙会从我国西北地区向东南推进？为什么有的地区风灾水患不断发生？很重要的一个原因就是绿化没有搞好，森林植被遭破坏。相反，凡是绿化搞得好，森林覆盖率高的地区，不仅"生财有树"，而且风调雨顺，五谷丰登。事实告诉我们，绿化确是一项关系国计民生，造福子孙后代的千秋大业。

三、促进旅游事业的发展

人们对自然风光的认识，随着历史和文化的发展而不断更新演变。由原始人神化自然、人化自然，到现代人崇尚自然、向往自然；发展到今天在人们的心底里正孕育着重返自然的强烈愿望。这种愿望在不同阶层、不同职业、不同经济水平的人们中，有着不同程度的需求。在一定意义上说，这种对大自然的向往是形成旅游动机的重要因素之一。

由于生态学的发展，特别是重视城市生态学的研究以后，人们对城市园林绿化事业的认识逐步深化了，它的功能不仅是美化城市，点缀景色，它的任务也不仅仅是造几个公园，建几块绿地，而是要根据城市建设总体规划，从城市的整体出发，形成绿化系统，为人们提供接近自然，享受自然的机会。城市园林绿化水平如何，代表着它现代化水平和文明程度的高低。对提高投资环境的身价，增强对国内外旅游者的吸引力都有重要的影响。园林与旅游有着天然的联系，它作为一项重要的环境建设工程与旅游事业一起，双双被列入国民经济与社会发展计划之内。

在现实中我们可以清楚地看到，无论是国外或是国内旅游事业的热点、热线都是与那里独特的旅游资源分不开的。有游览价值的旅游风景区是发展旅游事业的基础。我国的旅游资源在自然风光方面有独特的优势。不仅是一项重大的环境建设，而且是一项意义深远的经济建设事业。

旅游毕竟是一项开支较大的精神生活，除了有连续性的闲暇时间以外，还要有一定的经济条件。在现实条件下，大多数人的经济承担能力还是有限的。对大多数人来说，还只能是短期的、近距离的、低消费水平的游览。

基于以上客观情况，我们要相应地研究园林风景区的发展对策，积极开辟具有丰富活动内容的园林和距离市区较近的风景游览区，是满足现阶段人们消费水平旅游需要的当务之急。发展近郊风景游览区的建设，不但是贯彻执行城市总体规划的具体任务，也是适应今后相当时期内人民旅游需要的重要措施。近郊风景区的建设与发展国际旅游的需要也是一致的。

四、满足人们闲暇时间的需求

闲暇时间一般是指：人们每天除了必要的工作时间，满足生理需要的时间（如睡眠和休息等）、家务劳动和上下班往返时间以外，可供自己支配的其他时间。社会的闲暇时间的总量是由社会生产力水平所决定的。在我们的社会里，每个人都有一定的闲暇时间，只是由于处在不同的历史发展阶段、不同的职业、不同的经济地位等原因，所占有的闲暇时间各不相同。据统计，近百年来，世界发达国家的工作时间缩短了一半，从每周工作 6 天每天工作 12 小时，缩短到每周工作 5 天每天工作 7 小时，闲暇时间由此增加了 2～3 倍。

在我国随着社会生产力的发展，人们的闲暇时间必然逐步增加。这种现象的出现，对人类精神文明建设是件好事，对社会、对个人都是一笔巨大的财富，它的价值是多方面的。马克思在《政治经济学批判》中写道：从整个社会来说，创造可以自由支配的时间，也就是创造产生科学、艺术等等的时间。在现实生活中，人的个性的全面发展，人在文化享受和创造方面的活动，基本都是在闲暇时间进行的。人们在闲暇时间内，可以从事各种精神文化的创造活动，可以得到愉快的娱乐和休息，可以学习自己爱好的技能，发展丰富多样的兴趣。现在社会上养花种树制作盆景的业余爱好者大量涌现，到公园游览，到风景区旅游的风气盛行起来了，这充分说明了人们生活水平的提高，也是闲暇时间增加的必然结果。对个人来说，是文化消费的时间，又是文化创造的时间。从中可以获得享受，又可在文化艺术上得到发展。社会主义文化建设也应该包括健康、愉快、生动、活泼、丰富多彩的群众娱乐活动，使人民在紧张劳动后的休息中，得到高尚趣味的精神上的享受。对社会来说，人们的闲暇时间，在高尚的文化活动中，可以得到"补偿"和发展，对个人对社会都可以发挥积极的作用。

但是，物质条件的增长和闲暇时间的增多，同精神文明的进步，并不都是成正比的，这一点已为历史和现实所证明，关键在于客观上要创造开展正当的高尚的文化活动的条件和场所，在主观上要给以正确的引导和提倡。在资本主义社会里，物质生活水平虽然很高，闲暇时间也比较多，然而腐朽堕落的现象却非常严重。在我国，闲暇文化活动中，一些消极的现象也是存在的。因此，随着我国物质生活水平的提高和闲暇时间的增多，积极发展园林绿化事业，满足人民闲暇时间的合理利用和业余活动的健康发展，对提高人民生活质量有重要意义。

社会主义精神文明建设包括十分广泛的内容。园林绿化尤其是公园、动物园、植物园和各种风景游览区等开放性的园林绿地，接触社会领域最广，联系群众的数量很多。在这个特定的环境里，结合公园绿地的服务工作，在社会主义精神文明建设方面可以做的事很多。充分利用绿色环境的良好条件，为人民群众提供整洁、幽静的休息环境，安排丰富多彩的文化活动，使人民群众在紧张的劳动之后，充分利用闲暇时间，得到满意的休息。还可以寓教育于文娱之中，在游览园林的同时，向人们介绍植物学、动物学知识，开展科学普及活动，传播人类在认识自然、改造自然中所获得的精神财富。启发人们特别是青少年一代爱科学、学科学的兴趣。还可以在人民群众中提倡利用闲暇时间养花、种树，陶冶情操，培养对艺术的欣赏能力，丰富文化生活，提高美学素养。也可以利用公园和各类开放性的绿地大量接触群众的特点，以人们喜闻乐见、生动活泼的形式，在群众中宣传尊长爱幼、助人为乐、遵守社会公德、讲究文明礼貌的社会风尚，提倡文明活动，利用园林这块美丽的天地，充实人们闲暇时间的生活内容。

五、为适应人口老龄化做准备

人口老龄化，对经济和社会的发展带来一些问题。主要表现在：一是劳动力结构趋向老化；二是社会的经济负担将不断加重；三是老年人的生活照料问题突出；四是老年人口对社会提出一些特殊需求。

现代老年人的精神文化需要，参考国外的分类方法，并结合我国实际情况，把老年人的爱好可以分为五种类型，即：阅读型、锻炼型、生产型、视听型和娱乐型。其中锻炼型主要包括打拳、跑步、做操等；娱乐型主要包括旅游、书画、打扑克、下棋、种花等。人口年龄结构老化将产生深刻的广泛的社会影响。其中老年人的休憩娱乐场所是个大问题。现在主要问题是许多老年人反映：无事可做，无处可去。积极扩大园林绿地为老年人提供休息场所是非常必要的。在一些现代小区里组成了老年人养花协会，并且已经举办了老年人花展、养花讲座等活动，充分反映了园林绿化事业为适应老龄化的趋势。

第二章 现代园林企业管理

随着我国生态文明建设、绿色发展的推进和国家生态园林城市、国家园林城市标准的颁布，以及人民改善居住环境的美好生活需要的日益增长，园林绿化市场的需求进一步加大，园林绿化行业得到快速发展。为了进一步了解国内园林企业发展状况及企业所处市场的发展潜力和机遇，这一章对园林企业发展情况进行了科学论述，以期为园林企业提供有用的发展对策，促进园林企业持续发展和竞争优势的培育，从而有助于推动国内园林企业的高质量发展、生态文明建设的开展和国家生态园林城市的打造。

第一节 园林企业特征与基础管理

一、园林企业

园林企业一般是指从事园林建设、生产、流通或服务等经济活动，以园林产品或劳务满足社会需要进行自主经营、自负盈亏、承担风险、实行独立核算、具有法人资格的基本经济单位。

我国的园林企业有的是从农业企业发展而来，有的是从事业单位转制而来，有的是从其他行业中分离而来（如房地产），有的是其他企业走多样化之路而投资成立。从出资者性质看，有的是国有企业，有的是民营企业；有内资企业也有外资企业；有以经营花木为主的企业，有以建造园林工程为主的企业，有以养护为主的企业，也有以园林风景设计为主的企业。虽然园林企业比较多样，但综合起来看，园林企业一般有以下特征：

（一）园林企业的发展有明显的周期性。由于园林的发展依附于城市的发展，而城市的发展往往具有阶段性和明显的周期性。因此，就总体而言，园林企业的数量规模和质量的发展都是随着城市的高速发展而高速发展，随着城市稳步发展而稳步发展的。因此，园林企业的发展也与城市的发展一样，显示出明显的阶段性和周期性。

（二）受宏观经济波动的影响很大。由于园林的需求属精神层面的需求，是较高层次的需求，在宏观经济较好、人们的预期收入较高的条件下，人们对园林产品的需求会成倍增加。因此，在宏观经济调整期间，人们对园林产品的需求则会明显下降。

（三）规模小。我国的园林企业很多属于个体小规模投资企业，缺乏规模效应，往往资金不足、信息不灵、市场与价格选择能力比较低。大企业可以凭借资金、技术优势和固有的销售网络等条件向中小企业发动挑战，有些竞争者会利用低价和地域性销售优势抢占市场；同时，小企业活动分工往往不够确定，部门间的协调和配合难度较大。随着企业内外环境中不确定和不可预测因素的增加，企业的复杂性增加，经营风险增大。

（四）竞争激烈。在资金、技术、法律等方面，园林企业的门槛很低，除了园林工程方面需要资质以外，其他的几乎"人人"可以进入，因此，企业之间的竞争非常激烈。

（五）园林企业产品具有多样性。园林企业一方面提供绿化、公园等公共物品，这类产品具有涵养水源、保持水土、防风固沙、调节气候的作用，还可作生物产品的基因库，对改善城市生态环境、维护城市生态平衡起着重要的作用，并有美化城市、为人们提供闲暇休闲场所、改善城市居民生活质量的功效；另一方面，园林企业同时也生产供家庭、个人所需的苗木、花卉等法人产品。不管是公共物品还是法人产品，园林企业的产品大多为活物。这一特点决定了园林企业经营内容的丰富性、资金运动的复杂性和效益的多样性。

（六）从业人员文化水平较低。园林是从农业分离出来的，加上许多园林产品的技术含量较低，企业规模又小，使园林企业的从业人员，尤其是一线的生产养护人员文化技术素养较低。

二、园林企业基础管理

（一）基础管理的内容

城市园林绿化行业，是由许多性质不同的经济实体组成的。它们对社会肩负的任务不同，在经营制度上有的是企业单位，有的是事业单位。它们的生产方式不同，有的以物质产品为主，有的以服务产品为主，还有的以商业贸易为主。无论哪种性质的单位，在生产经营过程中都离不开劳动、土地、资本和技术，生产经营的目的都要为生产要素的投入获取相应的价值回报。

城市园林绿化的投资主体来自不同方面：一是国家有计划的绿地建设和养护投资；二是各行各业结合建设事业的发展和人民改善生活环境的需要进行的绿地建设和养护的投资。国家和社会对园林绿化财力、人力、物力和土地的投入，与其他经济部门一样，都必须获取相应的效益回报，只是效益的表现形式不同罢了。有的表现为加强养护管理，提高环境效益；有的表现为提高工程质量降低成本；有的表现为提高植物成活率，减少经济损失；有的表现为提高服务质量，满足人们游览休憩的要求。但是，一切生产、经营活动都是为了追求投入产出的效果，争创好的经济效益。

每一个生产经营单位，都要通过基础管理掌握生产经营的运行。基础管理的主要内容包括调查研究科学决策，制订生产、经营计划；组织劳动管理，提高劳动生产率；严格财务管理，实行经济核算；实行质量管理，提高产品质量；实行设备、物资管理，降低成本；引用先进技术，争创领先水平；运用信息技术，迎接时代挑战。

（二）生产计划管理

1. 计划是管理的基本职能

计划是一种科学的、及时的预测，制订未来的行动方案，目的在于达到最好的经济效益。城市园林绿化业的生产、经营目标，都体现在计划里，大到整个城市绿地系统的建设规划，小到一个单位、一个部门的生产经营活动。计划工作无处不在，无时不在。无论是哪个组织，还是哪个层次的管理者，要实施有效的管理，就必须做好计划工作。

绿化建设在城市建设中占有一定的比例，它是国民经济计划的一部分，它从属于国民经济的发展水平，受国民经济计划的制约。多年来的实践表明，园林绿化事业的发展，除了受政治形势和思想路线的影响外，与国民经济的发展水平有着密切的关系，一般按照一定的比例平行上升或下降，如果与其他建设事业配合主动，计划周密，预测准确，在同样情况下，就可以得到协调发展；如果与相关的建设事业脱节，将难以开展。为此，做好计划管理有着重要意义。确定城市园林绿化工作目标构筑工作框架，制订方针、政策，建立激励制度，都需要有计划的指导。

2. 做好计划管理要掌握的几个环节

（1）树立全局观点

所谓全面计划管理是指在国家计划指导下，根据社会对园林绿化的需要，统筹安排各项生产要素，在综合平衡的基础上制订全面的生产、建设和业务计划，并且通过计划管理的专业机构，把各项计划任务落实到各个业务部门、各个基层单位和各个生产岗位，形成上下贯通的计划工作体系。通过计划的制订、执行和检查，建立一套完整的计划管理制度。在执行计划过程中，局部的目标要保证整体目标的实现；短期目标要保证长期目标的实现，要把局部目标和整体目标紧密地结合起来，只有完成整体目标才能实现局部目标；只有完成局部目标，才能实现整体目标。

（2）做到计划的系统化

计划的种类有很多，按计划的时间可分为长期计划、年度计划和作业计划；按计划的范围可分为全行业计划和基层单位计划；按计划的领导方式可分为直接计划和间接计划；按业务内容可分为建设计划、养护管理计划、服务计划等。

不同的计划，反映各自不同的专业要求。长远计划一般是指 5 年、10 年较长时间的计划，它是规定在一个较长时间内发展远景的纲领性文件，也称为远景规划。它规定了发展的方向和任务。城市园林绿化长远规划是在城市的总体规划的指导，与有关部门协作配合下制订的。长期计划能使计划执行者站得高、看得远、目标明、决心大，是制订年度计划的依据。年度计划是指根据长远规划和国家下达的计划任务，具体规定年度内生产、业务、财务等各方面任务的计划。年度计划在各种计划中占重要的位置，作用在于落实一年内的工作部署，涉及园林专业系统内各个单位、各个部门，也涉及园林专业系统以外的有关单位和部门的协调关系，是园林部门年度的行动纲领，计划管理的中心环节。

（3）做好计划的编制、执行和检查工作

编制计划是计划工作的开始，执行计划是计划管理的目的。检查计划执行情况是为了更好地执行计划。

①编制计划。要研究上级下达的任务和有关指示明确计划期内的指导思想和方针方向；研究长期计划规定的分年度目标，明确计划期内的具体任务；研究上期计划完成情况；收集生产、建设、业务活动的有关预测资料；掌握财力、物资的保证程度；掌握各种技术经济指标、技术力量和协作条件。在充分掌握资料的基础上进行综合分析，预计生产能力，衡量人力、物力、财力、技术力量的可能，提出任务和完成任务的措施。

②执行计划。执行计划的基本要求是全面地完成各项计划指标，及时完成各项任务。必须做好作业计划和调度计划，做到层层落实、随时掌握工作进度，及时解决工作进行中发生的问题。要把计划任务分解落实下去。把年度、季度的总任务，变为各级组织各个部门行动计划和工作目标。只有层层分解落实；才能保

证计划的完成。

③检查计划。检查计划是对计划的执行情况进行定期和经常分析，发现计划执行中存在的问题，并及时采取措施加以解决，以保证计划顺利执行。检查计划的依据是计划指标、定额和质量标准。用这些标准从不同角度反映计划执行情况。要搞好检查，必须建立和健全数据反馈系统，加强原始记录和统计制度，以及时准确地反映情况。

第二节 园林企业财务会计管理

园林绿化单位财务管理，是指生产、经营过程中有关经费的领拨、运用、管理、缴销和监督。

一、财务管理的职能

（一）财务工作坚持的原则

财务管理要做到面向生产、支持生产、参与生产、促进生产，要严格遵守国家的方针、政策和具体规定，正确处理国家、单位、个人三者的利益关系。

1. 坚持为生产服务的原则

发展城市绿地面积、提高城市的绿化覆盖率、提高园林绿地质量是园林部门的中心任务，财务管理首先要为这个中心任务服务。从财务上给予保证和支持，这就是生产观点的具体表现。

2. 坚持勤俭办事业的原则

精打细算、用较少的钱办较多的事、提高资金使用效率是发展事业、提高质量的有效方法。要坚持勤俭办一切事业的原则，厉行节约，反对浪费。

3. 坚持民主理财的原则

把专业管理和群众管理结合起来，实行经济民主，促使每个部门和职工关心财务的运行情况。

（二）财务管理的职能

1. 有计划地、合理地分配和供应资金

根据国家投资和收支情况，按照计划，进行合理分配和预算平衡，保证生产建设计划的顺利进行。

2. 财务的监督作用

财政资金的合理分配和使用，是财务管理的重要环节。分配和使用是否得当，直接关系事业发展的进程。对财政资金的运转过程，尤其是对资金的使用进行管理和监督，提高资金的使用效果。认真执行预算，严格执行财政制度，对违背国家计划，违反财政政策、财经纪律，浪费国家资金的行为进行监督。

3. 合理地组织收入

从实际情况出发，充分发挥行业优势，在为人民提供优良服务、丰富人民文化生活、满足社会需要的前提下，增加收入。通过组织收入，减轻国家的负担，以更有效地加速园林绿化事业的发展。

二、财务管理的模式

对于城市园林绿化事业整体来说，它是城市公用事业的一部分；公共绿地养护管理单位是不以营利为目的的事业单位。它的经费来源，主要是国民收入分配中用于社会公用事业，满足人民共同需要的"必要扣除"中的一部分，就是常说的"取之于民，用之于民"。虽然国家对城市园林绿化建设和养护管理的投资，逐年有所增加，但是国家还不富裕，财力有限，还不可能充分满足事业发展的需要。为此，要坚持科学理财，以最少的投入，争取最大的效益。

园林绿化行业内部有各种不同性质的生产、经营单位，财务管理制度也各不相同。凡属园林绿化建设工程，按照增加固定资产投资的程序有计划地进行投资；养护管理费用，按照国家批准的预算，由上级财政部门提供资金。由于生产经营性质不同，预算管理方法也各不相同。例如，公园是为人民群众提供休息游览的公益性事业单位，其经费开支是由预算拨款的。但是有的公园有门票收入，还可以结合公园业务特点开展多种经营，有一定数量的收益，采取收支相抵差额补贴的方式。街道绿化、行道树是市政设施的一部分，没有固定收入或收入极微，它的经常养护管理开支几乎全部由预算拨款。绿化材料生产单位的产品作为商品进入市场，一般按照企业管理的要求进行核算，承担一定的上缴任务。但是，由于经营管理水平等客观条件的限制，虽然进行成本核算，有的还暂时地实行收支差额的管理方式。园林部门所属的商业、工业性质的生产单位，实行企业管理，对国家承担一定的利税上缴任务。总的来说，园林绿化单位收入、支出相抵之下，不足之数，实行差额管理。国家每年拨付一定数量的园林绿化养护管理费。在深化改革的过程中，对事业单位的预算管理有所改进。按照养护管理任务的数量多少、质量要求、依照定额核定投资金额把"以费养人"变为"以费养事"，这种预算管理模式与过去相比是一大进步。

三、财务管理的几个环节

有了健全的财务管理制度，才可能及时供应、合理安排、节约使用各种资金，保证生产、建设和经营活动的正常运行。财务管理是直接关系事业发展的重要职能。

（一）预算管理

预算是根据业务的实际需要编制的，预算是业务计划以资金形式的体现，是实现计划的资金保证，是计划期内资金安排及业务活动规模和方向的反映。预算管理是以预算为依据，对财务活动的管理。

园林绿化单位预算管理类型有多种：有的单位有收入有支出，有的单位有支出无收入（或基本无收入）；有些单位支大于收，有些单位收大于支。为了充分发挥各单位生产业务的积极性，合理地组织收入，严格地节约支出，根据各单位不同类型和收支情况，确定不同的预算管理形式。

1．全额管理

这种管理形式一般适用于没有经常性收入的单位，如行道树养护单位等。单位的各项收入全部纳入预算，所需支出全部由预算拨款，所取得的各种收入全部上缴。采取这种管理形式，有利于国家对单位的收支进行全面的管理和监督，同时，使单位的支出得到充分的保证。

2．差额管理

这种管理形式适用于有经常性业务收入的单位如公园等。以自己的收入抵补支出，支大于收的差额由预算拨款收大于支的差额上缴预算。

3．企业化管理

有一些附属在事业单位之内的经营部门和商业服务部门，为了适应这些部门的特点这些单位应按照企业要求承担一定的利税任务。

（二）支出管理

支出是为实现计划，开展生产经营活动所必需的资金保证，是发展社会生产力，改善生产、生活条件必不可少的费用开支。国家对园林事业实行厉行节约，保障供给的方针。一方面要保障提供资金；另一方面又必须贯彻勤俭建国，勤俭办一切事业的方针。财务部门要及时供应资金，同时，生产业务部门要严格按照上级批准的计划开展工作。做好支出管理要注意以下两点：

1. 精打细算，把钱用在刀刃上

风景园林行业的普遍矛盾是要做的事很多，但是国家用于园林事业的拨款是有限的，不可能百废俱兴，面面俱到。要把有限的资金用到最需要的地方，区别轻重缓急，精打细算，讲究经济效益。

2. 按计划、按规定用款

根据批准的预算和用款计划支出，对各项支出，必须按照规定的开支范围和开支标准执行。用款要按照事业进度领拨，不能提早和推后，既要保证资金及时供应，又要防止资金的积压。要划清资金渠道，基本建设拨款和专项事业拨款与经常费用不能互相挤占。预算内的资金严禁用到预算外。对没有预算、没有计划和不符合规定的开支，要守住口子。严守费用开支标准，费用开支标准是财务管理的重要环节之一，是国家为控制和掌握费用开支的统一规范。

（三）收入管理

收入管理是指在生产、经营活动中因向社会提供服务、产品或行使行政管理，根据国家规定而取得收入。应该按照物价政策"应收则收，合理负担""谁受益，谁负担"的原则办事。收入要讲政策。按标准收费，是一项政策性很强的工作，要贯彻执行物价和收费政策，做到该收的收，不该收的坚决不收。各类收费标准都要依照审批权限报经有关机关审批。审批权限应根据"统一领导，分级负责"的原则执行。有的由园林部门审批，有的由物价管理部门审批，有的还要经上级机关审批，以便做好综合平衡工作。

（四）财务监督

财务监督是财务工作的组成部分。它的目的在于保证方针、政策、财经纪律和规章制度的贯彻执行；促进增收节支，合理使用资金，讲究经济效益，全面完成国家计划。通过财务监督，保证按国家的规章制度办事，防止发生违反制度、违犯纪律的行为。

四、经济核算

（一）经济核算是解剖经济运行的手段

经济核算是在经济理论指导下，对各类经济活动的分析。可以是定期的经济活动分析，也可以是对某一特定项目的专题分析。通过经济核算掌握经济主体的经济发展过程、发展速度、各部门之间的联系、比例关系和经济效益。为经营者的决策提供科学依据，为提高管理水平创造条件。经济核算是经济管理基础工作之一。

园林绿化业的各种经济主体，从事不同的经济活动。所从事的经济活动可以分为物质生产部门和非物质生产部门；还可以分为以营利为目的的企业单位和不以营利为目的的事业单位。它们共同的特点都必须投入相当的生产要素，都是为了创造经济效益。随着管理科学的发展，为了争取更高的经济效益，无论是以营利为目的的企业单位，还是以非营利为目的事业单位，都需要推行经济核算制度，用以考核在生产经营活动中，在固定资产、流动资金占用下，活劳动和物化劳动投入后，所形成经济效益的高低。经济核算可以反映经济管理的成果，监督生产、经营活动的运行。

（二）经济核算的主要指标

经济效益是指人们在经济活动中的劳动消耗或劳动占用与所获得的符合社会需要的成果之间的比较。所谓符合社会需要的成果，是指在质量、品种等方面符合市场需要的成果。评价经济效益的范围不同和经济效益的表现形式不同，成果可以是物质产品，也可以是各种不同的使用价值。所谓劳动消耗，是指活劳动和物化劳动在经济活动中的消耗。所谓劳动占用，是指经济活动中固定资产、流动资金等的占用。讲求经济效益，就是要以少量的劳动消耗（或劳动占用）生产出更多符合社会需要的商品。

经济效益分析是以数据来评价和研究经济效益的。这种研究需要通过设置经济效益计算指标来体现。园林绿化业中常用的指标如下：

1. 劳动生产率

劳动生产率是反映活劳动消耗所形成的经济效益。它是在一定时期内生产有用成果与同期活劳动消耗总量的比率。其计算公式为：

$$劳动生产率 = \frac{一定时期收入额}{同期生产劳动者人数}$$

2. 成本净产值率

成本净产值率是反映全部劳动消耗的经济效益，成本是用货币表示的活劳动消耗和物化劳动的消耗的总和。其计算公式为：

$$成本产值率 = \frac{一定时间生产收入额}{一定时间生产部门的总成本}$$

3. 成本利税率

成本利税率是反映全部成本投入形成的经济效益。其计算公式为：

$$成本利税率 = \frac{一定时间上缴的利润和税金}{同期总成本}$$

式中，分子采用上缴而不是实现利润、税金，因为只有上缴的利润和入库的税金，才能形成社会效益。

4. 资金产值率

资金产值率是反映资金占用所形成的经济效益。其计算公式为：

$$资金产值率 = \frac{一定时间生产收入额}{同期生产资金占用额}$$

式中，分母指固定资产平均净值与定额流动资金平均余额之和。

5. 资金利税率

资金利税率反映一定时期内每百元（或万元）资金占用所提供的上缴利税额，反映资金对国家财政作的贡献。其计算公式为：

$$资金利税率 = \frac{一定时间上缴利税率}{同期生产资金平均占用额}$$

6. 技术进步经济效益

技术进步经济效益是通过同一时期生产收入增长额与新增生产资金的比率来衡量，它表明一定时期物质生产部门投入的固定资产和流动资金引起的生产收入的增长。其计算公式为：

$$技术进步经济效益（元/百元） = \frac{报告期生产收入增长额}{报告期固定资产增加额 + 报告期流动资金增长额}$$

技术进步的经济效益指标有一定的假定性，并不是所有新动用的生产资金在技术上都是完善和先进的。但从总体看，它能概括地表明采用新材料、新设备对生产收入增长的影响程度。

（三）经济核算的方法

园林绿化业中有物质生产部门、非物质生产部门，其中，有营利的非物质生产部门，也有非营利的物质生产部，都应该进行经济核算以考核其经营成果，但是所采取的核算方法是不同的。

1. 物质生产部门的核算方法

从生产角度考察生产总值。其计算公式为：

$$总产出 - 中间投入 = 总产值$$

总产出：核算期内全部生产活动的总成果，也称总产品。它包括本期生产的已售出和可供出售的物质产品的总价值。

中间投入：在生产过程中消耗或转换的物质产品和服务的价值。计入中间投入要具备两个条件：一是与总产出相对应的生产过程所消耗和转换的物质产品和非物质服务；二是本期消耗的不属于固定资产的非耐用品。

从宏观上说，各个生产部门增加值之和就是国内生产总值，国内生产总值加上国外净要素收入就是国民生产总值。

2. 非物质生产部门的核算方法

营利性单位的核算：其经济活动中发生的费用来源于业务收入。这类单位的总产出即其业务（营业）收入，没有提取固定资产折旧的单位，应加上虚拟的固定资产折旧。

$$增加值 = 总产出 - 中间投入$$

非营利性单位的核算：一般没有经营收入或有收入但抵不了支出。其总产出是核算期内提供服务的总费用。总产出以经常性支出加固定资产虚拟折旧的办法计算。需要说明的是，对不属于经常性支出的如设备购置、零星土建工程费用要扣除。

$$总产出 = 劳动者收入 + 业务费 + 其他费用 + 预算外支出 + 固定资产虚拟折旧$$

中间投入是指在从事其业务活动中消费的物质产品和服务。具体包括办公费、修理费、租赁费、低值易耗品、书报费、运输费、宣传费等。

（四）推行经济核算制度

经济核算并不只是财务部门的事，财务部门是经济核算的组织者。通过财务计算反映各项经济活动的情况。把经营管理与经济核算紧密地结合起来，才能对各项生产业务活动进行经济评价。经济核算概括了一切经济活动的成果，它监督各项工作的进行。正确运用经济核算手段，全面推行经济核算制是提高经营管理水平的一项重要措施。

1. 推行责任制是推行经济核算的基础

各个生产、经营部门和生产岗位要克服职责不清，任务不明，干好干坏一样吃"大锅饭"的状况，这是保证经济核算工作持续发展、不断巩固提高的重要条件。建立责任制，才有可能把各项经济技术指标实行分级分口管理，才有可能把计划指标分解到各单位、各部门，才有可能考核它们完成任务的情况、经济效益的大小。

2. 建立健全规章制度

严格的规章制度是进行正常生产经营活动的必要条件。所有单位都应该根据自己的实际情况，在计划、生产、服务、技术、劳动、物资、财务等方面建立规章制度，并且严格按照规章制度办事。

要对材料消耗、工时消耗、设备利用、物资储备、流动资金占用、费用开支等制订合理的定额，建立完整先进的定额体系。定额是计划管理的基础，也是搞好经济核算的条件，没有定额就像没有尺子一样，没有核算的依据。要按定额制订计划、安排生产、考核工作效率和经济成果。

在生产经营的各个环节中，所反映的数量、质量和人力、物力、财力的消耗，都要有原始记录，准确、完整、及时地反映生产经营情况，同时对物资的购进、领用、运输、生产过程中的转移，要实行计量验收制度，既要验量，又要验质，做到准确无误。

在经济运行过程中定期进行经济活动分析，是检查经营成果的重要方法，通过分析才能发现问题，揭露矛盾，及时进行调整、控制，以避免造成终期不可挽回的失误。

第三节　园林企业劳动管理

一、园林绿化业生产劳动的特点

为了合理地组织劳动，达到提高劳动生产率的目的，要研究劳动对象和生产劳动的特点。

（一）劳动对象

因其主要对象是植物，故园林绿化劳动具有较强的季节性。各项工作也因季节不同而有很大的变化，繁殖、栽培、种植、养护等生产活动都要紧跟季节的变化安排，往往因生产时节掌握不准而事倍功半，甚至造成全盘失败。

（二）生产劳动的特点

1．园林绿化的生产周期比较长

园林绿化的生产周期比工业生产和农业生产周期都长。有的甚至经过几年才能反映出它的劳动成果或劳动质量。园林生产是由许多不同的但又互相联系的劳动过程组成的。例如，从采种、播种到培育，从出圃定植到养护管理，每个工序的劳动质量，不仅影响下一个阶段的劳动质量，而且直接影响达到生产的最终目的。在实行劳动管理、考核劳动生产率时，既要注意从阶段上考核它的成果，又要注意从全局上考核它的效益。

2．园林绿化劳动具有较大的分散性

园林绿化劳动分散在城市的各个角落，就是在同一块绿地上进行生产劳动也是单独的、分散的操作较多，集体的、大生产式的劳动较少，这是由风景园林行业的业务特性决定的。要根据这个特点，制订相应的管理制度，实行相应的管理方法。

3．园林绿化劳动基本都是露天操作

园林绿化劳动受气候条件和土壤、光照等环境条件的影响很大。以同样劳动代价在不同的客观条件下和不同的环境中，所获得的效果往往很悬殊。对劳动的安排和评价，要注意客观因素的影响。

4．工种繁多，性质差异很大

园林绿化业的工种有植物繁殖栽培、建筑修缮、行政管理、商业服务等。要因时因地制宜，采取不同的管理方式，不能一刀切。

5．现阶段园林绿化生产手工操作的比重较大

随着技术水平的提高，要注意实践经验的积累，由熟练逐步达到精巧。园林操作和植物生长周期一样，一般一年才有一次实践的机会，如嫁接、修剪、采种、播种等。重复实践的机会较少，所以给提高劳动者的技术水平带来困难。在安排劳动者技术培训中应该注意这个特点。

二、提高劳动生产率

园林绿化业的生产、经营活动和其他生产部门一样，追求经济效益是基本要求。劳动管理的任务，在于通过对劳动者的组织工作和管理工作，正确处理劳动者、劳动工具和劳动对象三者之间的关系，充分发挥劳动者在生产中的积极作用，用较少的劳动消耗，完成较多的生产任务，从而达到提高劳动生产率的目的。

劳动生产率取决于多种因素，有社会经济方面的因素，有科学技术方面的因素，也有自然条件方面的因素。其中"人"是最主要的因素。提高劳动生产率的手段有很多，包括增加劳动者人数、延长劳动时间和提高劳动强度。通过完善生产关系，国家、集体、个人三者利益得到了合理调整，使生产者从物质利益上关心劳动生产率的提高，能够在全社会范围内合理地使用人力、物力、财力。生产技术的革新和推广，已成为社会经济发展的需要和劳动者的共同要求。实行全员培训、提高技术水平是提高生产效率的重要措施。员工教育是开发智力、培养专业人才的重要途径。一个生产经营单位，生产水平的高低和员工能力的总和成正比。

建立高效的园林绿化业，需要一支有科学文化知识、有专业技术和经营管理能力的职工队伍，需要有一大批具有各种专业知识和技术能力的专门人才。但是，职工队伍的现有水平，同现代化建设的要求，还不相适应。员工科学技术文化水平的高低，在很大程度上决定了经营管理水平的高低、劳动生产率的高低和发展速度。

三、健全劳动组织

（一）劳动组织的含义

劳动组织是指有意识地协调两个或两个以上人的行动和力量的协作系统。劳动组织至少包含着三层意义：一是它必须为了实现某种任务，达到一定的目标；二是它为了实现某种任务，在共同目标的限定下，有各个部门乃至各个岗位的分工和相互之间的协作关系；三是要赋予不同工作部门和工作岗位以处置工作的权力，同时要明确各自的责任。

园林绿化业一般以一个经济核算单位为管理基础。按照业务活动的需要，建立劳动组织是一项基础管理工作，可以发挥超出 1+1>2 的力量。每一个生产、经营单位都有许多性质不同的业务部门，有许多工种同时进行生产业务活动，要使生产劳动有秩序地进行，必须要有科学的分工。有不同生产部门的分工；有同一生产部门，从事于不同作业的分工；有同一作业不同岗位的分工。实行劳动分工具有重要意义，只有劳动分工，才能有条不紊地进行生产，才能习有所长、熟练劳动，发挥劳动者的技术专长，才有利于建立生产责任制，提高劳动生产率。

（二）劳动组织的定员

在建立劳动组织的同时，必须实行定员。所谓"定员"，就是根据生产任务或业务范围，制订一个单位必须配备各类人员的数量标准。它是人员配备的数量界限，它表明保持正常的生产业务活动需要配备具有什么专业的人员，配备多少人员。定员是劳动管理的基础工作，也是合理用人的标准，能够促进改善劳动组织，建立和健全岗位责任制。编制定员的标准必须是先进合理的，既要保证生产需要，又要防止人员的浪费。各类人员之间保持适当的比例，能够以较高的工作效率完成既定的生产任务。

1. 定员的编制方法

各个单位的具体情况不同，各类人员的工作性质的特点不同，定员的方法也不一样，一般可以按劳动效率定员、按机器设备定员、按岗位定员、按比例定员、按业务分工定员等。在园林事业单位中，一般是将以上几种方法结合起来运用，进行分析研究综合平衡。

2. 编制定员时要注意的问题

生产工人与非生产工人的比例关系；确保生产第一线生产工人配备的优势。掌握主业与副业人员配备的比例，贯彻主业副业兼顾的原则，使主业保持充分的劳动配备。管理机构的设置要精简，层次要减少；配备要精干。

四、劳动定额

劳动定额是指劳动者在一定工作条件下，使用一定的生产工具，按照一定的质量标准，在一定的时间内所应完成的工作量。

（一）劳动定额的作用

劳动定额是实行科学管理的基础，是有计划地使用劳动力、制订生产计划和劳动计划的依据；是考核劳动者劳动成果，实行劳动报酬的基础；是建立责任制，实行经济核算的条件。有了劳动定额，劳动者就有了奋斗目标。劳动定额有一定的激励作用。

（二）制订劳动定额的方法

制订劳动定额要先进合理，要具有动员作用和激励作用；要规定质量标准，确定质量标准在园林生产经营过程中的重要意义；要简单明了，容易理解和运用。劳动定额要由粗到细，由局部到全面，逐步前进。

制订劳动定额的方法有估计法、试工法、技术测定法等。园林绿化受自然因素的影响很大，在不同条件下，完成同样一项作业，差别很大。这就要求制订不同作业条件下的差别定额。影响定额的因素错综复杂，差别定额只能根据影响最大的条件来制订。制订差别定额，首先要确定在各种不同条件下对定额影响的差别系数，其次将基本定额乘以差别系数，就可以算出同一作业在不同条件下的差别定额。

（三）劳动定额的修订

为防止追求数量、忽视质量的倾向，需要建立检查验收制度，以保证定额的正确运用。劳动定额制订以后，经过一定时间的实践，需要进行修订，使它经常保持在先进合理的水平上。

劳动定额的修订分为定期修订和不定期修订两种。定期修订是全面系统的修订，为了保持定额的相对稳定性，修订不宜过于频繁，一般以一年修订一次为宜。不定期修订是当生产条件如操作工艺、技术装备、生产组织、劳动结构发生变化时，对定额进行局部修订或重新制订。修订定额和制订定额一样必须经过调查研究认真分析，反复平衡，要报请上级领导批准后执行。

五、生产责任制

责任制是巩固劳动组织、加强劳动管理、提高劳动生产率的基础工作。责任制是生产经营单位加强管理的基础制度。建立责任制的目的是把建设、生产、养护、管理、服务各项任务，以及对这些任务的数量、质量、时间要求由生产者或经营者按照要求保证完成任务，并建立相应的考核制度和奖惩制度。建立责任制，可以把单位内错综复杂的各种任务按照分工协作的要求落实下去，克服无人负责的现象，保证全面、及时地完成各项任务，达到预期的要求。

建立责任制主要包括 3 个基本环节：

第一，生产任务是责任制的中心内容。它应该规定承担生产任务的单位和个人，在一定时期内应该完成的任务数量和质量。所定的生产指标要积极可靠，一般采取平均先进指标，既具有先进性又具有可行性，做到经过努力可以完成，有产可超。

第二，劳动和物资消耗指标。消耗指标规定了劳动用工数量和物资、能源消耗数量，通常用生产费用来表示。消耗的高低，由承担的生产任务大小及其技术措施的要求而定。消耗指标一经确定，一方面交代任务的单位要保证供给；另一方面承担任务的单位和个人要按照指标的规定，实行包干。

第三，奖惩制度是贯彻责任制的重要措施。这有利于承担任务的单位和个人，从物质利益上关心生产成果。考核制是落实责任制的基本保证，只有对各个岗位的工作任务逐项进行考核，并把考核结果，用作衡量贡献大小和按劳分配的标准，才能推动责任制逐步完善。如果考核制度不严格，即使建立了责任制，也可能落空。奖惩制度是完善责任制必不可少的组成部分。它把单位中各个部门和职工个人的责任、经济效益与经济利益紧密联系起来，克服平均主义，保证按劳分配原则的贯彻。

以上3方面体现了责、权、利的结合，负担生产任务的单位或个人，在活劳动和物化劳动消耗指标内，有权因地制宜、因时制宜地安排生产。奖惩制度使劳动与劳动成果联系起来，体现物质利益原则。生产责任制中"责、权、利"3方面是互为条件、互相依存的，缺少任何一个方面，都不能充分发挥责任制的作用。

六、企业激励机制

美国学者马斯洛把人的欲望分为5个层次：第一层次是生理需要；第二层次是安全需要；第三层次是社交需要；第四层次是尊重需要；第五层次是自我实现的需要。在这5个层次的需要中，生理需要是最基本的，自我实现的需要是最高层次的。

人们进行社会活动，参加生产劳动，都直接或间接地与物质利益联系在一起，要最大限度地满足职工的需求以激励职工的士气。物质利益除了经济方面的作用以外，还有安全的、尊重的、自我实现的需求。即使在个人物质利益比较充裕的情况下，物质利益的原则也不能忽视。人们比较普遍地存在着需要公平的心理倾向。公平往往是在比较中获得的，人们注重的不只是所得的绝对量，而是更注重可比的相对量。管理者应充分考虑一个群体内以及群体外相关人员激励的公平性。激励的本质是满足人们的需求，而人们的需要是多种多样的，不断发展变化的。激励方式要注重多样化，对不同的人、不同的事采取不同的激励方式。

　　在生产、经营单位内，惩罚违反组织规则的职工是必不可少的纪律措施。惩罚是为了维护生产秩序，目的是为了改进人们未来的行为，无论是对被惩罚者，还是对组织中的其他人，都是为了避免同类问题重复出现。在生产、经营活动之前要使有关人员知道应该怎样做，不应该怎样做。当错误发生以后要及时调查清楚，选择最佳的处理时机，以引起其他人的注意，防止再发生类似的问题。处理问题要前后一致，一视同仁，不带个人感情。这种做法可称为"热炉子法则"，无论是谁去摸一下热炉子所得到的惩罚都是立即的、事先确知的、前后一致的和不带个人感情的。

第三章　现代园林花木的营销管理

现代园林花木的经营管理，是以经济学理论为基础，针对园林花木产业的特点，最有效地组织人力、物力、财力等各种生产要素，通过计划、组织、协调，以获得显著综合效益的经济活动全过程。因此，它的研究内容十分广泛，涉及园林花木的生产技术、劳动、物资、设备、销售和财务管理等方面。由于过去对这项工作未予以足够的重视，虽然有一些管理经验，但缺乏科学和系统的总结与提高，这对国内园林花木产业的发展带来了一定的制约。

第一节　经营管理

一、生产管理

（一）园林花木的生产特点

各种园林花木，有其固有的生物学特性、对外界环境的特殊要求和技术经济特点。除了有与农作物相同的对光、温、水、肥、气的要求外，园林花木还有其自身的生产经济特点。

1. 种类繁多

园林花木既有草本，又有木本，木本中又有灌木、乔木、藤本等；既有热带和亚热带类型，也有温带和寒带类型。种类、品种丰富多彩，生态要求和栽培技术特点不尽相同，这就需要因地制宜，依据生态条件、栽培水平及社会经济等条件来发展适宜的园林花木，并确立合适的发展规模。

2. 产品是鲜活器官

园林花木的产品有观花、观叶、观茎、观果等类型，大都是鲜活产品，外形、色泽等易变。因此要加强采收、分级、包装、贮运、销售等采后各个环节的工作，并发展其相应配套的技术与设备。

3．生长周期长短不一

一些园林花木，如观赏乔木、盆景等生长周期较长。而另一些园林花木，如盆栽草花、切花等生长周期相对较短，甚至一年可多季生产。要依据市场需求、生产水平和能力进行轮作、换茬、间作和套作，合理安排茬口和产品上市目标，提高生产经济效益。

4．集约化水平高，栽培方式多样

园林花木单位面积的投入产出大多高于大田作物。人力、物力、财力投入较大，对劳动力的素质要求高，生产与管理需要专门的知识及熟练的技术。同时，园林花木的栽培方式多样，有促成栽培、抑制栽培、保护地栽培、露地栽培等，它们之间的栽培作业相去甚远，各有其要求和特点。采用何种生产方式要依据生产的植物种类、经济效益和具备的栽培管理水平等因素而定。

（二）园林花卉的生产管理

生产管理和生产作业是两种不同的活动。管理是对生产作业、时间安排和资源配置的指挥协调，而生产作业则是对计划发展的执行。随着园林花木产业化经营的不断深入，产销规模的逐年扩大和从业人员的不断增加，生产管理者需要关心的内容也越来越多。一般来说，它主要包括生产目标与计划、生产区的区划与布局、生产管理记录等。没有适当的生产管理，整个生产经营将难以达到预期的目的。

1．生产目标与计划

（1）目标

目标可以从多方面来进行选择。它可以是某个时期园林花木经营中的一个利润值，也可能是单位面积的产量；可以是一个预先确定的较低水平的产品损耗，也可能是一定的产品质量指标或经营规模的扩大或产品表中引进新品种的比例和数量等。制定目标时，必须尽量做到指标量化，如收入的币值，产品的数量，不同等级切花的比率等。

当以某一类园林花木的产品质量作为生产目标时，管理者应知道自身的产品质量在市场中的地位。有了这些指标，就可将所有投入按比例分配，以保证目标的实现。

（2）计划

计划起草前，最好先仔细研究目标，在大量收集种源、拟添购设备、肥药价格等有关背景资料基础上，制定详细的计划。计划包括时间的选定和进度的安排。

合理的时间安排是保证计划完成的最有效办法。时间安排涉及一系列技术规范与要求。要制订一项可行的时间标准，以便在允许的时间段内完成规定的任务。要指明每项农艺操作需要多长时间完成，这需要基于长期的实践经验而作出判断。只有根据在比较协调的生产系统中可能分配的那些工作，才能制定出合理的标准。一旦有了有效的时间和进度要求，每个员工就会分析采用什么作业方法才能完成工作任务，提高生产效能。当然，在制定时间标准时，还需注意考虑采用的生产程序、可能存在的干扰因素等问题。总之只有具备了较强的生产计划能力，才能使生产管理系统有效协调地运行。

2．生产区的区划与布局

无论是苗圃和栽培生产区，都要有系统的区划和布局。这有利于充分利用土地，节约能源，减少生产阻碍，使搬、运、装、卸渠道畅通。首先，要把生产区绘制在一定比例的图纸上，一般只需标明栽培床、台、棚室的平面轮廓。同时测量沟渠、走道、建筑物等其他辅助作业区面积，为计算有效栽培面积及其百分率提供数据。其次，要注明有效种植区的面积，栽培植物种类、品种及数量等，同时及时查明植物的移动情况等。第三，辅助作业区要用更大比例绘制平面图，以便更详细地显示个别作业区的规模与功能。在大型的育苗、切花、盆花生产中，流水作业流程也是经常需要的，如基质配制与处理，搬、运、检、贮等各个环节图解，详细的可标明要求的时间、移动的距离等，作业流水线应与布局情况相符合。

3．生产管理记录

生产管理记录，有助于分析、总结，避免犯同样的错误。在生产记录前，要设计好记录的内容。生产记录一般至少应包括生产栽培记录、栽培环境记录、产品记录和产投记录等。

（1）栽培记录与栽培环境记录

栽培记录包括栽培安排与各项操作工序，如栽植、移苗、摘心、修剪、化学调控、收获季节、肥料、农药、调节剂使用日期与效果以及各项操作的劳动力预算等。每项操作完毕，应有员工负责记录，注明更改的工序和未被列入计划的操作。栽培环境记录包括栽培地域内外温度、光照、湿度、土壤基质、病虫害发生和各种可见观察记录等。在保护地促成和抑制栽培中，温、光因素的自然状况和调节对产品的影响至关重要，阶段式连续记录有利于分析环境调控的效果和设备的质量，为第二年制订栽培计划和分析成本提供依据。

（2）产品记录

产品记录主要集中在园林花木生长期，部门管理者至少应每周评估一次园林花木生长发育情况并作记录，如菊花的平均高度、花色、花型、花径、叶色和株型等。产品记录包括开花或盆栽收获的数量、日期、等级或质量，这些记录同祥是成本计算的依据。当年的产品记录还可与往年的相比较，这样，通过对生长不良植株的分析，可找到出现问题的时间，再检查栽培记录和栽培环境记录就能找到问题的根源。

（3）产投记录

产投记录与栽培记录一样应集中进行。通过产投记录分析，既可发现、评估并纠正栽培失误，也可严格实施经营的程序。产投记录包括投入和收入两大部分记录。投入分可变投入和固定投入，可变投入通过特定的的植物种类确定，如花苗繁殖、上盆等的劳动量和销售运费，这些投入随植株的体量和种类不同而变动。固定投入最常见的是折旧费、利率、维修费、税费和保险费，在国际上常称为"DIRTI"。其他固定投入还包括管理的工资，会计、律师服务，学术活动费以及与经营有关的设备、捐助款、娱乐和办公费用等。另外一类属于半固定投入，如燃料、电力和较低水平的管理等，它们随产品增加而增加，但却不和具体产品直接相关。收入根据园林花木类型和种类分门别类地记载，更进一步的是按销售日期、市场销路和产品等级记录，这种分类有助于比较相关的季节营利、市场销售渠道和产品级别。

二、技术管理

园林花木的技术管理是对园林花木产业的各项技术活动和技术工作的各种要素进行科学管理的统称。加强技术管理，有利于建立良好的生产秩序，提高生产水平，增加产量，提高质量，节约消耗，提高劳动生产效益等。随着科学技术的不断发展，当今的劳动分工越来越细，生产效果的好坏经常取决于技术工作的科学组织和管理，因而技术管理也就显得尤为重要。

（一）园林花水产业技术管理的特点

1. 多样性

园林花木产业的内容涉及范围广、涉及部门多。如园林花木的生产、包装、贮运、销售和应用等多种多样的活动，必然要有多种多样的技术管理要求与之相适应。

2．综合性

园林花木的生产经营者，需要掌握如土壤、肥料、植物、生态、生理、气象、植保、育种、设施及规划设计、园林艺术等多学科的各项技术，同时许多单项技术还需根据实际需要进行集成组合，其技术管理工作具有综合性的特征。

3．季节性

园林花木产供销的各个环节，都有较强的季节性，易受自然因素等外部环境变化的影响。季节不同、外部环境条件不同，采用的技术措施也相应不同。为此，技术管理工作必须做到适时适地。

4．阶段性

园林花木在品种选择、育苗种植、栽培养护、采收贮运、包装上市等各阶段，具有各自的质量标准和技术要求。而在整个过程中各阶段所采用的技术措施不能截然分开，一个阶段的技术措施会影响到下一阶段，每个阶段之间又密切相关。因此，既要抓好各阶段技术管理的重点工作，又要注意各阶段之间技术管理的衔接。

（二）技术管理的内容

1．选用适用技术

所谓适用技术，就是最适合本地区、本单位的自然与经济条件，最有利于增产增收，经济效益最好的技术。适用技术可以是一项单项技术，更多地是由一项或数项单项核心技术与配套技术集合而成的综合性技术。选用适用技术，要从以下4个方面加以考虑。

（1）先进性

指它能反映生产力发展的先进水平和现代科学技术的新成果。要选择能最大程度地满足园林花木生长发育要求的先进技术方案和技术措施。

（2）可行性

一项技术不管多么先进，要在某地区推广应用，必须与该地区自然、经济技术条件相适应。如采用大型拖拉机耕翻，效率显然比钉耙高得多、然而在日光温室、塑料大棚或对生产规模小的农户却无法适用。

（3）经济合理性

即指选用的技术必须具有良好的经济效益。就是要求在一定条件下，用同样的技术投入获得较大的产出，或用较少的技术投入获得同样多的产出。如采用优良品种，一般来说就是种经济有效的技术措施，它可能投资较少而会带来较高效益。

（4）后果无害性

一项技术的效果常常是多方面的，有时既是有益的，也是有害的。因而技术的选择要通盘考虑。如防治园林花木病虫害，就应尽量采用生物防治或使用高效低毒农药，既做到杀灭害虫，又要保护人畜和益虫的安全。

总之，对适用技术的选择，既要考虑其技术上的先进性，又要考虑当地或经营者的基本情况，做到技术、经济、生态3个效益的统一。

2. 制订技术规范和技术规程

技术规范和规程是进行技术管理、安全管理和质量管理的依据和基础，是标准化生产的重要内容。制订和贯彻规范、规程是建立正常生产秩序、提高产品质量和效益的重要前提，在技术管理中具有一定的约束作用。技术规范，是对质量、规格及其检验方法等作出的技术规定，是人们在生产经营活动中行动统一的技术准则。技术规程，是为了执行技术规范，对生产过程、操作方法以及工具设备的使用、维修、技术安全等方面所作的技术规定。技术规范是技术要求，技术规程是要达到的手段。技术规范可分为国家标准、地区标准、部门标准及企业标准。技术规程在保证达到技术规范的前提下，可以由地区或企业根据自身的具体条件，自行制定和执行。制订技术规范和技术规程应做好以下3个方面。

（1）要以国家的技术政策、技术标准为依据，因地制宜，密切结合地方特点和地区操作方法、操作习惯来制定。

（2）必须实事求是，既要充分考虑国内外科学技术的成就和先进经验，又要在合理利用现有条件的基础上，制订符合本地区、本单位要求的技术规范和规程，防止盲目拔高。

（3）技术规范、规程既要严格，又要具可操作性，防止提出脱离实际的标准和条件。在提出初步的规范、规程后，可广泛征求多方面意见，修改后在生产实践中试行，再总结修改，经批准后正式执行。在执行过程中，也不能一成不变，应随着技术经济的发展及时进行修订，使之不断完善。

3. 实施质量管理

园林花木业的质量管理，是其技术管理中极为重要的一部分。在我国，这方面的工作尚处于摸索发展阶段，还很不完善。目前，生产实践中园林花木业的质量管理主要有以下几个方面的内容。

（1）积极贯彻国家和有关政府部门质量工作的方针政策以及各项技术标准、技术规程。

（2）认真执行保证质量的各项管理制度。每个园林花木生产单位、企业，都应明确各部门对质量所拉负的责任，并以数理统计为基本手段，去分析和改进设计、生产、流通、销售服务等一系列环节的工作质量，形成一个完整而有效的质量管理体系。

（3）制订保证质量的技术措施。充分发挥专业技术和管理技术的作用，为提高产品质量提供总体的、综合全面的管理服务。

（4）进行质量检查，组织质量的检验评定。

（5）做好对质量信息的反馈工作。产品上市进入流通领域后，应进行回访，了解情况，听取消费者意见，反馈市场信息，帮助自己改进质量管理措施。

在实施质量管理中，首先要实行责任制。不论何种体制和机制的园林花木企业单位，都要有明确的技术管理负责制度，要设专人负责质量管理工作。企业单位负责人要带头树立质量意识，要把质量管理的内容、要求，落实到每个部门和个人。个人和班组也要进行自我把关，自我检查，保证操作符合标准规程。可组织建立不同形式的质量管理小组，开展经常性的质量检查及质量攻关活动。其次，要进行全面质量教育。教育广大职工掌握运用质量管理的思想和方法，办好技术培训，使他们学习和掌握技术规范、技术规程和措施；并通过技术考核、技术竞赛等多种办法，鼓励职工钻研技术，提高技术水平。第三，要实行综合质量管理。在园林花木业生产经营的不同阶段和环节，要实行连续综合质量管理。从园圃建设到产品上市的整个过程中，要做到环环相扣，承前启后，互相监督，把质量管理工作落到实处。

4. 做好科技情报和档案工作

科技情报工作的内容主要包括资料的收集、整理、检索、报导、交流、编写文摘、简介、翻译科技文献等。做好科技情报工作，可以使广大园林花木生产经营者了解掌握国内外本行业的发展趋势以及技术、管理水平，以开阔眼界，确定本单位的发展方向及奋斗目标，同时还可借鉴前人的成果，少走弯路，节约人力、物力、财力。在工作中应做好以下几个方面：

（1）及时广泛地搜集国内外科技资料、信息，对有关相近专业如林业、农业、植物、艺术理论、美学、政治经济学等多方面有关的科技信息也不能放过，便于参考借鉴。

（2）介绍本单位、本系统、国内外的科研成果，先进经验。在本系统内，进行科技资料交流，互相借鉴学习。

（3）根据生产经营中存在的关键性、普遍性疑难问题，要突出重点介绍，组织小型报告会，专题讲座，经验交流，以解决当务之急。

（4）做好信息储存工作，及时为生产、科研、科技革新提供有价值的资料及信息。

（5）建立情报网，使情报工作制度化、经常化。

（6）遵守保密制度，同时要防止技术封锁的不良倾向。科技档案是进行生产经营技术活动的依据，是经验的积累和总结，是传达技术思想的重要工具，是提高技术管理水平的基础工作。

为此对科技档案要求是：资料要系统、完整、准确、及时，要组织使用，要建立专门机构或确定专职人员的管理制度，使科技档案发挥应有的作用。

三、经济管理

从事园林花木生产经营活动的企业、农户，从决策开始，直至整个生产经营过程结束，都始终关心着生产经营成果，对生产成本、销售价格、收入利润、投入产出之间的比值等，都要进行核算、分析，期望生产经营成果达到最大值。

（一）产品成本核算

产品成本是衡量生产经营好坏的一个综合性指标。实行成本核算，对于计算补偿生产费用、计算盈利、确定产品价格和考核自己的经营水平具有重要意义。具体操作时，可先根据原始记录核算各种费用，然后再结合面积或产量计算产品成本。

1. 成本费用项目

（1）人工费用即生产和管理人员的工资及附加费用。

（2）原材料费用即购买种子种苗以及耗用的农药、肥料、基质等费用。

（3）燃料水电费用即耗用的固体、液体燃料费和水电费用。

（4）废品损失费用指未达到指标要求的部分产品损失而分摊发生的费用。

（5）设备折旧费即各种设施、设备按一定使用年限折旧而提取的费用。

（6）其他费用如土地开发费、借款利息支出以及运输、办公、差旅、试验、保险等事项所发生的费用。

以上6项费用概括分为两类，一是人工费用，二是物质资料费用（包括2～6项）。有关具体各成本费用项目的确切内含和核算要求，《农业企业会计制度》均作了具体规定。

2. 产品成本的计算

各项费用核算出来以后，结合园林花木的面积或产量，就可以计算产品成本。

（1）产品总成本

$$产品总成本 = 人工费用 + 物质资料费用$$

（2）单位面积成本

$$产品单位面积成本 = 产品总成本 / 产品种植面积$$

（3）多年生园林花木产品成本

其中：

一次性收获的多年生园林花木产品单位成本 =（往年费用 + 收获年份的全部费用）/ 产品种植总面积

多次收获的多年生园林花木产品单位成本 =（往年费用本年摊销额 + 本年全部费用）/ 产品种植面积

（4）间作、套种、混种园林花木产品成本，可按种植面积比例，进行成本分离。计算公式如下：

某园林花木产品总成本 =（各种园林花木总成本之和 / 各种园林花木种植面积之和）× 某种园林花木种植面积

（二）园林花水的销售核算

园林花木的销售过程，是园林花木价值的实现过程。在这一过程中，园林花木生产企业、农户一方面将产品投放市场，另一方面按销售价格从广大消费对象中收回资金，实现销售利润。园林花木的销售价格由产品成本、销售税金和销售利润三部分组成。

销售税金是指园林花木的生产单位应向税务部门缴纳的产品税或营业税。销售利润是销售收入扣除成本、税金以后的余额。合理的组织销售核算工作，是有计划地管理销售工作的重要条件，销售核算的任务就是反映和监督企业销售收入、成本支出，以及销售税金、销售利润计划执行情况，促使企业按照计划组织生产和销售工作。园林花木的销售价格一般采用市场价，即根据供需情况，由买卖双方自由协商制定。通常园林花木的价格根据其生产成本和预先设定的目标利润及税率等因素决定。计算公式如下：

园林花木价格 =（园林花木生产成本 + 目标利润）/（1- 税率）

一般从事园林花木生产经营的企业单位其产品种类较多、因此，在进行销售核算时，要设置"销售"总帐科目和根据园林花木品种设置销售明细帐。然后根据销售收入总额计算应缴税金。应缴税金计算公式如下：

本单位应缴税金金额 = 销售收入总额 × 适应税率。

园林花木企业单位和农户缴纳的税金主要是产品税或营业税。一般情况下，一个企业、农户缴了产品税就不缴营业税，缴营业税就不缴产品税。当将税金交给税务机关时，由银行存款直接转到税务部门的有关帐户中。如果本企业缴纳产品税或营业税，那么税金构成产品价格。一般情况下税金应冲减销售收入。

除此之外还应扣除已垫支的资金，即产品成本，这部分资金又叫做补偿基金。在以上二项扣除以后，剩下的就是企业利润。计算公式如下：

$$利润 = 产品销售收入 - 产品成本 - 税金$$

（三）园林花水的经营成果指标核算

经营成果是指企业、农户在一定时期（一般按日历年度），经营活动所取得的各种园林花木产品总量或以货币形态表示的总额。用实物量或价值量指标来衡量，具体有四种计算方法即总收入、净收入、纯收入和利润。

1. 总收入

指企业、农户当年实际实现的经营总成果。

$$总收入 = 产品销售收入 + 非产品销售收入$$

其中：产品销售收入 = 产品销售数量 × 销售单价；非产品销售收入是指可能发生的其他劳务收入、材料销售、固定资产出租、无形资产转让等收入。

2. 净收入

净收入是指企业、农户总收入减去生产过程中消耗的物质资料费用的实际收入，它是经营者在一定时期内劳动所创造的新价值。计算净收入的公式如下：

$$净收入 = 总收入 - 物质资料费用$$

3. 纯收入

纯收入是从总收入中扣除当年生产经营中各种费用支出后的余额，也就是当年生产经营的收益。它是反映企业、农户实际收入水平和扩大再生产、改善生活能力的重要指标。其计算公式如下：

$$纯收入 = 总收入 - 产品成本$$
$$或：纯收入 = 净收入 - 人工费用$$

4. 利润

利润是指销售收入扣除产品成本和税金后的余额。其计算公式如下：

$$利润 = 销售收入 - （产品成本 + 税金）$$

（四）经济效益分析

1. 经济效益及其指标

经济效益是指经济活动中占用和消耗的劳动量与取得的生产成果之间的比较。简言之就是投入与产出的比较。其表达公式为：

$$经济效益 = 生产成果 / 占用或消耗的劳动量$$

占用或消耗的劳动量包括活劳动和物化劳动两个方面的劳动量。活劳动的占用和消耗是指对劳动力资源的占用和消耗。物化劳动的占用和消耗是指对劳动资料和劳动对象的占用和消耗。劳动占用和消耗，可称为投入；生产经营成果，可称为产出。经济效益即投入与产出的比较，一般用相对数表示，常用的指标有劳动生产率、土地生产率、资金占用盈利率等。

（1）劳动生产率

可供实际应用的劳动生产率指标是活劳动生产率，其计算公式如下：

$$劳动生产率 = 园林花木实际产量或产值 / 活劳动消耗量$$

目前，计算劳动生产率一般用人工年指标，有条件可采用人工日、人工时指标。该指标反映活劳动消耗为社会提供的产出水平。

（2）土地生产率

土地生产率是指占用单位土地面积的产品产量或产值。通常采用的是计算土地的净产率和土地盈利率，它们分别反映劳动者在单位面积上所创造的新价值和纯收入。计算公式如下：

$$土地净产率 = （园林花木总收入 - 消耗的生产资料价值）/ 土地面积$$
$$土地盈利率 = （园林花木总收入 - 园林花木总成本）/ 土地面积$$

（3）资金占用盈利率

讲求经济效益不仅要以较少的资金消耗生产较多的产品和提供较多的盈利，还要尽可能以较少的资金占用，完成产品生产。反映资金占用效果的指标包括资金占用产品率、资金占用盈利率、成本产品率和成本盈利率。其中，最为重要的指标之一是资金占用盈利率。它反映的是全年各项生产经营活动取得的纯收入与固定资金和流动资金占用额进行比较的经济效益。它是评价经营经济效益的重要指标之一。其计算公式如下：

$$资金占用盈利率 = 年纯收入额 / （固定资金占用额 + 流动资金占用额）$$

2. 经济效益分析

企业经济活动分析是企业依据各种经济资料，运用经济指标和科学方法，对生产经营活动及其成果所进行的分析、研究和评价。经济活动分析的内容主要包括：资源利用分析、生产经营成果分析、基本建设投资分析、农产品市场营销效益分析等。分析的方法有：对比分析法、因素分析法、动态分析法、差额计算法、余额平衡法等。分析的形式也多种多样，有定期分析、日常分析、专题分析、专业分析、群众分析等。经济活动分析，对企业经营管理来讲，具有生产经营总结、经营成果评价和企业诊断等职能，起着审查决策目标的正确性与可行性、检查经营指标完成情况、考核生产经营成果、寻找偏差和改善经营管理等作用。

第二节　产品销售

产品销售是指园林花木生产者和经营者，通过商品交换形式，使产品经过流通领域，进入消费领域的一切经济活动。产品销售是联系园林花木生产和社会消费的纽带，是园林花木生产经营的重要环节。

一、销售方式

销售方式是由围绕着商品物流的组织和个人形成的。销售的起点是生产者，终点是消费者，中间有批发商、代理商、储运机构和零售商等，即中间商。因此，销售方式按商品销售中经过的中间环节的多少，可分为长渠道销售和短渠道销售；按商品销售中使用同种类型中间商的多少，可分为宽渠道销售和窄渠道销售；按承担销售的实体任务的多少，分为主渠道销售与支（次）渠道销售；按商品是否经过中间商，也可分为直接销售和间接销售。

（一）直接销售与间接销售

1. 直接销售

是指商品从生产领域转移到消费领域时，不经过任何中间商转手的销售方式。直接销售一般要求企业采用产销合一的经营方式，由企业将自己生产的商品直接出售给消费者和用户，只转移一次商品所有权，其间不经过任何中间商。其优点是生产者与消费者直接见面，企业生产的商品能更好地满足消费的要求，实现生产与消费的结合；企业实行产销合一的经营方式，能及时了解市场行情，根据反馈中的信息，改进产品和服务，提高市场竞争能力；产销合一的直接销售方式，不经过任何中间环节，也可以节约流通费用。其缺点是企业要承担繁重的销售任务，要投放一定的人力、物力和财力，如经营不善，会造成产销之间失衡。

2. 间接销售

是指商品从生产领域转移到消费领域时要经过中间商的销售方式。间接销售与直接销售相比，它有中间商参与，商品所有权至少要转移两次或两次以上，其渠道较长，商品流转时间长。间接销售的优点是：运用众多的中间商，能促进商品的销售；生产企业不从事产品经销，能集中人力、物力和财力组织好产品生产；中间商遍布各地，利用中间商有利于开拓市场。其缺点是间接销售将生产者与消费者分开，不利于沟通生产与消费之间的联系，增加了中间环节的流通费用，提高了商品价格，因消费者需求的信息反馈较慢，易造成产销脱节。

（二）长渠道销售和短渠道销售

1. 短渠道销售

是指生产企业不使用或只使用一种类型中间商的销售。它的优点是：中间环节少，商品流转时间短，能节约流通费用。它适用于销售小批量生产的商品、也较适宜于销售园林花木等鲜活商品。

2. 长渠道销售

是指生产企业使用两种或两种以上不同类型中间商来销售商品的销售方式。它的优点是能充分发挥各种类型中间商促进商品销售的职能，使企业集中精力组织产品生产。但长渠道销售存在着不可避免的缺点：生产与需求远离，很难实行产销结合；商品流转环节多，流通时间长，流通费用高。长渠道销售，一般适用于大批量生产的、需求面广的、需求量多的商品营销。

（三）宽渠道销售与窄渠道销售

商品销售中使用同种类型中间商数目的多少，决定渠道的宽窄度，以此划分宽渠道和窄渠道两种销售方式。

1. 窄渠道销售

是指生产企业只使用一、两个同种类型的中间商来销售商品的销售方式。窄渠道销售主要运用于技术性强、价格高、小批量生产的商品。其优点是生产企业只使用为数极少的固定中间商，双方紧密相依，共同图利，共求发展。在正常情况下，双方产销关系稳定。缺点是一旦一方变故，双方均受损失。窄渠道销售的具体模式，一是使用一、两个零售商；一是使用一、两个批发商。

2. 宽渠道销售

是指生产企业使用许多同种类型的中间商来推销商品的销售方式。宽渠道销售有利于扩大商品销售；有利于选择销售实绩高的中间商；有利于提高营销效益。其缺点是生产企业与中间商之间的关系松散，不够稳定。宽渠道销售的模式，一是使用多个零售商，一是使用多个批发商。

二、中间商

中间商是指参与商品交易业务的处于生产者与消费者之间中介环节的具有法人资格的经济组织或个人。中间商有广义和狭义之分，狭义的中间商，是指从事商品经销的批发商、零售商和代理商等经销商；广义的中间商，包括经销商、经纪人、仓储、运输、银行和保险等机构。.

（一）批发商

批发商是指从生产者处（或其他批发商品企业）购进商品，继而以较大批量转卖给零售商（或其他批发商），以及为生产者提供生产资料的商业企业。批发商在商品流转过程中，一般不直接服务于最终消费者，只实现商品在空间、时间上的转移，起着商品再销售的作用。批发商是连接生产企业与零售企业的桥梁，具有购买、销售、分配、储存、运输、融资、服务和指导消费等功能。批发商按业务所在地分类，可分为产地批发商、销地批发商、中转批发商和进口商品接收地批发商等。

1. 产地批发商

处于商品批发流转的起点，其主要业务是在产品生产地收购产品，集中分类后批发给中转地批发商、销地批发商、零售商等。

2. 销地批发商

处于商品批发流转的终点，一般设在消费者较集中的城镇。其主要业务是向产地、中转地和进口商品接收地批发商购买商品，然后将商品批发给零售商。

3. 中转地批发商

处于商品批发流转的中间环节，多设在交通枢纽城市，其主要业务是将从产地批发商购进的商品转卖给销地批发商。

4. 进口商品接收地批发商

有类似中转批发业务的特点。其不同点是：一个在国内从事商品批发中转业务；一个是在口岸从事外贸进口商品的批发中转业务，将进口商品调往销地。

（二）代理商

代理商是指不具有商品所有权，接受生产者委托，从事商品交易业务的中间商。代理商的主要特点是不拥有产品所有权，但一般有店、铺、仓库、货场等设施，从事商品代购、代销、代储、代运等贸易业务，按成交额的大小收取——定比例的佣金作为报酬。代理商具有沟通供需双方信息、达成交易的功能。代理商擅长于市场调研，熟悉市场行情，能为代理企业提供信息，促进交易。

代理商按其与生产企业（代理企业）业务联系的特点，可分为企业代理商、销售代理商、寄售代理商、拍卖行、委托贸易商、进出口代理商等。

1. 企业代理商

企业代理商，是受生产企业委托，根据双方签订的协议为企业代销产品，按代销产品销售额的一定比例获取代销报酬。企业代理商与生产企业之间是委托代销关系，负责推销产品的代销业务，其产品价格由生产企业制订。一般可不设仓库，由顾客直接从生产企业提货。

2. 销售代理商

销售代理商是受产品生产者的委托，负责代销产品，并拥有一定的售价决定权的中间商。生产企业为使其产品占领市场，一般要求销售代理商在一定时期内只能代销本企业的产品，并且在一定时期内要完成规定的商品推销数量，因此销售代理商实际上是按销售额收取佣金为生产企业代销产品的独家代理商。

3. 寄售代理商

寄售代理商通常备有仓库和铺面，替委托人储存、保管商品并代销商品，在商品销售额中扣取寄售仓储费用和代销商品的佣金。寄售代理商能使顾客及时得到现货，易于成交。

4. 拍卖行

拍卖行为卖主和买主提供交易场所和各种服务项目，以公开拍卖方式决定市场价格，组织买卖双方成交，收取规定的手续费和佣金。中国第一家园林花木拍卖行是 1998 年由北京朝阳区太阳宫农工商总公司投资兴建的北京莱太花卉交易中心。

5. 委托贸易商

属代理批发商性质，凡委托人需要的代购、代销、代储、代运、代结算等业务，委托贸易商均为其代办，并按委托贸易数额收取一定佣金。少数委托贸易商也有自营批发业务。

6. 出口代理商

进出口代理商一般在口岸、海关设立办事处，专门从事为委托人从国外代理进口商品业务或为国内生产企业和商业企业代理出口商品的业务，并按进出口商品款额收取佣金。

（三）经纪人

经纪人（又称经纪商）是为买卖双方洽谈购销业务起媒介作用的中间商。经纪人特点无商品所有权，不经手现货，为买卖双方提供信息，起中介作用。经纪人有一般经纪人和交易所经纪人，后者为同业会员组织，由同业会员出资经营，参加交易者仅限于会员，这在我国园林花木销售中尚无运用。现国内的园林花木经纪人为一般经纪人。

一般经纪人，俗称"掮客"，他们了解市场行情，掌握市场价格，熟悉购销业务，并与一些生产者和消费者有一定的联系，在买卖双方之间穿针引线，介绍交易，在商品成交后，获取一定佣金。一般经纪人对买卖双方都不承担义务，均无固定的联系，但在买卖双方交易过程中，只要受托，既可代表买方，又可代表卖方，以促进成交面收取佣金为目的。

（四）零售商

零售商是将商品直接供应给最终消费者的中间商。零售商处于商品流转的终点，具有采购、销售、服务、储存等功能，使商品的价值得以最终实现，使再生产过程得以重新开始。常见的零售商有：

1. 专业商店

是专门经营某一类商品或某一种商品为店名的零售商。如专门经营鲜切花的商店、专门经营仙客来的商店等。其特点是经营商品类别比较单一。

2. 综合商店

经营商品种类、类型多，一家商店内，既可经营盆花，又可经营切花、盆景、观叶植物等，还可经营种子、种苗、花肥、花药、盆钵等，琳琅满目，可供顾客任意挑选。

3. 超缓市场

是一种明码标价，提供购物小车、包装，由顾客自行选购，在商店出口处统一付款的零售商店。其特点是可通过包装介绍商品；服务设施也较好。

4．方便商店

是设在居民区的小型零售商店。方便商店经营时间长，但服务区域较小。

5．集市花摊

是由农民和小商小贩出售园林花木产品的场所。其特点是买卖双方自由协商价格，讨价还价，进行交易。

6．邮购商店

是通过邮电局办理订货和送货业务的零售商店。其特点是顾客根据邮购园林花木商品目录得到的商品信息，利用信件、电报等形式购货。它不受空间限制，顾客能从外地购买商品。

7．连锁商店

是由同一商品所有者用同一店名按统一规定集中管理两个或两个以上分店的零售商业组织。其优点是实行统一进货，能享受较高的折扣，减少运输成本，避免相互竞争所造成的内耗。其缺点是缺乏一定的灵活性。

8．流动商店

是用流动售货车、货郎担等形式，走村串巷，送货上门，方便顾客的小商贩零售业务。

三、销售策略

销售策略是指在市场经济条件下，实现销售目标与任务而采取的一种销售行动方案。销售策略要针对市场变化和竞争对手，调整或变动销售方案的具体内容，以最少的销售费用，扩大占领市场，取得较好的经济效益。

销售策略主要包括：市场细分策略、市场占有策略、市场竞争策略、产品定价策略、进入市场策略及促销策略等。

（一）市场细分策略

所谓市场细分，是指根据消费者的需要，购买动机和习惯爱好，把整个市场划分成若干个"子市场"（又称细分市场），然后选择某一个"子市场"作为自己的目标市场。例如，某企业生产商品盆景，国内外所有的盆景消费者是一个大市场。如果根据不同地区对盆景消费的要求来进行市场细分，则可以分成如欧湖市场、东南亚市场、美洲市场和国内市场等等。这个企业可选择其中一个作为目标市场，该目标市场也就是被选定作为销售活动目标的"子市场"。如该企业选定的是欧洲市场，那么它所提供的产品必须是能最大程度满足欧洲消费者需要的产品。选定目标市场应具备3个条件，一是拥有相当程度的购买力和足够的销售量；二是有较理想的尚未满足的消费需求和潜在购买力；三是竞争对手尚未控制整个市场。根据这些要求，在市场细分的基础上，进行市场定位，然后尽一切办法占领所定位的目标市场。

（二）市场占有策略

指企业和农户占有目标市场的途径、方式、方法和措施等一系列工作的总称。具体可考虑三种市场占有策略：一是市场渗透策略，即原有产品在市场上尽可能保持原用户和消费者，并通过提高产品质量，探索新的销售方式，加强售后服务等来争取新的消费者的策略；二是市场开拓策略，这是以原产品或改进了的产品来开拓新的市场，争取新的消费者的策略。这需要注意对园林花木新的科技成果的运用，适时地开发新的品种，从产品品种的多样化、高品质等方面求得改进；三是经营多元化策略，即在尽力维持原有产品的同时，努力开发其他项目，实行多项目综合发展和多个目标市场相结合的策略，以占领和开拓更多的新市场。

（三）市场竞争策略

指企业和农户在市场竞争中，如何筹划战胜竞争对手的策略。主要有以下内容：

①靠创新取胜。例如：向市场投放新的产品，用新的销售方式、新的包装给消费者以新的感觉。

②靠优质取胜、新的产品形象、新的销售方式等都必须以优质为前提。产品与服务的质量好坏同竞争能力密切相关。参与市场竞争，必须在优质上下功夫。

③靠快速取胜要对市场的变化作出灵敏的反应，要很快地抓住时机，以最短的渠道进入市场，要能根据市场需求的变化，快速地接受新知识、新观念，快速开发新产品抢占市场。

④靠价格取胜消费者和用户都希望以较低的价格买到称心的产品。因此，企业和农户应尽可能降低产品成本和销售费用，使产品价格具有竞争优势。

⑤靠优势取胜每个企业和农户总有自己的优势，要根据地理位置、气候条件、资金、技术及资源条件，使生产经营的项目能充分发挥自身的优势，在扬长避短中获得较好的效益。

（四）产品定价策略

价格是市场营销组合的一个重要组成部分。任何一个企业单位，要在激烈的竞争中取得成功，必须采用合适的定价方法，求得在市场营销中的主动地位。定价策略作为一种市场营销的战略性措施，国内外有许多成功企业的经验可供借鉴，如心理定价策略、地区定位策略、折扣与折让策略、新产品定价策略和产品组合定价策略等。在组织市场营销活动中，应以价格理论为指导，根据变化着的价格影响因素，灵活运用价格策略，合理制定产品价格，以取得较大的经济利益。

（五）进入市场策略

主要是研究商品进入市场的时间。不少园林花木在市场上销售都会有淡季和旺季之分，因此，正确选择进入市场的时间是一项不可忽视的策略。例如，鲜切花的上市时间放在元旦、春节等重大节日，就会畅销价扬。

（六）促销策略

促销是指通过各种手段和方法让消费者了解自己的产品以促进其购买消费。促销策略按内容分，有人员推销策略、广告策略、包装策略和商标策略等。

四、园林花木的进出口

（一）园林花木进口

园林花木产品进口与其他货物进口的一般程序大致相同。从贸易洽谈到合同履行完成，由订立合同、租船投保、结汇赎单、报关提货、验货索赔等几个环节组成。但园林花木产品本身具有特殊性，一方面是属于农产品，具有很强的季节性，所以时效性十分重要；另一方面，是属于国家规定必须经过检疫方可进口的产品，所以植物检疫工作必须重视。

1. 合同订立

（1）签订协议书

通过询盘、还盘、与外商磋商，初步商定购销协议书，确定所需进口的品种、数量、规格、价格、预期装船期等条款。

（2）办理进口所需的批文

进口种苗所需批文主要有《引进种子、苗木检疫审批申请书》《进（出）口农作物种子（苗）审批表》《引进种子、苗木检疫审批单》等。一般程序是先由引种者到所在的省——级农业厅植保站、种子站办理申请书，然后到农业部有关部门和海关总署办理有关批文。其中有的批文办理需收取一定费用。

（3）了解出口商的资信情况

在与外商磋商及订立正式合同之前，应尽可能地了解出口商的资信情况，对他们的信誉度及偿付能力做到心中有数，并挑选资信情况好的外商成交。

付款方式最保险的为即期不可撤销信用证或预付，以此确保全数货款如数回收。如果对出口方不够了解，就应该选择可靠的代理商。

2. 合同履行

在进口业务中，大多是以信用证 CIF（到岸价格）条件成交。其程序包括开立信用证、审单付款、报关、提货、植检、索赔等环节。

（1）开立信用证和付款赎单

根据合同条款打制开立信用证审请书，要求银行开立信用证。当银行收到国外客户全套单据时，包括提单、发票、装箱单、国外植检证书、质量证书、原产地证书等，进口商应对照合同仔细审单。如做到"单单相符，单证相符"，即承兑付款，从银行赎回全套单据；如有不符，则应立即向银行提出，拒付货款，全套单据退回。开立信用证时需向银行缴纳相关费用。

（2）报关

进口报关是指海关规定的对外关系人应向海关申报进口的手续，旨在核实进口货物是否非法入关。由于海关规定报关手续应当自运输工具申报进境之日起14日内向海关申报，交税手续应当自海关填发税款纳税证的次日起7日内缴纳税款，否则须缴纳滞税金。又由于港口规定普通集装箱自运输工具进境10日内，冷藏集装箱自运输工具进境4日内应提走货物，否则须缴纳滞箱费。所以，报关工作必须及时。为能从港口提走货物，所需要的主要手续包括：换取提货单、填制报关单、海关报关、申报商检、卫检、植检等，办理这些手续，需向有关的各个部门提交相关的单证。向海关报关时，除应提交报关单外，还应提交贸易合同、提货单、检疫审批单、国外植检单、发票、装箱单、原产地证书等；属免税商品的，还需要农业部及海关总署批的免税单。由此可见，订立合同时的批文准备和付款赎单时的审单工作非常重要面具体，环环相扣，不能出任何差错。

（3）提货

当报关手续全部完成后，即可到港区申请提货。首先，应填报提货计划书，由港区安排吊装提货的时间，然后，港口植检人员在开箱时进行抽样检疫，经检验如发现有植物检疫对象的，由植检机构封存，或作消毒处理，或停止调运，或销毁。

（4）相关费用

在提货报关中，由于进口商品的品种、数量、价值以及提货方式的不同，费用支出也有所不同。但所发生的费用大致包括：植检费、换单费、制单费、报关费、商检费、卫检费、港杂费、集装箱出港运费、吊装费、掏箱费、装车费、滞箱费等项目。

3. 索赔和种植监测

开箱验货时，如发现进口商品的品质、规格、数量、包装等方面不符合合同规定或发生残损，需根据不同情况，向有关责任方提出，并应提交相关单据，包括索赔函件、商检证明、植检证明、发票、装箱单、提单副本等。索赔应提出充足的理由和索赔的具体要求，做到有理有据。

进口园林花木的种子（球）由于存在发芽率和开花率的问题，所以如合同中有规定的，当植物的一个生产周期完成时，也存在索赔问题。另外，根据中国的植物检疫条例，植物在生长期间，应受到所在省（省市区）植保站的监测，所以为保证生产安全，应与植保站很好配合，做好疫病监测工作。按规定，疫情监测费由引种单位负责。

（二）园林花木出口

1. 一般程序

出口工作是个复杂的过程，涉及的工作环节较多，涉及的面较广，手续也较繁杂。园林花木产品，包括种子、种苗、种球、切花、盆花等多类产品，不同类的产品手续各有不向，所以其出口程序较一般产品出口更复杂。盆花、盆景出口，常不能带土出境，有时还要有生命力和花期的保证，要求则更为严格。但是，商品出口的一般程序是大致相同的，包括订立合同、备货、催证、审证、改证、租船（或飞机）订舱、报检、报关、投保、装船和制单结汇等环节的工作。鉴于大多数的出口合同为 GIF 或 CFR 合同，并且通常采用信用证付款及集装箱船运的方式，现以此为例，概述园林花木产品出口的一般程序：

根据园林花木产品的分类，按品种、规格、株高（茎长）、颜色、开花期、供货期、可供数量、运费、税率及包装等项，对外商报价，视不同要求及方式而定。经过与外商的往来函电磋商和确认，签订正式销售合同。并至少在装运期一个月之前，在收到通知实行转送信用证后，经严格的审证之后加紧备货；若条款有误，应立即与进口方联系改证事宜，并应同时联系租船、订舱、向出口地动植物检疫局报检，取得出口植检证书，制好货物出口的全套单据后向海关报关，并根据合同规定办理出口货物投保事宜。待货物装运后，开制汇票，备齐单据后交出口地银行议讨。

2. 要求和注意事项

出口合同的履行以货（备货）、证（催证、审证、改证）、船或飞机（租船、订舱）、款（制单结汇）四个环节的工作最为重要。只有做好这些环节的工作，使其环环紧扣，才能提高履约率。而作为园林花木产品，根据其本身产品的特性，在出口工作中应特别注意以下几点：

（1）注重时效性

时效性主要包括两点，一是指园林花木产品的生长和消费具有时效性，二是指合同履行的各个环节具有时效性。园林花木产品，有一定的生长周期，有很强的季节性，观花产品又存在花期长短的问题；同时作为消费品，园林花木产品的市场需求同样具有很强的时令性。所以，园林花木产品的出口需根据产品的不同生产和消费特点，特别注意其时效性，否则，季节一过，什么都来不及了。也正是因为这个原因，合同从磋商订立开始一直到履行结束为止，每一个环节都必须进行得细致、准确、及时。

（2）做好植物检疫

一般园林花木产品的进口国都规定出口国的植物检疫部门必须出具植检证书，同时多数进口商也都对园林花木产品的质量和检疫对象提出了具体要求。若出口植物发现病虫害，须进行商品熏蒸消毒灭菌，当然这样可能会影响质量、数量并导致货值的下降。如果发现检疫对象，整批园林花木都将被销毁。对此，我们必须认真对待，根据外方提出的检疫要求到我国植检局进行检疫，以避免因此遭到外方海关拒收而发生索赔。

五、进出境植物检疫

进出境植物检疫的目的是防止外来的危险性植物病、虫、杂草及其他有害生物传入商品进口国。这项工作既有维护国家主权的一面，也有保证对外正常交往，促进对外开放的一面。在防治有害生物的综合措施中，实施检疫是最为经济有效的，具有保护国家根本利益的特殊作用。检疫既是把关又是服务。在我国，根据《中华人民共和国进出境动植物检疫法》及其他有关文件规定，凡进出境植物、植物产品和其他检疫物都要实施检疫。

（一）进境植物检疫

1．进境植物的检疫范围

检疫范围应该包括所有进境的植物、植物产品和其他检疫物；装载植物、植物产品和其他检疫物的容器、包装物、铺垫材料；来自疫区的运输工具；进境拆解的废旧船舶；有关法律、法规、国际条约或贸易合同规定的实施检疫的其他货物。既包括贸易性的，也包括非贸易性的植物。所指的植物是指栽培植物、野生植物、种子、种苗及其他繁殖材料。其他繁殖材料包括：砧木、接穗、叶片、芽体、芽条、块根、块茎、球根、球茎、鳞茎、试管苗、花粉、植物组织、细胞培养材料以及菌种等。

2．禁止进境物

按检疫法规定，中国禁止下列检疫物进境：

（1）害虫、植物病原生物（真菌类、细菌类及病毒等）及其他有害生物；

（2）来自疫情流行国家和地区的有关植物、植物产品和其他检疫物；

（3）土壤、带土的苗木和盆景进境时，需作除土和换土处理，换下的土壤须作除害处理。特殊用途的少量土壤，如科研、教学、药用以及工程样品等用土，须经国家检疫局特许审批，准予进境，但需作消毒处理或监管使用。

3．进境植物的检疫对象

所谓进境植物的检疫对象是指禁止进境的病虫害的种类。之所以要规定检疫对象，是从病虫害的实际情况考虑的。目前世界上已经发现的病虫害种类非常多、不可能对每种病虫都实施检疫；时间、人力、物力，既难以行得通，又没有必要。为此，许多国家都根据各种病虫害的危害程度、分布情况、生物学特性等作出检疫对象规定。欧美许多国家都有规定的检疫对象名录。世界上只有少数国家，如日本、澳大利亚没有检疫对象的规定，但具体执行时，他们也都有轻重之分。除了由国家规定的检疫对象外，政府之间的双边协定和贸易合同中，对检疫对象也可作出具体规定。

根据植物危险性，病、虫、杂草的危险程度和检疫处理的难易，中国将其划分为两类：一类危险性病、虫、杂草和二类危险性病、虫、杂草。

下列情况划分为一类：

（1）该类病虫害在中国尚未发生或分布不广，能严重危害农林牧业生产，其主要受害作物又是我国重要资源。

（2）该类病虫繁殖力、抗逆性强，适应性广，能经多种途径传播，一旦传入会导致重大损失。

（3）目前尚无有效的检疫、除害处理和防治方法。

根据以上原则，划分归入一类的有33种，包括：松实圆蚧、欧洲榆小蠹、棕榈象等昆虫10种；马铃薯金线虫、香蕉穿孔线虫等3种线虫；栎枯萎病菌、榆枯萎病菌、橡胶南美叶疫病菌等真菌类11种；梨火疫病菌、玉米细菌病菌等3种细菌；病毒类有非洲木薯花叶病毒、椰子致死黄化类菌原体等6种。

下列情况划分为二类：

（1）该类病虫害在我国尚未发生或局部发生，能严重危害生产，且主要受害作物是国家或区域性资源。

（2）该类病虫繁殖力强，适应性广，一旦传入，要造成严重损失。

（3）有一定的除害处理办法，但防治困难。

归入二类的有51种，包括：非洲大蜗牛、美国白蛾、日本金龟子、葡萄根瘤蚜、美洲榆小蠹、咖啡潜叶蛾、苹果实蝇等30种昆虫、蠕虫和软体动物；松材线虫等5种线虫；真菌2种；细菌3种；香石竹环斑病毒等7种病毒；杂草类有菟丝子属、列当属、毒麦等4种。

4. 进境植物的检疫审批制度及检疫程序

（1）检疫审批

按检疫法规定，进境植物、植物种子、种苗，必须事先提出申请办理审批手续。属于禁止进境物（特批物）必须事先向国家检疫局办理特许手续。实施审批制度可以减少不必要的损失，防止病虫传入。因为世界各国的植物疫情相当复杂，进口的单位不一定了解，也不完全掌握我国检疫法规，很可能发生盲目进口大宗检疫物，因带有病虫而被退货或销毁，造成经济损失。如果办理审批手续，检疫机关可以将检疫要求写入订货合同，一旦发生情况，货主还可以根据合同提出索赔。履行审批制度时一是提前申请，二是如实填报，三是认真审查。

（2）特许审批

办理特许手续的步骤：引进单位及个人应该具有上级主管部门的证明或营业执照的复印件，特批物的名称、产地、用途及管理措施。将上述材料交所在地口岸检疫机关。检验合格后填写《植物检疫特许进口审批单》，报国家检疫局审批。

（3）审批权的机关

按原来规定，中国具备检疫审批权的机关主要有下列几个部门。即国家、检疫局，各口岸检疫局（所），农业部植保局（审批农作物种子、种苗），各省、自治区、直辖市农业厅（局）植保站，国家林业局场圃总站（审批林木种子、种苗），各省、市林业厅（局）森保机构。

对进境园林花木的植株、种子、种球的审批权，目前既可在农业系统，又可在林业系统审批。对于野生珍稀濒危保护植物的进出口审批还须经国家濒危办及各地相关机构审查核定。

5．进境报检

"审批"与"报检"是植物检疫过程中两个环节，先审批后报检。进境报检，就是货主或其代理人，在检疫物进境前或进境时，持输出国的检疫证书、贸易合同、运单等单据向口岸检疫机关报检。报检员带上报检员证，并持有效的检疫审批单办理报检。如果在检疫物进境前货主有可能尚未拿到输出国检疫证书，在这种情况下，可以先报检，待检疫物到达时补证。报检员应认真负责地填写《植物检疫检验单》。报检程序如下：

（二）出境植物检疫

出境植物检疫包括贸易性和非贸易性植物检疫。实施出境植物的检疫检测，这是我国参加国际公约的义务，符合进口国的检疫规定，符合双边植物检疫协议，同样也是维护我国对外贸易的信誉。

1．出境物的报检

以前，中国出口植物及植物产品不是全部报检，而是实施有条件的检疫，即对两国植检协议要求检疫的、外贸合同要求出具检疫证书的以及出口单位要求检疫的才履行报检手续，这样，在实际交往过程中会发生不少问题：一是未申报的货物抵达输入国口岸时，因不符合输入国的检疫要求而拒收、退货，甚至销毁；二是输入国拒收后，货主要求检疫机关补证（补发检疫证书）。如果补证，实际上是没有经过检疫；如不补证，对国家、对出口单位都是一种损失。个别出口单位还为此而伪造植检证书。鉴于上述情况，并考虑到国际惯例，现中国规定凡出口植物及植物产品要全部实施检疫。

2．出境物的报检时间与报检要求

按规定出境前 3～10 天办理报检手续，需作熏蒸处理的应提前 15 天报检。报检时必须携带品种出口批准件或销售确认书；贸易合同和输入国提出的检疫条款；产地检疫证明，并填写《出境植物报检单》，由检疫机关进行现场检疫、实验室检疫或隔离检疫。凡不符合要求的，必须换货，不准出境或作除害处理，直至合格后放行。输出物的检疫依据是输入国与我国的有关检疫规定、双边协议、合同中对方所提出的检疫要求。报检后，如果实际情况发生变化，需要货主或代理人重新报检，同时填写《变更申报内容申请书》，写明"变更原因"、"变更项目"及"现申报内容"等，并退回从检疫机关所领取的全部单据。需要重新报检的有以下几种情况：更改输入国家名称；更改包装或者报检后进行改装的；有可能造成货物间交叉感染的；或更换包装材料本身可能带有病虫害；检疫物的数量、唛头标记与单证不符；超过检疫规定的有效期限等。

3. 注意输入国临时变更的检疫要求

为考虑本国的自身利益。进口国有时会变更他们的检疫要求，出口单位应该与检疫机关密切配合。例如：最近修改出台的"欧盟进口盆景植物的检疫要求"，1998 年中国和加拿大签订的"中国向加拿大试出口无土介质盆景议定书"，"国家检疫局（CAPQ）与生产者之间关于输美介质盆景工作计划书"等有关条款，在盆景植物出口前都需了解，以免遭受损失。

第四章　现代园林工程施工管理

园林工程施工管理就是根据园林工程的现场情况，结合园林工程的设计要求，以先进的，科学的施工方法与组织手段将人力和物力、时间和空间，技术和经济、计划和组织等诸多因素合理优化配置，从而保证施工任务依质量要求按时完成。园林工程施工管理的核心内容就是在最大限度地发挥园林工程综合功能的前提下，妥善处理工程设施与园林景观之间的协调统一关系，通过严格的成本控制和科学的施工管理，实现优质低价的园林工程。

第一节　园林工程施工管理概述

一、园林工程的特征与分类

园林工程是指建设园林的工程，泛指城市园林和风景名胜区中涵盖园林建筑工程在内的环境建设工程，它包括园林建筑工程和园林绿化工程两大部分。园林工程与土建工程项目有相似的一面。相似处是指园林工程的景观小品、园林建筑，如亭、廊、园路、栏杆、景墙、铺装、景桥、驳岸等所使用的钢筋、水泥、木料、砂、石子等建筑材料方面与土建工程相同，及由此所套用的施工规范相同。因此，园林工程中包含着土建部分。

（一）园林工程的特征

园林工程建设要达到供人们游览、欣赏的游憩环境，形成优美的环境空间，构成精神文明建设的精品的目的。它包含一定的工程技术和艺术创造，是山水、植物、建筑、地形等造园要素在特定境域内的艺术体现。因此，园林工程和其他工程相比有其突出的特点，并体现在园林工程建设的全过程中。

1. 生物性特征

植物是园林的最基本要素，特别是现代园林中植物所占比重越来越大，植物造景已发展成为造园的主要手段。由于园林植物种类繁多，品种习性差异较大，而园林工程所在地的立地条件又千差万别，园林植物栽培又受自然条件的影响较大，为了保证园林植物的成活和正常生长，达到预期的设计效果，栽植施工时就必须遵守一定的操作规程。养护中必须符合其生态要求，并要采取有力的管护措施。这些就使得园林工程具有一般工程的特性外又具有生物性特征。

2. 艺术性特征

园林工程不单是一种工程，更是一种艺术，它是一门艺术工程，具有明显的艺术性特征。园林艺术是一门综合性的艺术，涉及造型艺术、建筑艺术和绘画、雕刻、文学艺术等诸多艺术领域。要使园林工程产品符合设计要求，达到预期的功能，不仅要按设计搞好工程设施和构筑物的建设，还要对园林植物讲究配置手法，造景技艺。各种园林设施和构筑物需美观舒适，并从整体上讲究空间协调，既要求良好的整体景观，又要求其在层次上组织得错落有序。这些都要求采用特殊的艺术处理才能实现，而这些要求得以实现都体现在园林工程的艺术性之中。缺乏艺术性的园林工程产品，不能成为合格的产品。随着社会发展与人们文化品位的提高，这一点显得尤为突出。

3. 广泛性、复杂性和综合性特征

园林工程的规模日趋大型化，特别是生态型园林工程更是如此。在园林工程建设中，协同作业、多方配合已成为当今园林工程建设的总要求。加之新技术、新材料、新工艺的广泛应用，使得园林工程更加复杂化，也就显现了其广泛性，这就对园林工程提出了更高的要求。

园林工程同时又是综合性强、内容广泛、涉及部门较多的建筑工程。复杂的综合性园林工程项目往往涉及地貌的融合，地形的处理，文物的保护，自然景色的利用以及建筑、水景、给水、排水、电力供应、园路、假山、园林植物栽种、修剪与养护、艺术品点缀、环境保护等诸多方面的内容。在其施工中又因不同的工序需要将工作面不断地转移，导致劳动资源也跟着转移，增大了施工的复杂性，这就要求施工中要有全盘观念，才能有条不紊。而园林景观的多样性必然导致施工材料的多种多样，如园路工程中可采用不同的面层材料，形成不同的路面变化。园林工程施工地域复杂多样，且多为露天作业，经常受到自然条件（如刮风、冷冻、下雨、干旱等）的影响而树木、花卉的栽种与草坪的铺种又都是季节性很强的施工项目，只有统筹兼顾、综合考虑、合理安排才能搞好，否则成活率就会降低，或因生长不良而难以实现预想的目的。此外作为艺术品的园林工程产品，其艺术性又受多方面因子的影响，因此更要仔细、慎重地推敲。

综上所述，如此错综复杂的问题，自然形成了园林工程自身的广泛性、复杂性和综合性的特征。这就势必要求组织者、管理者必须具有广泛的多学科知识和先进技术。

4. 既要方便又要安全的"两重性"特征

园林工程产品的设施，多为人们直接利用的公共产品，即现代园林场所大多是人们休闲、游览、观光的地方，是人们活动密集的地段。这就要求园林工程中的设施和构筑物乃至植物、艺术景观等既要方便公众利用，又要具有足够的安全性。例如，建筑物、驳岸、园桥、假山、石洞、索道等工程，必须把好质量关，保证结构科学合理，坚固耐用；而栽植的各类树木、花卉、草坪等又要考虑对环境是否有利，对人身心健康是否有益等因素；同时在园林工程施工中也存在安全问题，例如大树移植要注意地上电线，挖沟挑坑时要注意地下电缆。所有这一切都表明，园林工程施工不仅要注意安全，还要确保园林工程产品的方便、安全、耐用。

5. 时代性特征

园林工程是随着社会生产力的发展而发展的，在不同的社会时代条件下，总会形成与其时代相适应的园林工程产品。因而园林工程产品必然带有时代性特征。尤其是园林工程建筑总是与当时的工程技术水平相适应的。当今时代，随着人民生活水平的提高和人们对环境质量要求的不断提高，人们对园林工程建设要求多样化、现代化越来越强烈，致使园林工程向多样化、现代化发展，工程的规模和内容越来越大，新技术、新材料、新科技、新时尚已深入到园林工程的各个领域。如集光、电、机、声为一体的大型音乐喷泉，传统的木结构园林建筑逐渐被钢筋混凝土仿古建筑所取代，形成了现代园林工程又一显著特征。

6. 生物、工程、艺术的高度统一性特征

园林工程要求将园林生物、园林艺术与市政工程融为一体，以树木、花草为主线，以艺驭术，以工程为陪衬，一举三得。并要求工程结构的功能和园林环境相协调，在艺术性的要求下实现三者的高度统一。同时园林工程建筑的过程又具有实践性强的特点，要变理想为现实、化平面为立体，建设者既要掌握工程的基本原理和技能，又要求使工程园林化、艺术化，才能生产出园林工程的精品。

（二）园林工程的分类

园林工程的分类多是按照工程技术要素进行的，方法也有很多，其中按园林工程概、预算定额的方法划分是比较合理的，也比较符合工程项目管理的要求。

这一方法是将园林工程划分为四类工程：单项工程、单位工程、分部工程和分项工程。

1. 单项工程

单项工程是指具有独立设计文件的，建成后可以独立发挥生产能力或效益的一组配套齐全的工程项目。单项工程从施工的角度来说，就是一个独立的交工系统，在园林建设项目总体施工部署和管理目标的指导下，形成自身的项目管理方案和目标，按其投资和质量的要求，如期建成交付生产和使用。一个建设项目有时包括多个单项工程，但也可能仅有一个单项工程，该单项工程也就是建设项目的全部内容。单项工程的施工条件往往具有相对的独立性，一般单独组织施工和竣工验收。

2. 单位工程

单位工程是单项工程的组成部分。一般情况下，单位工程是指一个单体的建筑物、构筑物或种植群落。一个单位工程往往不能单独形成生产能力或发挥工程效益，只有在几个有机联系、互为配套的单位工程全部建成竣工后才能交付生产和使用。例如，植物群落单位工程必须与地下排水系统，地面灌溉系统、照明系统等各单位工程配套，形成一个单项工程交工系统，才能投入生产使用。

3. 分部工程

分部工程是工程按单位工程部位划分的组成部分，亦即单位工程的进一步分解。一般工业与民用建筑工程划分为以下分部工程：地基与基础、主体结构、建筑装饰装修、建筑屋面、建筑给水排水及采暖、建筑电气、智能建筑、通风与空调、电梯。

4. 分项工程

分项工程一般是按工种划分的，也是形成项目产品的基本部件或构件的施工过程，如模板、钢筋、混凝土和砖砌体。分项工程是施工活动的基础，也是工程用工用料和机械台班消耗计量的基本单元，是工程质量形成的直接过程。分项工程既有其作业活动的独立性，又有相互联系，相互制约的整体性。

二、园林工程建设施工概述

（一）园林工程建设施工的概念

园林工程同所有的基本建设工程一样，包括计划、设计和实施三大阶段。现代园林工程施工又称为园林工程施工组织，就是对已经完成计划、设计两个阶段的工程项目的具体实施，即园林工程施工企业在获取某园林工程施工建设权利以后，按照工程计划、设计和建设单位要求，根据工程实施过程的要求，结合施工企业自身条件和以往建设的经验，采取规范的实施程序、先进科学的工程实施技术和现代科学管理手段，进行组织设计、实施准备工作、现场实施，竣工验收、交付使用和园林植物的修剪、造型及养护管理等一系列工作的总称。它已由过去的单一实施阶段的现场施工发展为现阶段综合意义上的实施阶段的所有活动的概括与总结。

（二）园林工程建设施工的作用

随着社会的发展，科技的进步、经济的强大，人们对园林艺术品的要求也日益提高，而园林艺术品的产生是靠园林工程建设完成的。园林工程建设主要通过新建、扩建、改建和重建一些工程项目，特别是新建和扩建工程项目，以及与其有关的工作来实现。园林工程建设施工是完成园林工程建设的重要活动，其作用可以概括如下：

一是园林工程建设计划，设计得以实施的根本保证。任何理想的园林工程项目计划，再先进科学的园林工程设计，其目的都必须通过现代园林工程施工企业的科学实施才能得以实现，否则就成为一纸空文。

二是园林工程施工建设水平得以不断提高的实践基础。一切理论来自实践，来自最广泛的生产活动实践，园林工程建设的理论只能来自于工程建设实施的实践过程之中。而园林工程施工的实践过程，就是发现施工中存在问题、解决存在问题，总结、提高园林工程建设施工水平的过程。它是不断提高园林工程建设施工理论，技术的基础。

三是提高园林艺术水平和创造园林艺术精品的主要途径。园林艺术的产生，发展和提高的过程，实际上就是园林工程实施不断发展、提高的过程。只有把历代园林艺匠精湛的施工技术和巧妙的手工工艺与现代科学技术和管理手段相结合，运用于现代园林工程建设施工过程之中，才能创造出符合时代要求的现代园林艺术精品；也只有通过这一实践，才能促使园林艺术不断提高。

四是锻炼、培养现代园林工程建设施工队伍的基础。无论是我国园林工程施工队伍自身发展的要求，还是要为适应经济全球化，使我国的园林工程建设施工企业走出国门、走向世界，都要求努力培养一支现代园林工程建设施工队伍。这与我国现阶段园林工程建设施工队伍的现状相差甚远。而要改变这一现象，无论是对这方面理论人才的培养，还是施工队伍的培养，都离不开园林工程建设施工实践过程的锻炼这一基础活动。只有通过这一基础性锻炼，才能培养出想得到、做得出的园林工程建设施工人才和施工队伍，创造出更多的艺术精品；也只有力争走出国门，通过国外园林工程建设施工实践，才能锻炼出符合各国园林要求的园林工程建设施工队伍。

（三）园林工程建设施工的任务

一般基本建设的任务按以下步骤完成。

1. 编制建设项目建议书。
2. 技术与经济的可行性研究。
3. 落实年度基本建设计划。
4. 根据设计任务书进行设计。
5. 勘察设计并编制概（预）算。
6. 进行施工招标，中标施工企业进行施工。
7. 生产试运行。
8. 竣工验收，交付使用。

上面的第六、第七、第八条等三项均属于实施阶段。根据园林工程建设以植物为主要建园要素的特点，园林工程建设施工的任务除上面的几个任务外，还要增加对园林工程中的植物进行修剪、造型、培养，养护的内容，即园林植物的栽培养护，而这一工作的完成往往需要一个较长的时期，这也是园林工程施工管理的突出特点之一。

（四）园林工程建设施工的特点

园林工程建设是一种独具特点的工程建设，它不仅要满足一般工程建设的使用功能要求，同时也要满足园林造景的要求，还要与园林环境密切结合，是一种将自然和各类景观融为一体的工程建设。园林工程建设这些特殊的要求决定了园林工程施工的特点。

1. 园林工程施工现场复杂多样

园林工程施工现场复杂多样致使园林工程施工的准备工作比一般工程更为复杂。我国的园林工程大多建设在城镇，或者在自然景色较好的山水之中，因城镇地理位置的特殊性和大多山、水地形的复杂多变，使得园林工程施工场地多处于特殊复杂的立地条件之上，这给园林工程施工提出了更高的要求。因而在施工过程中，要重视工程施工场地的科学布置，尽量减少工程施工用地，减少施工对周围居民生活生产的影响。各项准备工作要完全充分，才能确保各项施工手段的运用。

2．施工工艺要求标准高

园林工程集植物造景，建设造景艺术于一体的特点，决定了园林工程施工工艺的高标准要求。园林工程除满足一般使用功能外，更主要的是要满足造景的需要。要建成具有游览、观赏和游憩功能，改进人们生活环境，又能改善生态环境，建成精神文明的精品园林的工程，就必须用高水平的施工工艺。因而，园林工程施工工艺总是比一般工程施工的工艺复杂，要求标准也高。

3．园林工程的施工技术复杂

园林工程尤其是仿古园林建筑工程，因其复杂性而对施工管理人员和技术人员的施工技术要求很高。而作为艺术精品的园林工程的施工人员，不仅要有一般工程施工的技术水平，同时还要具有较高的艺术修养并使之落实到具体的施工过程之中。以植物造景为主的园林工程施工人员更应掌握大量的树木，花卉、草坪的知识和施工技术。没有较高的施工技术很难达到园林工程的设计要求。

4．园林工程施工的专业性强

园林工程的内容繁多，但是各种工程的专业性极强，因而施工人员的专业性要求也要强。不仅仅园林工程建筑设施和构件中亭、榭、廊等建筑的内容复杂各异，专业性要求极强；现代园林工程中的各类点缀小品的建筑施工也具有各自不同的专业要求；就是常见的假山、置石、水景、园路、栽植播种等园林工程施工的专业性亦很强。这些都要求施工管理和技术人员必须具备一定的专业知识和独特的专门施工技艺。

5．园林工程的大规模化和综合性

现代园林工程日益大规模化的发展趋势和集园林绿化、社会、生态、环境、休闲、娱乐、游览于一体的综合性建设目标的要求，使得园林工程大规模化和综合性特点更加突出。因而在其建设施工中涉及众多的工程类别和工种技术，同一工程项目施工生产过程中，往往要由不同的施工单位和不同工种的技术人员相互配合、协作施工才能完成，而各施工单位和各工种的技术差异一般又较大，相互配合协作有一定的难度，这就要求园林工程的施工人员不仅要掌握自己的专门的施工技术，同时还必须有相当高的配合协作精神和方法，才能真正搞好施工工作。复杂的园林工程中，各工种在施工中对各工序的要求相当严格，这又要求同一工种内各工序施工人员要统一协调，相互监督制约，才能保证施工正常进行。

（五）园林工程建设施工的程序

1. 园林工程建设的程序

园林工程建设是城镇基本建设的主要组成部分，因而也可将其列入城镇基本建设之中，要求按照基本建设程序进行。基本建设程序是指某个建设项目在整个建设过程中所包括的各个阶段步骤应遵循的先后顺序。一般建设工程先勘察，再规划，进而设计，再进入施工阶段，最后经竣工验收后交付建设单位使用。园林工程建设程序的要点是：对拟建项目进行可行性研究；编制设计任务书；确保建设地点和规模；进行技术设计工作；报批基本建设计划；确定工程施工企业；进行施工前的准备工作；组织工程施工及工程完成后的竣工验收等。

园林工程建设项目的生产过程大致可以划分为 4 个阶段，即项目计划立项报批阶段、组织计划及设计阶段、工程建设实施阶段和工程竣工验收阶段。

（1）项目计划立项报批阶段

本阶段又称工程项目建设前的准备阶段，也有称立项计划阶段。它是指对拟建项目通过勘察、调查、论证，决策后初步确定了建设地点和规模，通过论证、研究咨询等工作写出项目可行性报告，编制出项目建设计划任务书，报主管部门论证审核，送建设所在地的计划，建设部门批准后并纳入正式的年度建设计划。工程项目建设计划任务书是工程项目建设的前提和重要的指导性文件。工程项目计划任务书要明确的主要内容包括：工程建设单位、工程建设的性质、工程建设的类别、工程建设单位负责人、工程的建设地点、工程建设的依据、工程建设的规模、工程建设的内容、工程建设完成的期限、工程的投资概算、效益评估、与各方的协作关系以及文物保护、环境保护、生态建设、道路交通等方面问题的解决计划等。

（2）组织计划及设计阶段

工程设计文件是组织工程建设施工的基础，也是具体工作的指导性文件。具体讲，就是根据已经批准纳入计划的计划任务书内容，由园林工程建设组织，设计部门进行必要的组织和设计工作。园林工程建设的组织和设计多实行两段设计制度。一是进行工程建设项目的具体勘察，进行初步设计并据此编制设计概算；二是在此基础上，再进行施工图设计。在进行施工图设计中，不得改变计划任务书及初步设计中已确定的工程建设性质，建设规模和概算等。

（3）工程建设实施阶段

一切设计完成并确定了施工企业后，施工单位应根据建设单位提供的相关资料和图纸，以及调查掌握的施工现场条件、各种施工资源（人力、物资、材料、交通等）状况，结合本企业的特点，做好施工图预算和施工组织设计的编制等工作，并认真做好各项施工前的准备工作，严格按照施工图、工程合同，以及工程质量、进度、安全等要求做好施工生产的安排，科学组织施工，认真搞好施工现场的组织管理，确保工程质量、进度、安全，提高工程建设的综合效益。

（4）工程竣工验收阶段

园林工程建设完成后，立即进入工程竣工验收阶段。要在现场实施阶段的后期就进行竣工验收的准备工作，并对完工的工程项目组织有关人员进行内部自检，发现问题及时纠正补充，力求达到设计、合同的要求。工程竣工后，应尽快召集有关单位和计划、城建、园林，质检等部门，根据设计要求和工程施工技术验收规范进行正式的竣工验收，对竣工验收中提出的一些问题及时纠正、补充后即可办理竣工交工与交付使用等手续。

2.园林工程施工的程序

园林工程施工程序是指按照园林工程建设的程序，进入工程实施阶段后，在施工过程中应遵循的先后顺序。它是施工管理的重要依据。在园林工程施工过程中，能做到按施工程序进行施工，对提高施工速度，保证施工质量，施工安全生产，降低施工成本具有重要作用。

园林工程的施工程序一般可分为施工前准备阶段、现场施工阶段两大部分。

（1）施工前准备阶段

园林工程各工序、工种在施工过程中，首先要有一个施工准备期。施工准备期内，施工人员的主要任务是：领会图纸设计的意图，掌握工程特点，了解工程质量要求，熟悉施工现场，合理安排施工力量，为顺利完成现场各项施工任务做好各项准备工作。一般可分为技术准备、生产准备，施工现场准备、后勤保障准备和文明施工准备五个方面的工作。

①技术准备

a.施工人员要认真读会施工图，体会设计意图并要求工人基本了解。

b.对施工现场状况进行踏查，结合施工现场平面图对施工工地的现状完全掌握。

c.学习掌握施工组织设计内容，了解建设双方技术交底和预算会审的核心内容，领会工地的施工规范、安全措施、岗位职责、管理条例等。

d.熟练掌握本工种施工中的技术要点和技术改进方向。

②生产准备

a.施工中所需的各种材料，构配件、施工机具等要按计划组织到位，并要做好验收、入库登记等工作。

b.组织施工机械进场，并进行安装调试工作，制定各类工程建设过程中所需的各类物资供应计划，例如苗木供应计划、山石材料的选定和供应计划等。

c.根据工程规模、技术要求及施工期限等，合理组织施工队伍，选定劳动定额，落实岗位责任，建立劳动组织。

d.做好劳动力调配计划安排工作，特别是在采用平行施工、交叉施工或季节性较强的集中性施工期时，更应重视劳务的配备计划，避免发生窝工浪费和因缺少必要的工人而耽误工期的现象。

③施工现场的准备

施工现场是施工的集中空间，合适、科学地布置有序的施工现场是保证施工顺利进行的重要条件，应给以足够的重视。其基本工作一般包括以下内容：

a.界定施工范围，进行必要的管线改道，保护名木古树等。

b.进行施工现场工程测量，设置工程的平面控制点和高程控制点。

c.做好施工现场的"四通一平"（水通、路通、电通、信息通和场地平整）工作，施工用临时道路选线应以不妨碍工程施工为标准，结合设计园路、地质状况及运输荷载等因素综合确定；施工现场的给水排水，电力等应能满足工程施工的需要；做好季节性施工的准备；场地平整时要与原设计图的土方平衡相结合，以减少工程浪费，并要做好拆除清理地上、地下障碍物和建设用材料堆放点的设置安排等工作。

d.搭设临时设施。主要包括工程施工用的仓库、办公室、宿舍、食堂及必要的附属设施，如临时抽水泵站，混凝土搅拌站、特殊材料堆放地等。工程临时用地管线要铺设好。在修建临时设施时应遵循节约够用、方便施工的原则。

④做好各种后勤保障工作。后勤工作是保证一线施工顺利进行的重要环节，也是施工前准备工作的重要内容之一。施工现场应配套简易、必要的后勤设施，如医疗点、安全值班室、文化娱乐室等。做好劳动保护工作，强化安全意识，搞好现场防火工作等。

⑤做好文明施工的准备工作。

（2）现场施工阶段

各项准备工作就绪后，就可按计划正式开展施工，即进入现场施工阶段。由于园林工程的类型繁多，涉及的工程种类多且要求高，因而对现场各工种、各工序施工提出了各自不同的要求，在现场施工中应注意以下几点：

①严格按照施工组织设计和施工图进行施工安排，若有变化，需经建设双方及有关部门共同研究讨论后，以正式的施工文件形式决定后，方可变化。

②严格执行各有关工种的施工规程，确保各工种的技术措施的落实。不得随意改变，更不能混淆工种施工。

③严格执行各工序间施工中的检查，验收、交接手续的签字盖章的要求，并将其作为现场施工的原始资料妥善保管，以明确责任。

④严格执行现场施工中的各类变更（工序变更，规格变更，材料变更等）的请示，批准、验收、签字的规定，不得私自变更和未经甲方检查、验收、签字而进入下一工序，并将有关文字材料妥善保管，作为竣工结算决算的原始依据。

⑤严格执行施工的阶段性检查、验收的规定，尽早发现施工中的问题，及时纠正，以免造成大的损失。

⑥严格执行施工管理人员对质量，进度、安全的要求，确保各项措施在施工过程中得以贯彻落实，以预防事故的发生。

⑦严格服从工程项目部的统一指挥、调配，确保工程计划的全面完成。

三、园林工程施工管理概述

（一）园林工程建设施工管理的概念

园林工程建设施工管理是园林施工企业对施工项目进行的综合性管理活动。也就是园林施工企业或其授权的项目经理部，采取有效方法对施工全过程包括投标签约、施工准备、施工，验收，竣工结算和用后服务等阶段所进行的决策；计划、组织，指挥、控制、协调、教育和激励等综合事务性管理工作。其主要内容有：建立施工项目管理组织、制定管理计划，按合同规定实施各项目标控制．对施工项目的生产要素进行优化配置。

在整个园林建设项目周期内，施工的工作量最大，投入的人力、物力、财力最多，园林工程建设施工管理的难度也最大。园林工程建设施工管理的最终目标是：按建设项目合同的规定，依照已审批的技术图纸设计要求和企业制定的施工方案建造园林，使劳动资源得到合理优化配置，获取预期的环境效益、社会效益与经济效益。

（二）园林工程建设施工五大管理的主要内容及其相互关系

园林施工管理是一项综合性的管理活动，其主要内容包括以下五大管理。

1. 工程管理

开工后，工程现场行使自主的工程管理。工程速度是工程管理的重要指标，因而应在满足经济施工和质量要求的前提下，求得切实可行的最佳工期。为保证如期完成工程项目，应编制出符合上述要求的施工计划。

2. 质量管理

确定施工现场作业标准量，测定和分析这些数据，把相应的数据填入图表中并加以运用，即进行质量管理。有关管理人员及技术人员要正确掌握质量标准，根据质量管理图进行质量检查及生产管理，确保质量稳定。

3. 安全管理

在施工现场成立相关的安全管理组织，制定安全管理计划，以便有效地实施安全管理，严格按照各工程的操作规范进行操作，并应经常对工人进行安全教育。

4. 成本管理

城市园林绿地建设工程是公共事业，必须提高成本意识。成本管理不是追逐利润的手段，利润应是成本管理的结果。

5. 劳务管理

劳务管理应包括招聘合同手续、劳动伤害保险、支付工资能力，劳务人员的生活管理等。

（三）工程管理的作用

园林工程的管理已由过去的单一实施阶段的现场管理发展为现阶段的综合意义上的对实施阶段所有管理活动的概括与总结。

随着社会的发展，科技的进步、经济实力的强大，人们对园林艺术品的需求也日益增多，而园林艺术品的生产是靠园林工程建设完成的。园林工程施工组织与管理是完成园林工程建设的重要活动，其作用可以概括如下：

1. 园林工程施工组织与管理是园林工程建设计划，设计得以实施的根本保证。任何理想的园林工程项目计划，再先进科学的园林工程设计，其目标成果都必须通过现代园林工程施工组织的科学实施，才能最终得以实现，否则就是一纸空文。

2. 园林工程施工组织与管理是园林工程施工建设水平得以不断提高的实践基础。理论来源于实践，园林工程建设的理论只能来自工程建设实施的实践过程，而园林工程施工的管理过程，就是发现施工中存在的问题，解决存在的问题，总结、提高园林工程建设施工水平的过程。它是不断提高园林工程建设施工理论，技术的基础。

3. 园林工程施工组织与管理是提高园林艺术水平和创造园林艺术精品的主要途径。园林艺术的产生，发展和提高的过程，实际上就是园林工程管理不断发展、提高的过程。只有把历代园林艺匠精湛的施工技术和巧妙的手工工艺与现代科学技术结合起来，并对现代园林工程建设施工过程进行有效的管理，才能创造出符合时代要求的现代园林艺术精品。

4. 园林工程施工组织与管理是锻炼、培养现代园林工程建设施工队伍的基础。无论是我国园林工程施工队伍自身发展的要求，还是为适应经济全球化，努力培养一支新型的能够走出国门，走向世界的现代园林工程建设施工队伍，都离不开园林工程施工的组织和管理。

第二节　园林工程施工质量管理

一、园林工程施工质量管理概述

质量管理的目的是为了最经济地制作出能充分满足设计图及施工说明书的优良产品。在工程的所有阶段都要应用统计方法进行管理。搞好质量管理必须满足以下两个条件；产品要在一定允许范围内满足设计要求；工程要安定。

（一）园林工程施工质量管理的特点

由于园林项目施工涉及面广，是一个极其复杂的综合过程，再加上项目位置固定、生产流动、结构类型不一，质量要求不一，施工方法不一，体型大、整体性强、建设周期长、受自然条件影响大等特点，因此，园林施工项目的质量比一般工业产品的质量更难以控制，主要表现在以下方面：

1. 影响质量的因素多。如设计、材料、机械、地形、地质、水文、气象、施工工艺、操作方法、技术措施、管理制度等，均直接影响园林施工项目的质量。

2. 容易产生质量变异。因园林工程施工不像工业产品生产有固定的自动性和流水线，有规范化的生产工艺和完善的检测技术，有成套的生产设备和稳定的生产环境，有相同系列规格和相同功能的产品；同时，由于影响园林施工项目质量的偶然性因素和系统性因素都较多，因此，很容易产生质量变异。如材料性能微小的差异、机械设备正常的磨损、微小操作的变化，环境微小的波动等，均会引起偶然性因素的质量变异；当使用材料的规格，品种有误，施工方法不妥，操作不按规程，机械故障，仪表失灵，设计计算错误等，则会引起系统性因素多质量变异，造成工程质量事故。为此，园林施工中要严防出现系统性因素多质量变异，要把质量变异控制在偶然性因素范围内。

3. 容易产生第一、二判断错误。园林施工项目由于工序交接多，中间产品多，隐蔽工程多，若不及时检查实质，事后再看表面，就容易产生第二判断错误。也就是说，容易将不合格的产品认为是合格的产品；反之，若检查不认真，检测仪表不准，读数有误，就会产生第一判断错误，也就是说容易将合格产品认为是不合格的产品。在进行质量检查验收时，应特别注意。

4. 质量检查不能解体，拆卸。园林工程项目建成后，不可能像某些工业产品那样，再拆卸或解体检查内在的质量，或重新更换零件；即使发现质量有问题，也不可能像工业产品那样实现"包换"或"退款"。

5. 质量要受投资、进度的制约。园林施工的质量受投资，进度的制约较大，如一般情况下，投资大，进度慢，质量就好；反之，质量则差。因此，在园林工程施工中，还必须正确处理质量.投资，进度三者之间的关系，使其达到对立的统一。

（二）园林工程施工质量管理的原则

对园林工程施工而言，质量控制，就是为了确保合同、规范所规定的质量标准所采取的一系列检测、监控措施、手段和方法。在进行施工质量控制过程中，应遵循以下几点原则：

1. 坚持"质量第一，用户至上"。商品经营的原则是"质量第一，用户至上"。建筑产品作为一种特殊的商品，使用年限较长，是"百年大计"，直接关系到人民生命财产的安全。所以，园林工程在施工中应始终把"质量第一，用户至上"作为质量控制的基本原则。

2. 以人为核心。人是质量的创造者，质量控制必须"以人为核心"，把人作为控制的动力，调动人的积极性、创造性；增强人的责任感，树立"质量第一"观念；提高人的素质，避免人的失误；以人的工作质量保工序质量，促工程质量。

3. 以预防为主。以预防为主就是要从对质量的事后检查把关，转向对质量的事前控制，事中控制；从对产品质量的检查，转向对工作质量的检查、对工序质量的检查、对中间产品的质量检查。这是确保施工质量的有效措施。

4. 坚持质量标准，严格检查，一切用数据说话。质量标准是评价产品质量的尺度，数据是质量控制的基础和依据。产品质量是否合格，必须通过严格检查，用数据说话。

5. 贯彻科学、公正、守法的职业规范。施工企业的项目经理在处理质量问题过程中，应尊重客观事实，尊重科学、正直、公正、不持偏见；遵纪、守法、杜绝不正之风；既要坚持原则、严格要求、秉公办事，又要谦虚谨慎，实事求是，以理服人，热情帮助。

（三）园林工程施工质量管理的过程

园林工程由分项工程、分部工程和单位工程组成，而园林工程的建设则通过一道道工序来完成。所以，园林工程施工的质量管理是从工序质量到分项工程质量、分部工程质量，单位工程质量的系统控制过程；也是一个由对投入原材料的质量控制开始，直到完成工程质量检验为止的全过程的系统过程。

二、园林工程施工质量责任体系与控制程序

（一）园林工程施工质量责任体系

在园林工程施工建设中，参与工程建设的各方应根据国家颁布的《建设工程质量管理条例》以及合同、协议及有关文件的规定承担相应的质量责任。

1. 建设单位的质量责任

（1）建设单位要根据工程的特点和技术要求，按有关规定选择相应资质等级的勘察、设计单位和施工单位。建设单位对其自行选择的设计，施工单位发生的质量问题承担相应责任。

（2）建设单位应根据工程的特点，配备相应的质量管理人员。对国家规定强制实行监理的工程项目，必须委托有相应资质等级的工程监理单位进行监理。建设单位应与监理单位签订监理合同，明确双方的责任和义务。

（3）建设单位在工程开工前，负责办理有关施工图设计文件审查、工程施工许可证和工程质量监督手续，组织设计和施工单位认真进行设计交底和图纸会审；工程项目竣工后，应及时组织设计，施工、工程监理等有关单位进行施工验收，未经验收备案或验收备案不合格的，不得交付使用。

（4）建设单位按合同的约定负责采购供应的建筑材料、建筑构配件和设备，应符合设计文件和合同要求，对发生的质量问题应承担相应的责任。

2．勘察、设计单位的质量责任

（1）勘察、设计单位必须在其资质等级许可范围内承揽相应的施工任务（"一不许，两不得"）。

（2）勘察、设计单位必须按照国家现行的有关规定、工程建设强制性技术标准和合同要求进行勘察、设计工作，并对所编制的勘察、设计文件的质量负责。

3．施工单位的质量责任

（1）施工单位必须在其资质等级许可范围内承揽相应的勘察设计任务（"一不许，两不得"）。

（2）施工单位对所承包的工程项目的施工质量负责。实行总承包的工程，总承包单位应对全部建设工程质量负责。建设工程勘察、设计、施工、设备采购的一项或多项实行总承包的，总承包单位应对其承包的建设工程或采购的设备的质量负责；实行总分包的工程，分包应按照分包合同约定对其分包工程的质量向总承包单位负责，总承包单位与分包单位对分包工程的质量承担连带责任。

（3）施工单位必须按照工程设计图纸和施工技术规范标准组织施工。（"两不得"：不得擅自修改工程设计，不得偷工减料；"两不使用"：不使用不合标准的产品，不使用未经检，试验和检、试验不合格的产品。）

4．工程监理单位的质量责任

（1）工程监理单位应按其资质等级许可范围承担工程监理业务。（"两不许"：：不许超越许可范围，不许其他单位/个人以本单位名义承担监理业务；"一不得"：不得转让监理业务。）

（2）工程监理单位应依照法律，法规以及有关技术标准、设计文件和建设工程承包合同，与建设单位签订监理合同，代表建设单位对工程质量实施监理，并对工程质量承担监理责任。监理责任主要有违法责任和违约责任两个方面。如果工程监理单位故意弄虚作假，降低工程质量标准，造成质量事故的，要承担法律责任。若工程监理单位与承包单位串通，谋取非法利益，给建设单位造成损失的，应当与承包单位承担连带赔偿责任。如果监理单位在责任期内，不按照监理合同约定履行监理职责，给建设单位或其他单位造成损失的，属违约责任，应当向建设单位赔偿。

（二）园林工程施工质量管理程序

在进行园林工程施工的全过程中，管理者要对园林工程施工生产进行全过程、全方位的监督，检查与管理。与工程竣工验收不同，它不是对最终产品的检查、验收，而是对施工中各环节或中间产品进行监督、检查与验收。

三、园林工程施工准备的质量管理

施工准备阶段的质量控制是指项目正式施工活动开始前，对各项准备工作及影响质量的各因素和有关方面进行的质量控制。施工准备是为保证施工生产正常进行而必须事先做好的工作。施工准备工作不仅在工程开工前要做好，而且贯穿于整个施工过程。施工准备的基本任务就是为施工项目建立一切必要的施工条件，确保施工生产顺利进行，确保工程质量符合要求。

（一）技术资料、文件准备的质量控制

1. 施工项目所在地的自然条件及技术经济条件调查资料

对施工项目所在地的自然条件和技术经济条件的调查，是为选择施工技术与组织方案，收集基础资料，并以此作为施工准备工作的依据。具体收集的资料包括地形与环境条件、地质条件、地震级别、工程水文地质情况、气象条件，以及当地水、电、能源供应条件，交通运输条件、材料供应条件等。

2. 施工组织设计

施工组织设计是指导施工准备和组织施工的全面性技术经济文件。对施工组织设计，要进行两方面的控制：一是选定施工方案，制定施工进度时，必须考虑施工顺序，施工流向，主要分部分项工程的施工方法，特殊项目的施工方法及技术措施能否保证工程质量；二是制定施工方案时，必须进行技术经济比较，使工程项目满足符合性、有效性和可靠性要求，取得施工工期短、成本低、安全生产，效益好的经济质量。

3. 国家及政府

有关部门颁布的有关质量管理方面的法律、法规文件及质量验收标准质量管理方面的法律，法规规定了工程建设参与各方的质量责任和义务，质量管理体系建立的要求与标准，质量问题处理的要求，质量验收标准等，都是进行质量控制的重要依据。

4. 工程测量控制资料

取得施工现场的原始基准点、基准线，参考标高及施工控制网等数据资料，是施工之前进行质量控制的一项基础工作，这些数据资料是进行工程测量控制的重要内容。

（二）设计交底和图纸审核的质量控制

设计图纸是进行质量控制的重要依据。为使施工单位熟悉有关的设计图纸，充分了解拟建项目的特点，设计意图和工艺与质量要求，减少图纸的差错，消灭图纸中的质量隐患，要做好设计交底和图纸审核工作。

1. 设计交底

工程施工前，由设计单位向施工单位有关人员进行设计交底，其主要内容包括：

（1）地形、地貌、水文气象、工程地质及水文地质等自然条件；

（2）施工图设计依据：初步设计文件，规划、环境等要求，设计规范；

（3）设计意图：设计思想、设计方案比较、基础处理方案，结构设计意图，设备安装和调试要求．施工进度安排等；

（4）施工注意事项：对基础处理的要求，对建筑材料的要求，采用新结构，新工艺的要求，施工组织和技术保证措施等。

交底后，由施工单位提出图纸中的问题和疑点，以及要解决的技术难题。经协商研究，拟定解决办法。

2. 图纸审核

图纸审核是设计单位和施工单位进行质量控制的重要手段，也是使施工单位通过审查熟悉设计图纸，了解设计意图和关键部位的工程质量要求，发现和减少设计差错，保证工程质量的重要方法。图纸审核的主要内容包括：

（1）对设计者的资质进行认定；

（2）设计是否满足抗震、防火、环境卫生等要求；

（3）图纸与说明是否齐全；

（4）图纸中有无遗漏、差错或相互矛盾之处，图纸表示方法是否清楚并符合标准要求；

（5）地质及水文地质等资料是否充分、可靠；

（6）所需材料来源有无保证，能否替代；

（7）施工工艺、方法是否合理，是否切合实际，是否便于施工，能否保证质量要求；

（8）施工图及说明书中涉及的各种标准、图册、规范、规程等，施工单位是否具备。

（三）采购质量控制

采购质量控制主要包括对采购产品及其供方的控制，制定采购要求和验证采购产品。建设项目中的工程分包也应符合规定的采购要求。

1．物资采购

采购物资应符合设计文件、标准，规范、相关法规及承包合同要求，如果项目部另有附加的质量要求，也应予以满足。

对于重要物资、大批量物资，新型材料以及对工程最终质量有重要影响的物资，可由企业主管部门对可供选用的供方进行逐个评价，并确定合格供方名单。

2．分包服务

对各种分包服务选用的控制应根据其规模，对它控制的复杂程度区别对待。一般通过分包合同，对分包服务进行动态控制。评价及选择分包方应考虑的原则如下：

（1）有合法的资质，外地单位经本地主管部门核准；

（2）与本组织或其他组织合作的业绩、信誉；

（3）分包方质量管理体系对按要求如期提供稳定质量的产品的保证能力；

（4）对采购物资的样品、说明书或检验、试验结果进行评定。

3．采购要求

采购要求是对采购产品控制的重要内容。采购要求的形式可以是合同，订单、技术协议、询价单及采购计划等。采购要求包括：

（1）有关产品的质量要求或外包服务要求；

（2）有关产品提供的程序性要求，如供方提交产品的程序、供方生产或服务提供的过程要求、供方设备方面的要求；

（3）对供方人员资格的要求；

（4）对供方质量管理体系的要求。

4．采购产品验证

对采购产品的验证有多种方式，如在供方现场检验、进货检验、查验供方提供的合格证据等。应根据不同产品或服务的验证要求规定验证的主管部门及验证方式，并严格执行。

当组织或其顾客拟在供方现场实施验证时，应在采购要求中事先作出规定。

（四）员工质量教育与培训

通过教育培训和其他措施提高员工的能力，增强质量意识，使员工满足所从事的质量工作对能力的要求。

项目领导班子应着重进行以下几方面的培训：

1．质量意识教育；

2．充分理解和掌握质量方针和目标；

3．质量管理体系有关方面的内容；

4．质量保持和持续改进意识。

可以通过面试．笔试．实际操作等方式检查培训的有效性，还应保留员工的教育、培训及技能认可的记录。

五、园林工程施工过程的质量管理

施工是形成工程项目实体的过程，也是决定最终产品质量的关键阶段。要提高工程项目的质量，就必须狠抓施工阶段的质量控制。按照施工组织设计总进度计划，应编制具体分项工程施工作业计划和相应的质量计划，对材料、机具设备、施工工艺、操作人员、市场环境等影响质量的因素进行控制，以保证原来建设产品总体质量处于稳定状态。

（一）园林工程施工过程质量控制管理的重要性

园林工程项目施工涉及面广，影响质量的因素很多，如设计、材料、机械、地形、地质、水文、气象、施工工艺、操作方法、技术措施、管理制度等。而且工程项目位置固定，体积大，不同项目地点不同，容易产生质量问题。工程项目建成后，如发现质量问题又不可能像一些工业产品那样拆卸，解体，更换配件，更不能实行"包换"或"退款"，因此工程项目施工过程中的质量控制就显得极其重要。

（二）园林工程施工过程质量控制管理的要点

1．施工建设的物质控制管理

对用于园林工程施工的材料，构配件，设备等，必须把住"四关"，即采购关，检测关、运输保险关和使用关。要优选采购及保管人员，提高其政治素质和质量鉴定水平。要掌握信息，优选送货厂家。选择国家认证许可、有一定技术和资金保证的供货厂家，选购有产品合格证，有社会信誉的产品，这样既可控制材料质量，又可降低材料成本。针对材料市场产品质量混杂情况，还要对建材、构配件和设备实行施工全过程的质量监控。

2．施工工艺的质量控制管理

工程项目施工应编制"施工工艺技术标准"规定各项作业活动和各道工序的操作规程、作业规范要点、工作顺序、质量要求。上述内容应预先向操作者进行交底，并要求认真贯彻执行。对关键环节的质量、工序、材料和环境应进行验证，使施工工艺的质量控制符合标准化、规范化、制度化的要求。

3．施工工序的质量控制管理

施工工序质量控制包括影响施工质量的五个因素（人、材料、机具、方法、环境），它使工序质量的数据波动处于允许的范围内。通过工序检验的方法，准确判断施工工序质量是否符合规定的标准，以及是否处于稳定状态；在出现偏离标准的情况下，分析产生的原因，并及时采取措施，使之处于允许的范围内。

对于直接影响质量的关键工序，对下道工序有较大影响的上道工序；质量不稳定或容易出现不良的工序、用户反馈和过去有过返工的不良工序，应设立工序质量控制（管理）点。设立工序质量控制点的主要作用，是使工序按规定的质量要求和均匀的操作正常运转，从而获得满足质量要求的最多产品和最大的经济效益。对工序质量管理点要确定合理的质量标准、技术标准和工艺标准，还要确定控制水平和控制方法。

对施工质量有重大影响的工序，应对其操作人员、机具设备、材料、施工工艺，测试手段、环境条件等因素进行分析与验证，并进行必要的控制。同时做好验证记录，以便使建设单位正式工序处于受控状态。工序记录的主要内容为质量特性的实测记录和验证签证。

4．人员素质的控制管理

要控制施工质量，就要培训、优选施工人员，提高其素质。首先应提高他们的质量意识。按照全面质量管理的观点，施工人员应当树立五大观念：质量第一的观念、预控为主的观念、为用户服务的观念，用数据说话的观念以及社会效益、企业效益（质量、成本、工期相结合）、综合效益观念。

六、园林工程质量问题及质量事故的处理

（一）园林工程质量问题成因

由于建筑工程工期较长，所用材料品种复杂，施工过程中，受社会环境和自

然条件方面异常因素的影响，因而生产的工程质量问题表现形式千差万别，类型多种多样。这使得引起工程质量问题的成因也错综复杂，往往一项质量问题由多种原因引起。虽然每次发生质量问题的类型各不相同，但是通过对大量质量问题调查与分析，发现其发生的原因有不少相同之处，归纳其最基本的因素主要有以下几方面：

1. 违背建设程序。建设程序是工程项目建设过程及其客观规律的反映，不按建设程序办事易造成工程质量问题。

2. 违反法规行为。例如，无证设计；无证施工；越级设计；越级施工；工程招，投标中的不公平竞争；超常的低价中标；非法分包；转包挂靠；擅自修改设计等。

3. 地质勘察失真。诸如，未认真进行地质勘察或勘探时钻孔深度、间距、范围不符合规定要求，地质勘察报告不详细、不准确，不能全面反映实际的地基情况等，从而使得地下情况不清，或对基岩起伏、土层分布误判，或未查清地下软土层、墓穴、孔洞等，它们均会导致采用不恰当或错误的基础方案，造成地基不均匀沉降、失稳，使上部结构或墙体开裂、破坏或引发建筑物倾斜、倒塌等质量问题。

4. 设计差错。诸如，盲目套用图纸，采用不正确的结构方案，计算简图与实际受力情况不符，荷载取值过小，内力分析有误，沉降缝或变形缝设置不当，悬挑结构未进行抗倾覆验算，以及计算错误等，都是引发质量问题的原因。

5. 施工与管理不到位。不按图施工或未经设计单位同意擅自修改设计。施工组织管理紊乱，不熟悉图纸，盲目施工；施工方案考虑不周，施工顺序颠倒；图纸未经会审，仓促施工；技术交底不清，违章作业；疏于检查、验收等，均可能导致质量问题。

6. 使用不合格的原材料、制品及设备。如建筑材料及制品不合格，建筑设备不合格。

7. 自然环境因素。空气温度、湿度、暴雨，大风，洪水、雷电、日晒和浪潮等均可能成为质量问题的诱因。

8. 使用不当。对建筑物或设施使用不当也易造成质量问题。

由于影响工程质量的因素众多，一个工程质量问题的实际发生，既可能因设计计算和施工图纸中存在错误，也可能因施工中出现不合格或质量问题，还可能因使用不当，或者由于设计、施工、甚至使用、管理、社会体制等多种原因的复合作用导致。要分析究竟是哪种原因引起的，必须对质量问题的特征表现，以及其在施工和使用中所处的实际情况和条件进行具体分析。分析方法很多，但其基本步骤和要领可概括如下。

基本步骤：（1）进行细致的现场研究，观察记录全部实况，充分了解与掌握引发质量问题的现象和特征。（2）收集调查与问题有关的全部设计和施工资料，分析摸清工程在施工或使用过程中所处的环境及面临的各种条件和情况。（3）找出可能产生质量问题的所有因素，分析、比较和判断，找出最可能造成质量问题的因素。（4）进行必要的计算分析或模拟实验予以论证确认。

分析的要领是逻辑推理法，其基本原理是：（1）确定质量问题的初始点，即所谓原点，它是一系列独立原因集合起来形成的爆发点。因其反映出质量问题的直接原因，而在分析过程中具有关键性作用。（2）围绕原点对现场各种现象和特征进行分析，区别导致同类质量问题的不同原因，逐步揭示质量问题萌生，发展和最终形成的过程。（3）综合考虑原因复杂性，确定诱发质量问题的起源点即真正原因。工程质量问题原因分析是对一堆模糊不清的事物、现象客观属性和联系的反映，它的准确性和管理人员的能力学识．经验和态度有极大关系，其结果不单是简单的信息描述，而是逻辑推理的产物，其推理可用于工程质量的事前控制。

（二）工程质量事故处理方案的确定

工程质量事故处理方案是指技术处理方案，其目的是消除质量隐患，以达到建筑物的安全可靠和正常使用各项功能及寿命要求，并保证施工的正常进行。其一般处理原则是：正确确定事故性质，是表面性还是实质性，是结构性还是一般性，是迫切性还是可缓性；正确确定处理范围，除直接发生部位，还应检查处理事故相邻影响作用范围的结构部位或构件。其处理基本要求是：满足设计要求和用户的期望；保证结构安全可靠，不留任何质量隐患；符合经济合理的原则。

1. 质量事故处理方案类型

（1）修补处理

这是最常用的一类处理方案。通常当工程的某个检验批、分项或分部的质量虽未达到规定的规范、标准或设计要求存在一定缺陷，但通过修补或更换器具、设备后可达到要求的标准，又不影响使用功能和外观要求，在此情况下，可以进行修补处理。属于修补处理这类具体方案很多，诸如封闭保护、复位纠偏、结构补强、表面处理等。某些事故造成的结构混凝土表面裂缝，可根据其受力情况，仅作表面封闭保护。某些混凝土结构表面的蜂窝、麻面，经调查分析，可进行剔凿、抹灰等表面处理，一般不会影响其使用和外观。对较严重的问题，可能影响结构的安全性和使用功能，必须按一定的技术方案进行加固补强处理，这样往往会造成一些永久性缺陷，如改变结构外形尺寸，影响一些次要的使用功能等。

（2）返工处理

在工程质量未达到规定的标准和要求，存在着严重质量问题，对结构的使用和安全构成重大影响，且又无法通过修补处理的情况下，可对检验批、分项、分部甚至整个工程返工处理。例如，某防洪堤坝填筑压实后，其实压土的干密度未达到规定值，进行返工处理。又如某公路桥梁工程预应力按规定张力系数为1.3，实际仅为0.8，属于严重的质量缺陷，也无法修补，只有返工处理。对某些存在严重质量缺陷，且无法采用加固补强修补处理或修补处理费用比原工程造价还高的工程，应进行整体拆除，全面返工。

（3）不做处理

某些工程质量问题虽然不符合规定的要求和标准构成质量事故，但视其严重情况，经过分析、论证、法定检测单位鉴定和设计等有关单位认可，对工程或结构使用及安全影响不大，也可不做专门处理。通常不用专门处理的情况有以下几种：①不影响结构安全和正常使用。例如，有的工业建筑物出现放线定位偏差，且严重超过规范标准规定，若要纠正会造成重大经济损失，若经过分析、论证其偏差不影响产生工艺和正常使用，在外观上也无明显影响，可不做处理。又如，某些隐蔽部位结构混凝土表面裂缝，经检查分析，属于表面养护不够的干缩微裂，不影响使用及外观，也可不做处理。②质量问题，经过后续工序可以弥补。例如，混凝土表面轻微麻面，可通过后续的抹灰、喷涂或刷白等工序弥补，可不做专门处理。③法定检测单位鉴定合格。例如，某检验批混凝土试块强度值不满足规范要求，强度不足，在法定检测单位对混凝土实体采用非破损检验等方法测定其实际强度已达规范允许和设计要求值时，可不做处理。对经检测未达要求值，但相差不多，经分析论证，只要使用前经再次检测达到设计强度，也可不做处理，但应严格控制施工荷载。④出现的质量问题，经检测鉴定达不到设计要求，但经原设计单位核算，仍能满足结构安全和使用功能的。

2. 选择最适用工程质量事故处理方案的辅助方法

（1）实验验证

即对某些有严重质量缺陷的项目，可采取合同规定的常规试验方法进一步进行验证，以便确定缺陷的严重程度。例如，混凝土构件的试件强度低于要求的标准不太大（例如10%以下）时，可进行加载实验，以证明其是否满足使用要求。又如，公路工程的沥青面层厚度误差超过了规范允许的范围，可采用弯沉实验，检查路面的整体强度等。

（2）定期观测

有些工程，在发现其质量缺陷时其状态可能尚未达到稳定仍会继续发展，在这种情况下一般不宜过早做出决定，可以对其进行一段时间的观测，然后再根据情况做出决定。属于这类的质量问题如桥墩或其他工程的基础在施工期间发生沉降超过预计或规定的标准；混凝土表面发生裂缝，并处于发展状态等。有些有缺陷的工程，短期内其影响可能不十分明显，需要较长时间的观测才能得出结论。

（3）专家论证

对于某些工程质量问题，可能涉及的技术领域比较广泛，或问题很复杂，有时仅根据合同规定难以决策，这时可提请专家论证。采用这种方法时，应事先做好充分准备，尽早为专家提供尽可能详尽的情况和资料，以便使专家能够进行较充分、全面和细致的分析，研究，提出切实的意见与建议。

（4）方案比较

这是比较常用的一种方法。同类型和同一性质的事故可先设计多种处理方案，然后结合当地的资源情况、施工条件等逐项给出权重，做出对比，从而选择具有较高处理效果又便于施工的处理方案。例如，结构构件承载力达不到设计要求，可采用改变结构构造来减少结构内力、结构卸荷或结构补强等不同处理方案，可将每一方案按经济、工期、效果等指标列项并分配相应权重值进行对比，辅助决策。

（三）工程质量事故处理的鉴定验收

1．检查验收

工程质量事故处理完成后，应严格按施工验收标准及有关规范的规定，依据质量事故技术处理方案设计要求，通过实际量测，检查各种资料数据进行验收，并应办理交工验收文件，组织各有关单位会签。

2．必要的鉴定

为确定工程质量事故的处理效果，凡涉及结构承载力等使用安全和其他重要性能的处理工作，常需做必要的实验和检验鉴定工作。或检查密实性和裂缝修补效果，检测实际强度；或进行结构荷载试验，确定其实际承载力；或对池、罐、箱柜工程进行渗漏检验等。检测鉴定必须委托政府批准的有资质的法定检测单位进行。

3. 验收结论

对所有的质量事故无论是经过技术处理，通过检查鉴定验收的，还是不需专门处理的，均应有明确的书面结论。若对后续工程施工有特定要求，或对建筑物使用有一定限制条件，应在结论中提出。

①验收结论通常有以下几种：

②事故已排除，可以继续施工。

③隐患已消除，结构安全有保证。

④经修补处理后，完全能够满足使用要求。

⑤基本上满足使用要求，但使用时有附加限制条件，例如限制荷载等。

⑥对耐久性的结论。

⑦对建筑物外观的结论。

⑧对短期内难以做出结论的，可提出进一步观测检验意见。

质量问题处理方案应以原因分析为基础，假如某些问题一时熟悉不清，且一时不致产生严重恶化，可以继续进行调查，观测，以便把握更充分的资料和数据，做进一步分析，找出起源点，方可确认处理方案，避免急于求成造成反复处理的不良后果。审核确认处理方案应牢记安全可靠，不留隐患，满足建筑物的功能和使用要求，技术可行，经济合理的原则。针对确认不需专门处理的质量问题，应能保证它不构成对工程安全的危害，且满足安全和使用要求。同时，应总结经验，吸取教训，采取有效措施予以预防。

第三节　园林工程施工成本管理

一、园林工程施工项目成本管理概述

（一）园林工程施工项目成本管理的概念

园林工程施工管理中一项重要的任务就是降低工程造价，也就是对项目进行成本管理。园林工程施工成本管理通常是指在项目成本形成过程中，对生产经营所消耗的能力资源、物质资源和费用开支进行指导、监督，调节和限制，力求将成本、费用降到最低，以保证成本目标的实现。

（二）园林工程施工项目成本的构成

施工项目成本是指工程项目的施工成本，是在工程施工过程中所发生的全部生产费用的总和，也就是建筑业企业以施工项目作为核算对象，在施工过程中所耗费的生产资料转移价值和劳动者必要劳动所创造的价值的货币形式。它包括所消耗的主辅材料、构配件费用，周转材料的摊销费或租赁费、施工机械的材料费或租赁费、支付给生产工人的工资和奖金，以及在施工现场进行施工组织与管理所发生的全部费用支出。

按成本的经济性质和国家规定，施工项目成本由直接成本和间接成本组成。

1. 直接成本

直接成本是指施工过程中耗费的构成工程实体或有助于工程实体形成的各项费用支出，包括人工费、材料费、机械使用费和其他直接费等。

（1）人工费。人工费是指直接从事建筑安装工程施工的生产工人开支的各项费用，包括工资、奖金、工资性质的津贴、生产工人辅助工资、职工福利费、生产工人劳动保护费等。

（2）材料费。材料费包括施工过程中耗用的构成工程实体的原材料、辅助材料、构配件、零件、半成品的费用和周转材料的摊销及租赁费用。

（3）机械使用费。机械使用费包括施工过程中使用自有施工机械所发生的机械使用费和租用外单位施工机械的租赁费，以及施工机械安装、拆卸和进出场费。

（4）其他直接费。其他直接费是指直接费以外的在施工过程中发生的具有直接费用性质的其他费用。包括施工过程中发生的材料二次搬运费、临时设施摊销费、生产工具使用费、检验试验费、工程定位复测费、工程点交费、场地清理费，也包括冬雨期施工增加费、仪器仪表使用费、特殊工程培训费．特殊地区施工增加费等。

2. 间接成本

间接成本是指企业内的各项目经理部为施工准备、组织和管理施工生产的全部施工费用的支出。施工项目间接成本，应包括现场管理人员的人工费（基本工资、工资性补贴、职工福利费）、资产使用费、工具用具使用费、保险费、检验试验费、工程保修费、工程排污费以及其他费用等。

（1）工作人员薪金。是指现场项目管理人员的工资、资金、工资性质的津贴等。

（2）劳动保护费。是指现场项目管理人员的按规定标准发放的劳动保护用品的购置费和修理费、防暑降温费，在有碍身体健康环境中施工的保健费用等。

（3）职工福利费。是指按现场项目管理人员工资总额的一定比例提取的福利费。

（4）办公费。是指现场管理办公用的文具，纸张，账表、印刷，邮电、书报、会议，水，电、烧水和集体取暖用煤等费用。

（5）差旅交通费。是指职工因工出差期间的旅费、住勤补助费、市内交通费和误餐补助费，劳动力招募费，职工探亲路费、职工离退休及职工退职一次性路费、工伤人员就医路费、工地转移费，以及现场管理使用的交通工具的油料、燃料、养路费及牌照费等。

（6）固定资产使用费。是指现场管理及试验部门使用的属于固定资产的设备，仪器等折旧、大修理、维修费或租赁费等。

（7）工具用具使用费。是指现场管理使用的不属于固定资产的工具、器具、家具，交通工具和检验、试验、测绘、消防用具等的购置.维修和摊销费等。

（8）保险费。是指财产.车辆的保险，以及高空、井下、海上作业等特殊工种的安全保险等费用。

（9）工程保修费。是指工程施工交付使用后在规定的保修期内的修理费用。

（10）工程排污费。是指施工现场按规定交纳的排污费用。

（11）其他费用。按项目管理要求，凡发生于项目的可控费用，均应划到项目核算，不受层次限制，以便落实施工项目管理的经济责任，所以施工项目成本还应包括下列费用项目。

（12）工会经费。指按现场管理人员工资总额一定比例提取的工会经费。

（13）教育经费。指按现场管理人员工资总额一定比例提取使用的职工教育经费。

（14）业务活动经费。指按"小额、合理、必需"原则使用的业务活动费。

（15）税金。指应由施工项目负担的房产税、车船使用税、土地使用税、印花税等。

（16）劳保统筹费。指按工资总额一定比例交纳的劳保统筹基金。

（17）利息支出。指项目在银行开户的存贷款利息收支净额。

（18）其他财务费用。指汇兑损失、调剂外汇手续费、银行手续费等。

对于企业所发生的经营费用、企业管理费用和财务费用，则按规定计入当期损益，亦即计为期间成本，不得计入施工项目成本。

企业下列支出不仅不得列入施工项目成本，也不能列入企业成本，如：为购置和建造固定资产，无形资产和其他资产的支出；对外投资的支出；被没收的财物、支付的滞纳金；罚款、违约金，赔偿金；企业赞助、捐赠支出；以及国家法律，法规规定以外的各种付费和国家规定不得列入成本费用的其他支出。

（三）园林工程施工项目成本管理的意义和作用

随着园林施工项目管理在广大园林业企业中逐步推广普及，项目成本管理的重要性也日益为人们所认识。项目成本管理成为园林施工项目管理向深层次发展的主要标志和不可缺少的内容，体现了园林施工项目管理的本质特征，具有重要的意义和作用。

园林项目成本管理是在工程质量、工期等合同要求的前提下，对项目实施过程中所发生的费用进行管理，通过计划、组织、控制和协调等措施实现预定的成本目标，并尽可能地降低成本费用的一种科学的管理活动。它主要通过技术（如施工方案的制定评选）经济（如核算）和管理（如施工组织管理、各项规章制度等）活动达到预定目标，实现盈利的目的。成本是项目施工过程中各种耗费的总和。园林成本管理的内容很广泛，贯穿于项目管理活动的全过程和各方面，例如从项目中标、签约甚至参与投标活动开始到施工准备、现场施工直至竣工验收，以至包括后期的养护管理，每个环节都离不开成本管理工作。

二、园林工程施工项目成本计划与成本管理

（一）园林工程施工项目的成本计划

园林工程施工项目成本计划是园林工程施工项目成本管理的一个重要环节，是实现降低施工成本任务的指导性文件。如果对承包项目所编制的成本计划达不到目标成本要求时，就必须组织施工项目管理班子的有关人员重新研究寻找降低成本的途径，再重新编制。同时，编制成本计划的过程也是动员施工项目经理部全体职工挖掘潜力降低成本的过程，也是检验施工技术质量管理、工期管理、物资消耗和劳动力消耗管理等效果的过程。正确编制施工项目成本计划的作用在于：

1. 是对生产消耗进行控制、分析和考核的重要依据

成本计划既体现了社会主义市场经济下对成本核算单位降低成本的客观要求，也反映了核算单位降低产品成本的目标。成本计划可作为对生产耗费进行事前预计.事中检查控制和事后考核评价的重要依据。许多园林工程施工单位仅重

视项目成本管理的事中控制及事后考核，而忽视甚至省略至关重要的事前计划，使成本管理从一开始就缺乏目标，对于控制考核无从对比，产生很大的盲目性。施工项目成本计划一经确定，就应层层落实到部门、班组，并应经常将实际生产耗费与成本计划指标进行对比分析，揭示执行过程中存在的问题，及时采取措施，改进和完善成本管理工作，以保证园林工程施工项目成本计划各项指标得以实现。

2. 是编制核算单位其他有关生产经营计划的基础

每一个施工项目都有自己的项目计划，这是一个完整的体系。在这个体系中，成本计划与资金计划，利润计划等有着密切的联系。它们之间既相互独立，又相互依存，相互制约。项目流动资金计划、企业利润计划等都需要成本计划的资料，同时，成本计划也需要以施工方案. 物资与价格计划等为基础。因此，正确编制施工成本计划，是综合平衡项目生产经营的重要保证。

3. 动员全体职工深入开展增产节约、降低产品成本的活动

成本计划是全体职工共同奋斗的目标。为了保证成本计划的实现，企业必须加强成本管理责任制，把成本计划的各项指标进行分解，落实到各部门，班组乃至个人，实行归口管理并做到责、权、利相结合，检查评比和奖励惩罚有根有据，使开展增产节约、降低产品成本. 执行和完成各项成本计划指标成为上下一致、左右协调、人人自觉努力完成的共同行动。

（二）园林工程施工项目成本管理的内容

园林工程施工项目成本管理的主要内容有以下几个方面。

1. 材料费的控制

材料费的控制按照"量价分离"的原则，一是材料用量的控制，二是材料价格的控制。

（1）材料用量的控制。在保证符合设计规格和质量标准的前提下，合理使用材料和节约使用材料，通过定额管理，计量管理等手段以及施工质量控制，避免返工等，有效控制材料物资的消耗。

（2）材料价格的控制。材料价格主要由材料采购部门在采购中加以控制。由于材料价格由买价，运杂费、运输中的合理损耗等组成，因此控制材料价格主要通过市场信息、询价，应用竞争机制和经济合同手段等控制材料、设备、工程用品的采购价格，包括买价，运费和耗损等。

2．人工费的控制

人工费的控制采取与材料费控制相同的原则，实行"量价分离"。

人工用工数通过项目经理与施工劳务承包人的承包合同，按照内部施工图预算、钢筋翻样单或模板量计算出定额人工工日，并考虑将安全生产、文明施工及零星用工按定额工日的一定比例（一般为 15%～25%）一起发包。

3．机械费的控制

机械费用主要由台班数量和台班单价两方面决定。主要从以下几个方面控制台班费支出：

（1）合理安排施工生产，加强设备租赁计划管理，减少因安排不当引起的设备闲置。

（2）加强机械设备的调度工作，尽量避免窝工，提高现场设备利用率。

（3）加强现场设备的维修保养，避免因不正当使用造成机械设备的停置。

（4）做好上机人员与辅助生产人员的协调与配合，提高机械台班产量。

4．管理费的控制

现场施工管理费在项目成本中占有一定比例，其控制与核算都较难把握，在使用和开支时弹性较大，主要采取以下控制措施：

（1）根据现场施工管理费占施工项目计划总成本的比重，确定施工项目经理部施工管理费总额。

（2）在施工项目经理的领导下，编制项目经理部施工管理费总额预算和各管理部门、条线的施工管理费预算，作为现场施工管理费的控制根据。

（3）制定施工项目管理开支标准和范围，落实各部门，条线和岗位的控制责任。

（4）制定并严格执行施工项目经理部的施工管理费使用的审批、报销程序。

7.（三）园林工程施工项目成本管理的原则

1．开源与节流相结合的原则

降低项目成本，需要一面增加收入，一面节约支出。因此，在成本管理中，也应该坚持开源与节流相结合的原则。要求做到：每发生一笔较大的成本费用，都要查一查有无与其相对应的预算收入，是否支大于收。在经常性的分部分项工程成本核算和月度成本核算中，也要进行实际成本与预算收入的对比分析，以便从中探索成本节超的原因，纠正项目成本的不利偏差，提高项目成本的降低水平。

2．全面控制原则

（1）项目成本的全员控制。施工项目成本管理仅靠项目经理和专业成本管理人员及少数人的努力是无法收到预期效果的。项目成本的全员控制，应该有一个系统的实质性内容，其中包括各部门、各单位的责任网络和班组经济核算等。

（2）项目成本的全过程控制。施工项目成本的全过程控制，是指在工程项目确定以后，自施工准备开始，经过工程施工，到竣工交付使用后保修期结束，其中每一项经济业务，都要纳入成本管理的轨道。

3．中间控制原则

中间控制原则即动态控制原则，是把成本的重点放在施工项目各主要施工段上，及时发现偏差，及时纠正偏差，在生产过程中进行动态控制。

4．目标管理原则

目标管理是贯彻执行计划的一种方法，它把计划的方针．任务、目的和措施等逐一加以分解，提出进一步的具体要求，并分别落实到执行计划的部门、单位甚至个人。

5．节约原则

节约人力、物力、财力的消耗，是提高经济效益的核心，也是成本管理的一项最主要的基本原则。

6．例外管理原则

在工程项目建设过程的诸多活动中，有许多活动是例外的，通常通过制度来保证其顺利进行。

7．责、权、利相结合的原则

要使成本管理真正发挥及时有效的作用，必须严格按照经济责任制的要求，贯彻责，权、利相结合的原则。

（四）园林工程施工项目成本管理的任务

施工项目的成本管理，应伴随项目建设进程渐次展开，同时要注意各个时期的特点和要求。各个阶段的工作内容不同，成本管理的主要任务也不同。

1．施工前期的成本管理

（1）工程投标阶段

在投标阶段成本管理的主要任务是编制适合本企业施工管理水平和施工能力的报价。

①根据工程概况和招标文件，联系建筑市场和竞争对手的情况，进行成本预

测，提出投标决策意见。

②中标以后，应根据项目的建设规模，组建与之相适应的项目经理部，同时以标书为依据确定项目的成本目标，并下达给项目经理部。

（2）施工准备阶段

①根据设计图纸和有关技术资料，对施工方法、施工顺序、作业组织形式、机械设备选型、技术组织措施等进行认真的研究分析，并运用价值工程原理，制定出科学先进、经济合理的施工方案。

②根据企业下达的成本目标，以分部分项工程的实物工程量为基础，联系劳动定额、材料消耗定额和技术组织措施的节约计划，在优化施工方案的指导下，编制明细而具体的成本计划，并按照部门、施工队和班组的分工进行分解，作为部门，施工队和班组的责任成本落实下去，为今后的成本管理做好准备。

③间接费用预算的编制及落实。根据项目建设时间的长短和参加建设人数的多少，编制间接费用预算，并对上述预算进行明细分解，以项目经理部有关部门（或业务人员）责任成本的形式落实下去，为今后的成本管理和绩效考评提供依据。

2．施工期间的成本管理

施工阶段成本管理的主要任务是确定项目经理部的成本管理目标；在项目经理部建立，成本管理体系，将项目经理部各项费用指标进行分解以确定各个部门的成本管理指标；加强成本的过程控制。

（1）加强施工任务单和限额领料单的管理，特别是要做好每一个分部分项工程完成后的验收（包括实际工程量的验收和工作内容、工程质量、文明施工的验收），以及对实耗人工、实耗材料的数量核对，以保证施工任务单和限额领料单的结算资料绝对正确，为成本管理提供真实可靠的数据。

（2）将施工任务单和限额领料单的结算资料与施工预算进行核对，计算分部分项工程的成本差异，分析差异产生的原因，并采取有效的纠偏措施。

（3）做好月度成本原始资料的收集和整理，正确计算月度成本，分析月度预算成本与实际成本的差异。对于一般的成本差异要在充分注意不利差异的基础上，认真分析差异产生的原因，以防对后续作业成本产生不利影响或因质量低劣而造成返工损失；对于盈亏比例异常的现象，要特别重视，并在查明原因的基础上，采取果断措施，尽快加以纠正。

（4）在月度成本核算的基础上实行责任成本核算。也就是利用原有会计核算的资料，重新按责任部门或责任者归集成本费用，每月结算一次，并与责任成本进行对比，由责任部门或责任者自行分析成本差异和产生差异的原因，自行采取措施纠正差异，为全面实现责任成本创造条件。

（5）经常检查对外经济合同的履约情况，为顺利施工提供物质保证。如遇拖期或质量不符合要求时，应根据合同规定向对方索赔；对缺乏履约能力的单位，要采取果断措施，立即中止合同，并另找可靠的合作单位，以免影响施工，造成经济损失。

（6）定期检查各责任部门和责任者的成本管理情况，检查成本管理责、权、利的落实情况（一般为每月一次）。发现成本差异偏高或偏低的情况，应会同责任部门或责任者分析产生差异的原因，并督促他们采取相应的对策来纠正差异；如有因责权，利不到位而影响成本管理工作的情况，应针对责、权、利不到位的原因，调整有关各方的关系，落实责，权、利相结合的原则，使成本管理工作得以顺利进行。

3. 竣工验收阶段的成本管理

（1）精心安排，干净利落地完成工程竣工扫尾工作。从现实情况看，很多工程一到竣工扫尾阶段，就把主要施工力量抽调到其他在建工程上，以致扫尾工作拖拖拉拉，战线拉得很长，机械、设备无法转移，成本费用照常发生，使在建阶段取得的经济效益逐步流失。因此，一定要精心安排，把竣工扫尾时间缩短到最低限度。

（2）重视竣工验收工作，顺利交付使用。在验收以前，要准备好验收所需要的各种书面资料（包括竣工图）送甲方备查；对验收中甲方提出的意见，应根据设计要求和合同内容认真处理，如果涉及费用，应请甲方签证，列入工程结算。

（3）及时办理工程结算。一般来说，工程结算造价 = 原施工图预算 ± 增减账。但在施工过程中，有些按实际结算的经济业务是由财务部门直接支付的，项目预算员不掌握资料，往往在工程结算时遗漏。因此，在办理工程结算以前，要求项目预算员和成本员进行一次认真全面的核对。

（4）在工程保修期间，应由项目经理指定保修工作的责任者，并责成保修责任者根据实际情况提出保修计划（包括费用计划），以此作为控制保修费用的依据。

三、施工项目成本核算

（一）园林工程施工项目成本核算概述

园林工程施工项目成本核算是指将园林工程项目施工过程中所发生的各种费

用和形成的施工项目成本与计划目标成本，在保持统计口径一致的前提下进行两相对比，找出差异。它包括两个基本环节；一是按照规定的成本开支范围对施工费用进行归集，计算出施工费用的实际发生额；二是根据成本核算对象，采用适当的方法，计算出该施工项目的总成本和单位成本。施工项目成本核算所提供的各种成本信息，是成本预测、成本计划、成本管理、成本分析和成本考核等各个环节的依据。因此，加强施工项目成本核算工作，对降低施工项目成本，提高企业的经济效益有积极的作用。

（二）园林工程施工项目成本核算偏差原因分析

进行园林工程施工项目成本偏差分析的目的，就是要找出引起成本偏差的原因，进而采取针对性的措施，有效地控制施工成本。一般来说，引起偏差的原因是多方面的，既有客观方面的自然因素，社会因素，也有主观方面的人为因素。为了对成本偏差进行综合分析，首先应将各种可能导致偏差的原因一一列举出来，并加以分类，再用因果分析法，因素分析法、ABC 分类法，相关分析法，层次分析法等数理统计方法进行统计归纳，找出主要原因。

（三）园林工程施工项目成本核算偏差数量分析

园林工程施工项目的成本分析与预测，是根据统计核算、业务核算和会计核算提供的资料，对项目成本的形成过程和影响成本升降的因素进行分析，以寻求进一步降低成本的途径，包括项目成本中有利偏差的挖掘和不利偏差的纠正；另一方面，通过成本分析，可以透过账簿、报表反映的成本现象看清成本的实质，从而增强项目成本的透明度和可控性，为加强成本管理，实现项目成本目标创造条件。由此可见，施工项目成本分析与预测，也是降低成本，提高项目经济效益的重要手段之一。施工项目成本分析与预测，应该随着项目施工的进展，动态地、多形式地开展，而且要与生产诸要素的经营管理相结合。这是因为成本分析与预测必须为生产经营服务，即通过成本分析与预测，及时发现矛盾，解决矛盾，从而改善生产经营，又可从中找出降低成本的途径。

园林工程成本偏差的数量分析，就是对园林工程项目施工成本偏差进行分析，从预算成本、计划成本和实际成本的相互对比中找差距、找原因，从而加深工程成本分析，提高成本管理水平，以降低成本。

1. 偏差分析

成本间互相对比的结果，分别为计划偏差和实际偏差。

（1）计划偏差。即预算成本与计划成本相比较的差额，它反映成本事前预控制所达到的目标。

计划偏差＝预算成本－计划成本

这里的预算成本可分别指施工图预算成本、投标书合同预算成本和项目管理责任目标成本三个层次的预算成本。计划成本是指现场目标成本即施工预算。两者的计划偏差也分别反映了计划成本与社会平均成本的差异、计划成本与竞争性标价成本的差异、计划成本与企业预期目标成本的差异。如果计划偏差是正值，反映成本预控制的效益，也反映管理者在计划过程中智慧和经验投入的结果。对项目管理者或企业经营者，通常按以下关系式反映其对成本管理的效益观念：

计划成本＝预算成本－计划利润

并以此来安排各项计划成本，建立保证措施。

分析计划偏差的目的，在于检验和提高工程成本计划的正确性和可行性，充分发挥工程成本计划指导实际施工的作用。在一般情况下，计划成本应该等于以最经济合理的施工方案和企业内部施工定额所确定的施工预算。

（2）实际偏差。即计划成本与实际成本相比较的差额，它反映施工项目成本管理的实绩，也是反映和考核项目成本管理水平的依据：

实际偏差＝计划成本－实际成本

分析实际偏差的目的，在于检查计划成本的执行情况。其负差反映计划成本管理中存在缺点和问题，应挖掘成本管理的潜力，缩小和纠正目标偏差，保证计划成本的实现。

2．人工费偏差分析

实行施工项目管理以后，工程施工的用工一般采用发包形式。它具有的特点是：

（1）按承包的实物工程量和预算定额计算定额人工，作为计算劳务费用的基础。

（2）人工费单价由发承包双方协商确定，一般按技术工种和普通工种或技术等级分别规定工资单价。

（3）定额人工以外的估点工有的按定额人工的一定比例一次包死，有的按实计算，估点工单价由双方协商确定。

（4）对在进度，质量上做出特殊贡献的班组和个人进行奖励，由项目经理根据实际情况具体掌握。

根据上述人工费发包的特点，工程项目在进行人工费分析的时候，应着重分析执行预算定额是否认真，工资单价有无抬高和对估点工数量的控制。

3. **材料费分析**

材料费包括主要材料、结构件和周转材料费。由于主要材料是采购来的，结构件是委托加工的，周转材料是租来的，情况各不相同，因而需要采取不同的分析方法。

（1）主要材料费的分析：材料费的高低，既与消耗数量有关，又与采购价格有关。这就是说，在"量价分离"的条件下，既要控制材料的消耗数量，又要控制材料的采购价格，两者不可缺一。在进行材料费分析的时候，也要采取与上述特点相适应的分析方法——差额计算法。

（2）结构件分析：结构件包括钢门窗、木制成品、混凝土构件、金属构件、成型钢筋等，由各加工单位到施工现场的构件场外运费作为构件价格的组成部分向施工单位收取。在加工过程中发生的蒸养费，冷拔费和合钢量调整等，亦可作为构件加工费用向施工单位收取。

（3）周转材料分析：工程施工项目的周转材料，主要是钢模、木模、脚手用钢管和毛竹、临时施工用水、电、料等。周转材料在施工过程中的表现形态是：周转使用，逐步磨损，直至报损报废。周转材料分析的主要内容是周转材料的周转利用率和周转材料的赔损率。周转材料的价值要按规定逐月摊销。

4. **机械使用费分析**

影响机械使用费的因素主要是机械利用率。造成机械利用率不高的因素有机械调度不当和机械完好率不高。因此，在机械设备的使用过程中，必须充分发挥机械的效用，加强机械设备的平衡调度，做好机械设备平时的维修保养工作，提高机械的完好率，保证机械的正常运转。此外，施工方案也是影响机械使用费的重要因素。

5. **施工间接费分析**

施工间接费就是施工项目经理部为管理施工而发生的现场经费。进行施工间接费的分析，需要应用计划与实际对比的方法。施工间接费实际发生数的资料来源为工程项目的施工间接费明细账。在具体核算中，如果是以单位工程作为成本核算对象的群体工程项目，应将所发生的施工间接费采取"先集合，后分配"的方法，合理分配给有关单位工程。

四、园林工程施工项目成本分析

（一）园林工程施工项目成本分析概述

园林工程施工项目的成本分析，就是根据统计核算、业务核算和会计核算提供的资料，对项目成本的形成过程和影响成本升降的因素进行分析，以寻求进一步降低成本的途径（包括项目成本中的有利偏差的挖掘和不利偏差的纠正）。通过成本分析，还能从账簿、报表反映的成本现象看清成本的实质，从而增强项目成本的透明度和可控性，为加强成本管理，实现项目成本目标创造条件。由此可见，园林工程施工项目成本分析，也是降低成本，提高项目经济效益的重要手段之一。

园林工程施工项目成本分析，应该随着项目施工的进展，动态地、多形式地开展，而且要与生产诸要素的经营管理相结合。这是因为成本分析必须为生产经营服务，即通过成本分析，及时发现矛盾，及时解决矛盾，从而改善生产经营，同时又可降低成本。

（二）园林工程施工项目成本分析的具体内容

从成本分析应为生产经营服务的角度出发，园林工程施工项目成本分析的内容应与成本核算对象的划分同步。如果一个施工项目包括若干个单位工程，并以单位工程为成本核算对象，就应对单位工程进行成本分析；与此同时，还要在单位工程成本分析的基础上，进行施工项目的成本分析。施工项目成本分析与单位工程成本分析尽管在内容上有很多相同的地方，但各有不同的侧重点。从总体上说，园林工程施工项目成本分析的内容应该包括以下三个方面：

1. 随着项目施工的进展而进行的成本分析

（1）分部分项工程成本分析；

（2）月（季）度成本分析；

（3）年度成本分析；

（4）竣工成本分析。

2. 按成本项目进行的成本分析

（1）人工费分析；

（2）材料费分析；

（3）机械使用费分析；

（4）其他直接费分析；

（5）间接成本分析。

3．针对特定问题和与成本有关事项的分析

（1）成本盈亏异常分析；

（2）工期成本分析；

（3）资金成本分析；

（4）技术组织措施节约效果分析；

（5）其他有利因素和不利因素对成本影响的分析。

（四）园林工程施工项目成本分析的原则要求

1．要实事求是

在成本分析中，必然会涉及一些人和事，也会有表扬和批评。受表扬的当然高兴，受批评的未必都能做到"闻过则喜"，因而常常会有一些不愉快的场面出现，乃至影响成本分析的效果。因此，成本分析一定要有充分的事实依据，应用"一分为二"的辩证方法，对事物进行实事求是的评价，并要尽可能做到措辞恰当，能为绝大多数人所接受。

2．要用数据说话

成本分析要充分利用统计核算、业务核算、会计核算和有关辅助记录（台账）的数据进行定量分析，尽量避免抽象的定性分析。因为定量分析对事物的评价更为精确，更令人信服。

3．要注重时效

也就是要成本分析及时，发现问题及时，解决问题及时。否则，就有可能贻误解决问题的最好时机，甚至造成问题成堆，积重难返，发生难以挽回的损失。

4．要为生产经营服务

成本分析不仅要揭露矛盾，而且要分析矛盾产生的原因，并为消除矛盾献计献策，提出积极的有效的解决矛盾的合理化建议。这样的成本分析，必然会深得人心，从而受到项目经理和有关项目管理人员的配合与支持，使园林工程施工项目的成本分析更健康地开展下去。

五、园林工程施工项目成本考核

（一）园林工程施工项目成本考核概述

园林工程施工项目成本考核，应该包括两方面的考核，即项目成本目标（降低成本目标）完成情况的考核和成本管理工作业绩的考核。这两方面的考核，都属于企业对施工项目经理部成本监督的范畴。应该说，成本降低水平与成本管理工作之间有着必然的联系，又同受偶然因素的影响，但都是对项目成本评价的一个方面，都是企业对项目成本进行考核和奖罚的依据。

园林工程施工项目成本考核是衡量项目成本降低的实际成果，也是对成本指标完成情况的总结和评价。成本指标是用货币形式表现的生产费用指标，也是反映施工项目全部生产经营活动的一项综合性指标。施工项目成本的高低，在一定程度上反映了项目的经营成果、经济效益和对企业贡献的大小。园林工程施工项目效益评价是指对已完成的施工项目的目标、执行过程、效益和影响所进行的系统、客观的分析，检查和总结，以确定目标是否达到，检验项目是否合理和有效率。通过可靠的、有用的资料信息，为未来的项目管理提供经验和教训。

（二）园林工程施工项目成本考核的作用

园林工程施工项目成本考核的目的，在于贯彻落实责权利相结合的原则，促进成本管理工作的健康发展，更好地完成施工项目的成本目标。在施工项目的成本管理中，项目经理和所属部门，施工队直到生产班组，都有明确的成本管理责任，而且有定量的责任成本目标。通过定期和不定期的成本考核，既可对他们加强督促，又可调动他们成本管理的积极性。

园林工程施工项目成本管理是一个系统过程，而成本考核则是系统的最后一个环节。如果对成本考核工作抓得不紧，或者不按正常的工作要求进行考核，前面的成本预测、成本管理、成本核算，成本分析都将得不到及时正确的评价。这不仅会挫伤有关人员的积极性，而且会给今后的成本管理带来不可估量的损失。

园林工程施工项目的成本考核，特别要强调施工过程中的中间考核（如月度考核、阶段考核）。这对具有一次性特点的施工项目来说尤为重要。因为通过中间考核发现问题，还能"亡羊补牢"，而竣工后的成本考核虽然也重要，但对成本管理的不足和由此造成的损失已经无法弥补。

园林工程施工项目的成本考核，可以分为两个层次：一是企业对项目经理的考核；二是项目经理对所属部门，施工队和班组的考核。通过以上层层考核，督促项目经理、责任部门和责任者更好地完成自己的责任成本，从而形成项目成本目标的层层落实和保证关系。

（三）园林工程施工项目成本考核的内容和要求

园林工程施工项目成本考核的内容，应该包括责任成本完成情况的考核和成本管理工作业绩的考核。从理论上讲，成本管理工作扎实，必然能使责任成本落实得更好。但是，影响成本的因素很多，而且有一定的偶然性，可能使成本管理工作得不到预期的效果。为了鼓励有关人员对成本管理的积极性，应该对他们的工作业绩通过考核做出正确的评价。

1. 企业对项目经理考核的内容

（1）责任目标成本的完成情况，包括总目标及其所分解的施工各阶段、各部分或专业工程的子目标完成情况。

（2）项目经理是否认真组织成本管理和核算，对企业所确定的项目管理方针及有关技术组织措施的指导性方案是否认真贯彻实施。

（3）项目经理部的成本管理组织与制度是否健全，在运行机制上是否存在问题。

（4）项目经理是否经常对下属管理人员进行成本效益观念的教育。

（5）项目经理部的核算资料账表等是否正确、规范、完整，成本信息是否能及时反馈，能否主动取得企业有关部门在业务上的指导。

（6）项目经理部的效益审计状况，是否存在实亏虚盈情况，有无弄虚作假情节。

2. 项目经理对各部门及专业条线管理人员的考核

（1）是否认真执行各自的工作职责和业务标准，有无怠慢和失职行为。

（2）在项目管理过程中是否认真执行实施方案和措施的相关管理工作，是否有团队协同工作精神。

（3）本部门、本岗位所承担的成本管理责任目标落实情况和实际结果。

（4）日常管理是否严格，责任心和事业心的表现。

（5）日常工作中成本意识和观念如何，有无合理化建议，被采纳的情况和效果。3. 园林工程施工项目成本考核的要求

（1）企业对施工项目经理部进行考核时，应以确定的责任目标成本为依据。

（2）项目经理部应以控制过程的考核为重点，控制过程的考核应与竣工考核相结合。

（3）各级成本考核应与进度、质量、安全等指标的完成情况相联系。

（4）项目成本考核的结果应形成文件，为奖罚责任人提供依据。

（四）园林工程施工项目成本考核的方法

1. 园林工程施工项目的成本考核采取评分制

具体方法为：先按考核内容评分，然后按七与三的比例加权平均，即责任成本完成情况的评分为七，成本管理工作业绩的评分为三。这是一个假设的比例，施工项目可以根据自己的具体情况进行调整。

2. 园林工程施工项目的成本考核要与相关指标的完成情况相结合

具体方法是：成本考核的评分是奖罚的依据，相关指标的完成情况为奖罚的条件。也就是在根据评分计奖的同时，还要参考相关指标的完成情况加奖或扣罚。与成本考核相结合的相关指标一般有进度、质量、安全和现场标准化管理。

3. 强调园林工程施工项目成本的中间考核

（1）月度成本考核。一般是在月度成本报表编制以后，根据月度成本报表的内容进行考核。在进行月度成本考核的时候，不能单凭报表数据，还要结合成本分析资料和施工生产、成本管理的实际情况，然后做出正确的评价，带动今后的成本管理工作，保证项目成本目标的实现。

（2）阶段成本考核。项目的施工阶段一般可分为基础、结构、装饰、总体四个阶段。如果是高层建筑，可对结构阶段的成本进行分层考核。阶段成本考核的优点，在于能对施工告一段落后的成本进行考核，可与施工阶段其他指标（如进度、质量等）的考核结合得更好，也更能反映施工项目的管理水平。

4. 正确考核园林工程施工项目的竣工成本

园林工程施工项目的竣工成本，是在工程竣工和工程款结算的基础上编制的，是竣工成本考核的依据。

工程竣工，表示项目建设已经全部完成，并已具备交付使用的条件（即已具有使用价值）。而月度完成的分部分项工程只是建筑产品的局部，并不具有使用价值，也不可能用来进行商品交换，只能作为分期结算工程进度款的依据。因此，真正能够反映全貌而又正确的项目成本，是在工程竣工和工程款结算的基础上编制的。

由此可见，施工项目的竣工成本是项目经济效益的最终反映。它既是上缴利税的依据，又是进行职工分配的依据。由于施工项目的竣工成本关系到企业和职工的利益，必须做到核算正确，考核正确。

5. 施工项目成本的奖罚

施工项目的成本考核，有月度考核、阶段考核和竣工考核三种。对成本完成情况的经济奖罚也应分别在上述三种成本考核的基础上立即兑现，不能只考核不奖罚，或者考核后拖了很久才奖罚。因为员工所担心的，就是领导对贯彻责权利相结合的原则执行不力，忽视群众利益。

由于月度成本和阶段成本都是事前估算的，正确程度有高有低。因此，在进行月度成本和阶段成本奖罚的时候不妨留有余地，然后再按照竣工成本结算的奖金总额进行调整。

施工项目成本奖罚的标准应通过经济合同的形式明确规定。这就是说，经济合同规定的奖罚标准具有法律效力，任何人无权中途变更，或者拒不执行。另外，通过经济合同明确奖罚标准以后，职工群众就有了争取目标，能在实现项目成本目标中发挥更积极的作用。

在确定施工项目成本奖罚标准的时候，必须从本项目的客观情况出发，既要考虑职工的利益，又要考虑项目成本的承受能力。在一般情况下，造价低的项目，奖金水平要定得低一些；造价高的项目，奖金水平可以适当提高。具体的奖罚标准应该经过认真测算再行确定。

此外，企业领导和项目经理还可以对完成项目成本目标有突出贡献的部门、施工队、班组和个人进行奖励。这是项目成本奖励的另一种形式，不属于上述成本奖罚范围。这种奖励形式，往往更能起到立竿见影的效果。

第四节　园林工程施工安全管理

一、园林工程施工安全管理主要内容

在园林工程施工过程中，安全管理的内容主要包括对实际投入的生产要素及作业、管理活动的实施状态和结果所进行的管理和控制，具体包括作业技术活动的安全管理、施工现场文明施工管理、劳动保护管理、职业卫生管理，消防安全管理和季节施工安全管理等。

（一）作业技术活动的安全管理

园林工程的施工过程体现在一系列的现场施工作业和管理活动中，作业和管理活动的效果将直接影响施工过程的施工安全。为确保园林建设工程项目施工安全，工程项目管理人员要对施工过程进行全过程、全方位的动态管理。作业技术活动的安全管理主要内容如下：

1. 从业人员的资格，持证上岗和现场劳动组织的管理

园林施工单位施工现场管理人员和操作人员必须具备相应的执业资格、上岗资格和任职能力，符合政府有关部门的规定。现场劳动组织的管理包括从事作业活动的操作者、管理者，以及相应的各种管理制度，操作人员数量必须满足作业活动的需要，工种配置合理，管理人员到位，管理制度健全，并能保证其落实和执行。

2. 从业人员施工中安全教育培训的管理

园林工程施工企业施工现场项目负责人应按安全教育培训制度的要求，对进入施工现场的从业人员进行安全教育培训。安全教育培训的内容主要包括新工人"三级安全教育"、变换工种安全教育，转场安全教育、特种作业安全教育、班前安全活动交底，周一安全活动、季节性施工安全教育、节假日安全教育等。施工企业项目经理部应落实安全教育培训制度的实施，定期检查考核实施情况及实际效果，保存教育培训实施记录，检查与考核记录等。

3. 作业安全技术交底的管理

安全技术交底由园林工程施工企业技术管理人员根据工程的具体要求，特点和危险因素编写，是操作者的指令性文件。其内容主要包括该园林工程施工项目的施工作业特点和危险点，针对该园林工程危险点的具体预防措施，园林工程施工中应注意的安全事项，相应的安全操作规程和标准，以及发生事故后应及时采取的避难和急救措施。

作业安全技术交底的管理重点内容主要体现在两点上：首先，应按安全技术交底的规定实施和落实；其次，应针对不同工种、不同施工对象，或分阶段、分部、分项、分工种进行安全交底。

4. 对施工现场危险部位安全警示标志的管理

在园林工程施工现场入口处，起重设备、临时用电设施、脚手架、出入通道口、楼梯口、孔洞口、桥梁口，基坑边沿、爆破物及危险气体和液体存放处等危险部位应设置明显的安全警示标志。安全警示标志必须符合《安全标志》（GB 2894-2008）、《安全标志及其使用导则》（GB 2894-2008）的规定。

5. 对施工机具、施工设施使用的管理

施工机械在使用前，必须由园林施工企业机械管理部门对安全保险、传动保护装置及使用性能进行检查、验收，填写验收记录，合格后方可使用。使用中应对施工机具，施工设施进行检查、维护、保养和调整等。

6. 对施工现场临时用电的管理

园林工程施工现场临时用电的变配电装置，架空线路或电缆干线的铺设，分配电箱等用电设备，在组装完毕通电投入使用前，必须由施工企业安全部门与专业技术人员共同按临时用电组织设计的规定检查验收，对不符合要求处需整改，待复查合格后，填写验收记录。使用中由专职电工负责日常检查、维护和保养。

7. 对施工现场及毗邻区域地下管线、建（构）筑物等专项防护的管理

园林施工企业应对施工现场及毗邻区域地下管线，如供水、供电，供气，供热，通信、光缆等地下管线，及相邻建（构）筑物、地下工程等采取专项防护措施，特别是在城市市区施工的工程，为确保其不受损，施工中应组织专人进行监控。

8. 安全验收的管理

安全验收必须严格遵照国家标准、规定，按照施工方案或安全技术措施的设计要求，严格把关，并办理书面签字手续，验收人员对方案，设备、设施的安全保证性能负责。

9. 安全记录资料的管理

安全记录资料应在园林工程施工前，根据建设单位的要求及工程竣工验收资料组卷归档的有关规定，研究列出各施工对象的安全资料清单。随着园林工程施工的进展，园林施工单位应不断补充和填写关于材料，设备及施工作业活动的有关内容，记录新的情况。当每一阶段施工或安装工作完成，相应的安全记录资料也应随之完成，并整理组卷。施工安全资料应真实、齐全、完整，相关各方人员的签字齐备、字迹清楚，结论明确，与园林施工过程的进展同步。

（二）文明施工管理

文明施工可以保持良好的作业环境和秩序，对促进建设工程安全生产、加快施工进度、保证工程质量，降低工程成本、提高经济和社会效益起到重要作用。园林工程施工项目必须严格遵守《建筑施工安全检查标准》（JGJ 59-1999）的文明施工要求，保证施工项目的顺利进行。文明施工的管理内容主要包括以下几点：

1. 组织和制度管理

园林工程施工现场应成立以施工总承包单位项目经理为第一责任人的文明施工管理组织。分包单位应服从总包单位的文明施工管理组织的统一管理，并接受监督检查。各项施工现场管理制度应有文明施工的规定，包括个人岗位责任制，经济责任制、安全检查责任制、持证上岗制度、奖惩制度、竞赛制度和各项专业

管理制度等。同时，应加强和落实现场文明检查、考核及奖惩管理，以促进施工文明管理工作的实施。检查范围和内容应全面周到，包括生产区，生活区，场容场貌，环境文明及制度落实等内容，对检查发现的问题应采取整改措施。

2．建立收集文明施工的资料及其保存的措施

文明施工的资料包括：关于文明施工的法律法规和标准规定等资料，施工组织设计（方案）中对文明施工的管理规定，各阶段施工现场文明施工的措施，文明施工自检资料，文明施工教育，培训、考核计划的资料，以及文明施工活动各项记录资料等。

3．文明施工的宣传和教育

通过短期培训、上技术课、听广播、看录像等方法对作业人员进行文明施工教育，特别要注意对临时工的岗前教育。

（三）职业卫生管理

园林工程施工的职业危害相对于其他建筑业的职业危害要轻微一些，但其职业危害的类型是大同小异的，主要包括粉尘、毒物、噪声，振动危害以及高温伤害等。在具体工程施工过程中，必须采取相应的卫生防治技术措施。这些技术措施主要包括防尘技术措施防毒技术措施、防噪技术措施，防振技术措施、防暑降温措施等。

（四）劳动保护管理

劳动保护管理的内容主要包括劳动防护用品的发放和劳动保健管理两方面。劳动防护用品必须严格遵守国家经贸委《劳动防护用品配备标准》的规定和 1996 年 4 月 23 日劳动部颁发的《劳动防护用品管理规定》等相关法规，并按照工种的要求进行发放、使用和管理。

（五）施工现场消防安全管理

我国消防工作坚持"以防为主，防消结合"的方针。"以防为主"就是要把预防火灾的工作放在首要位置，开展防火安全教育，提高人群对火灾的警惕性，健全防火组织，严密防火制度，进行防火检查，消除火灾隐患，贯彻建筑防火措施等。"防消结合"就是在积极做好防火工.作的同时，在组织上.思想上、物质上和技术上做好灭火战斗的准备。一旦发生火灾，就能及时有效地将火扑灭。

园林工程施工现场的火灾隐患明显小于一般建筑工地，但火灾隐患还是存在

的，如一些易燃材料的堆放场地、仓库，临时性的建（构）筑物、作业棚等。

（六）季节性施工安全管理

季节性施工主要指雨季施工或冬季施工及夏季施工。雨季施工，应当采取措施防雨、防雷击，组织好排水，同时应做好防止触电、防坑槽坍塌，沿河流域的工地还应做好防洪准备，傍山施工现场应做好防滑塌方措施，脚手架、塔式起重机等应做好防强风措施。冬季施工，应采取防滑、防冻措施，生活办公场所应当采取防火和防煤气中毒措施。夏季施工，应有防暑降温的措施，防止中暑。

二、园林工程施工安全管理制度

园林工程施工安全管理制度主要包括安全目标管理、安全生产责任制、安全生产资金保障制度、安全教育培训制度、安全检查制度、三类人员考核任职制和特种人员持证上岗制度、安全技术管理制度、生产安全事故报告制度、设备安全管理制度、安全设施和防护管理制度、特种设备管理制度、消防安全责任制度等。建立健全工程施工安全管理制度是实现安全生产目标的保证。

（一）安全目标管理

安全目标管理是建设工程施工安全管理的重要举措之一。园林工程施工过程中，为了使现场安全管理实行目标管理，要制定总的安全目标（如伤亡事故控制目标、安全达标、文明施工），以便制定年、月达标计划，进行目标分解到人，责任落实，考核到人。推行安全生产目标管理不仅能优化企业安全生产责任制，强化安全生产管理，体现"安全生产，人人有责"的原则，而且能使安全生产工作实现全员管理，有利于提高园林施工企业全体员工的安全素质。安全目标管理的基本内容应包括目标体系的确定、目标责任的分解及目标成果的考核。

（二）安全生产责任制度

安全生产责任制度是各项安全管理制度中一项最基本的制度。安全生产责任制度作为保障安全生产的重要组织手段，通过明确规定领导，各职能部门和各类人员在施工生产活动中应负的安全职责，把"管生产必须管安全"的原则从制度上固定下来，把安全与生产从组织上统一起来，从而强化园林施工企业各级安全生产责任，增强所有管理人员的安全生产责任意识，使安全管理做到责任明确、协调配合，使园林工程施工企业井然有序地进行安全生产。

1. 安全生产责任制度的制定

安全生产责任制度是企业岗位责任制度一个主要组成部分，是企业安全管理中一项最基本的制度。安全生产责任制度是根据"管生产必须管安全"、"安全生产，人人有责"的原则，明确规定各级领导，各职能部门和各类人员在生产活动中应负的安全职责。

2. 各级安全生产责任制度的基本要求

（1）园林施工企业经理对本企业的安全生产负总的责任，各副经理对分管部门安全生产工作负责任。

（2）园林施工企业总工程师（主任工程师或技术负责人）对本企业安全生产的技术工作负总的责任。在组织编制和审批园林施工组织设计（施工方案）和采用新技术、新工艺、新设备、新材料时，必须制定相应的安全技术措施；对职工进行安全技术教育；及时解决施工中的安全技术问题。

（3）施工队长应对本单位安全生产工作负具体领导责任，认真执行安全生产规章制度，制止违章作业。

（4）安全机构和专职人员应做好安全管理工作和监督检查工作。

（5）在几个园林施工企业联合施工时，应由总包单位统一组织现场的安全生产工作，分包单位必须服从总包单位的指挥。对分包施工企业的工程，承包合同要明确安全责任，对不具备安全生产条件的单位，不得分包工程。

3. 安全生产责任制度的贯彻

（1）园林施工企业必须自觉遵守和执行安全生产的各项规章制度，提高安全生产思想认识。

（2）园林施工企业必须建立完善的安全生产检查制度，企业的各级领导和职能部门必须经常和定期检查安全生产责任制度的贯彻执行情况，视结果不同给予不同程度的肯定、表扬或批评、处分。

（3）园林施工企业必须强调安全生产责任制度和经济效益结合。为了安全生产责任制度的进一步巩固和执行，应与国家利益、企业经济效益和个人利益结合起来，与个人的荣誉、职称升级和奖金等紧密挂钩。

（4）园林工程在施工过程中要发动和依靠群众监督。在制定安全生产责任制度时，要充分发动群众参加讨论，广泛听取群众意见；制度制定后，要全面发动群众监督，"群众的眼睛是雪亮的"，只有群众参与的监督才是完善的、有深度的。

（5）各级经济承包责任制必须包含安全承包内容。

4．建立和健全安全档案资料

安全档案资料是安全基础工作之一，也是检查考核落实安全责任制度的资料依据，同时为安全管理工作提供分析、研究资料，从而便于掌握安全动态，方便对每个时期的安全工作进行目标管理，达到预测、预报、预防事故的目的。

根据建设部《建筑施工安全检查标准》（JGJ 59-1999）等要求，施工企业应建立的安全管理基础资料包括如下内容：

（1）安全组织机构；

（2）安全生产规章制度；

（3）安全生产宣传教育、培训；

（4）安全技术资料（计划．措施、交底、验收）；

（5）安全检查考核（包括隐患整改）；

（6）班组安全活动；

（7）奖罚资料；

（8）伤亡事故档案；

（9）有关文件、会议记录；

（10）总、分包工程安全文件资料。

园林工程施工必须认真收集安全档案资料，定期对资料进行整理和鉴定，保证资料的真实性、完整性，并将档案资料分类、编号、装订归档。

（三）安全生产资金保障制度

安全生产资金是指建设单位在编制建设工程概算时，为保障安全施工确定的资金。园林建设单位根据工程项目的特点和实际需要，在工程概算中要确定安全生产资金，并全部、及时地将这笔资金划转给园林工程施工企业。安全生产资金保障制度是指施工企业对列入建设工程概算的安全作业环境及安全施工措施所需费用，应当用于施工安全防护用具及设施的采购和更新、安全施工措施的落实、安全生产条件的改善，不得挪作他用。

安全生产资金是指建设单位在编制建设工程概算时，为保障安全施工确定的资金。园林建设单位根据工程项目的特点和实际需要，在工程概算中要确定安全生产资金，并全部、及时地将这笔资金划转给园林工程施工企业。安全生产资金保障制度是指施工企业对列入建设工程概算的安全作业环境及安全施工措施所需费用，应当用于施工安全防护用具及设施的采购和更新、安全施工措施的落实、安全生产条件的改善，不得挪作他用。

安全生产资金保障制度应对安全生产资金的计划编制、支付使用、监督管理和验收报告的管理要求、职责权限和工作程序作出具体规定，形成文件组织实施。

安全生产资金计划应包括安全技术措施计划和劳动保护经费计划，与企业年度各级生产财务计划同步编制，由企业各级相关负责人组织，并纳入企业财务计划管理，必要时及时修订调整。安全生产资金计划内容还应明确资金使用审批权限、项目资金限额，实施企业及责任者、完成期限等内容。

企业各级财务、审计、安全部门和工会组织，应对资金计划的实施情况进行监督审查，并及时向上级负责人和工会报告。

1. 安全生产资金计划编制的依据和内容

（1）适用的安全生产、劳动保护法律法规和标准规范。

（2）针对可能造成安全事故的主要原因和尚未解决的问题需采取的安全技术．劳动卫生，辅助房屋及设施的改进措施和预防措施要求。

（3）个人防护用品等劳保开支需要。

（4）安全宣传教育培训开支需要。

2. 安全生产资金保障制度的管理要求

（1）建立安全生产资金保障制度。项目经理部必须建立安全生产资金保障制度，从而有计划、有步骤地改善劳动条件，防止工伤事故，消除职业病和职业中毒等危害，保障从业人员生命安全和身体健康，确保正常施工安全生产。

（2）安全生产资金保障制度内容应完备、齐全。安全生产资金保障制度应对安全生产资金的计划编制、支付使用、监督管理和验收报告的管理要求，职责权限和工作程序作出具体规定。

（3）制定劳保用品资金、安全教育培训转向资金、保障安全生产技术措施资金的支付使用、监督和验收报告的规定。

安全生产资金的支付使用应由项目负责人在其管辖范围内按计划予以落实，即做到专款专用，按时支付，不能擅自更改，不得挪作他用，并建立分类使用台账，同时根据企业规定，统计上报相关资料和报表。施工现场项目负责人应将安全生产资金计划列入议事日程，经常关心计划的执行情况和效果。

（四）安全教育培训制度

安全教育培训是安全管理的重要环节，是提高从业人员安全素质的基础性工作。按建设部《建筑业企业职工安全培训教育暂行规定》，施工企业从业人员必须定期接受安全培训教育，坚持先培训、后上岗制度。通过安全培训提高企业各层次从业人员搞好安全生产的责任感和自觉性，增强安全意识；掌握安全生产科学知识，不断提高安全管理业务水平和安全操作技术水平，增强安全防护能力，减少伤亡事故的发生。实行总分包的工程项目，总包单位负责统一管理分包单位从业人员的安全教育培训工作，分包单位要服从总包单位的统一领导。

安全教育培训制度应明确各层次、各类从业人员教育培训的类型，对象，时间和内容，应对安全教育培训的计划编制、实施和记录，证书的管理要求.职责权限和工作程序作出具体规定，形成文件并组织实施。

安全教育培训的主要内容包括安全生产思想、安全知识、安全技能、安全规程标准、安全法规、劳动保护和典型事例分析等。施工现场安全教育主要有以下几种形式：

1. 新工人"三级安全教育"

三级安全教育是企业必须坚持的安全生产基本教育制度。对新工人，包括新招收的合同工，临时工、农民工、实习和待培人员等，必须进行公司，项目.作业班组三级安全教育，时间不得少于40学时。经教育考试合格者才准许进入生产岗位，不合格者必须补课、补考。对新工人的三级安全教育情况，要建立档案。新工人工作一个阶段后还应进行重复性的安全再教育，加深对安全感性、理性知识的认识。

2. 变换工种安全教育

凡变换工种或调换工作岗位的工人必须进行变换工种安全教育。变换工种安全教育时间不得少于4学时，教育考核合格后方可上岗。变换工种安全教育内容包括：新工作岗位或生产班组安全生产概况、工作性质和职责；新工作岗位必要的安全知识、各种机具设备及安全防护设施的性能和作用；新工作岗位、新工种的安全技术操作规程；新工作岗位容易发生事故及有毒有害的地方；新工作岗位个人防护用品的使用和保管等。

3. 转场安全教育

新转入施工现场的工人必须进行转场安全教育，教育实践不得少于8学时。转场安全教育内容包括：本工程项目安全生产状况及施工条件；施工现场中危险部位的防护措施及典型事故案例；本工程项目的安全管理体系.规定及制度等。

4. 特种作业安全教育

从事特种作业的人员必须经过专门的安全技术培训，经考试合格取得上岗操作证后方可独立作业。对特种作业人员的培训、取证及复审等工作严格执行国家、地方政府的有关规定。

对从事特种作业的人员进行经常性的安全教育，时间为每月一次，每次教育 4 学时。特种作业安全教育内容包括：特种作业人员所在岗位的工作特点，可能存在的危险、隐患和安全注意事项；特种作业岗位的安全技术要领及个人防护用品的正确使用方法；本岗位曾发生的事故案例及经验教训等。

5. 班前安全活动交底

班前安全活动交底作为施工队伍经常性安全教育活动之一，各作业班组长于每班工作开始前（包括夜间工作前）必须对本班组全体人员进行不少于 15 min 的班前安全活动交底。班组长要将安全活动交底内容记录在专用的记录本上，各成员在记录本上签名。班前安全活动交底的内容包括：本班组安全生产须知；本班工作中危险源（点）和应采取的对策；上一班工作中存在的安全问题和应采取的对策等。

6. 周一安全活动

周一安全活动作为施工项目经常性安全活动之一，每周一开始工作前对全体在岗工人开展至少 1 h 的安全生产及法制教育活动。工程项目主要负责人要进行安全讲话，主要内容包括：上周安全生产形势、存在问题及对策；最新安全生产信息；本周安全生产工作的重点，难点和危险点；本周安全生产工作的目标和要求等。

（五）安全检查制度

园林施工企业施工现场项目经理部必须建立完善安全检查制度。安全检查时发现并消除施工过程中存在的不安全因素，宣传落实安全法律法规与规章制度，纠正违章指挥和违章作业，提高各级负责人与从业人员安全生产自觉性与责任感，掌握安全生产状态。

安全检查制度应对检查形式，方法，时间，内容，组织的管理要求、职责权限，以及对检查中发现的隐患整改，处理和复查的工作程序及要求作出具体规定，形成文件并组织实施。

园林施工企业项目经理部安全检查应配备必要的设备或器具，确定检查负责人和检查人员，并明确检查内容及要求。安全检查人员应对检查结果进行分析，找出安全隐患部位，确定危险程度。施工企业项目经理部应编写安全检查报告。

园林施工企业项目经理部应根据施工过程的特点和安全目标的要求，确定安全检查内容，其内容应包括：安全生产责任制，安全生产保证计划、安全组织机构、安全保证措施、安全技术交底、安全教育、安全持证上岗、安全设施、安全标识、操作行为，违规管理、安全记录等。

园林施工企业项目经理部安全检查的方法应采取随机取样、现场观察、实地检测相结合的方式，并记录检测结果。安全检查主要有以下类型：

1. 日常安全检查，如班组的班前，班后岗位安全检查，各级安全员及安全值日人员巡回安全检查，各级管理人员检查生产的同时检查安全。

2. 定期安全检查，如园林施工企业每季度组织一次以上的安全检查，企业的分支机构每月组织一次以上的安全检查，项目经理每周组织一次以上的安全检查。

3. 专业性安全检查，如施工机械、临时用电，脚手架、安全防护措施、消防等专业安全问题检查，安全教育培训、安全技术措施等施工中存在的普遍性安全问题检查。

4. 季节性安全检查，如针对冬季、高温期间，雨季、台风季节等气候特点的安全检查。

5. 节假日前后安全检查，如元旦，春节、劳动节，国庆节等节假日前后的安全检查。园林施工企业项目经理应根据施工生产的特点，法律法规，标准规范和企业规章制度的要求，以及安全检查的目的，确定安全检查的内容，并根据安全检查的内容确定具体的检查项目、标准和检查评分方法，同时可编制相应的安全检查评分表，按检查评分表的规定逐项对照评分，并做好具体的记录，特别是不安全的因素和扣分原因。

（六）安全生产事故报告制度

安全生产事故报告制度是安全管理的一项重要内容，其目的是防止事故扩大，减少与之有关的伤害与损失，吸取教训，防止同类事故的再次发生。园林施工企业和施工现场项目经理部均应编制事故应急救援预案。园林施工企业应根据承包工程的类型、共性特征，规定企业内部具有通用性和指导性的事故应急救援的各项基本要求；单位项目经理部应按企业内部事故应急救援的要求，编制符合工程项目特点的，具体、细化的事故应急救援预案，直到施工现场的具体操作。

生产安全事故报告制度管理要求建立内容具体、齐全的生产安全事故报告制度，明确生产安全事故报告和处理的"四不放过"原则要求，即事故原因不查清楚不放过，事故责任者和职工未受到教育不放过，事故责任未受到处理不放过，没有采取防范措施、事故隐患不整改不放过的原则，对生产安全事故进行调查和处理。

生产安全事故报告制度管理要求办理意外伤害保险，制定具体、可行的生产安全事故应急救援预案，同时应建立应急救援小组，确定应急救援人员。

（七）安全技术管理制度

安全技术管理是施工安全管理的三大对策之一。工程项目施工前必须在编制施工组织设计（专项施工方案）或工程施工安全计划的同时，编制安全技术措施计划或安全专项施工方案。

安全技术措施是指为防止工伤事故和职业病的危害，从技术上采取的措施。在工程施工中，是指针对工程特点、环境条件、劳力组织、作业方法、施工机械、供电设施等制定的确保安全施工的措施。安全技术措施也是建设工程项目管理实施规划或施工组织设计的重要组成部分。

1. 安全技术措施编制的依据

（1）国家和地方有关安全生产的法律、法规和有关规定；

（2）国家和地方建设工程安全生产的法律法规和标准规程；

（3）建设工程安全技术标准、规范、规程；

（4）企业的安全管理规章制度。

2. 安全技术措施编制的要求

（1）及时性；

（2）针对性；

（3）可行性；

（4）具体性。

3. 安全技术管理制度的管理要求

（1）园林施工企业的技术负责人以及工程项目技术负责人对施工安全负技术责任。

（2）园林工程施工组织设计（方案）必须有针对工程项目危险源而编制的安全技术措施。

（3）经过批准的园林工程施工组织设计（方案）不准随意变更修改。

（4）安全专项施工方案的编制必须符合工程实际，针对不同的工程特点，从施工技术上采取措施保证安全；针对不同的施工方法、施工环境，从防护技术上采取措施保证安全；针对所使用的各种机械设备，从安全保险的有效设置方面采取措施保证安全。

（八）设备安全管理制度

设备安全管理制度是施工企业管理的一项基本制度。企业应当根据国家、住房和城乡建设部、地方建设行政主管部门有关机械设备管理规定、要求，建立健全设备（包括应急救援设备、器材）安装和拆卸、设备验收、设备检测、设备使用、设备保养和维修、设备改造和报废等各项设备管理制度，制度应明确相应管理的要求，职责、权限及工作程序，确定监督检查、实施考核的办法，形成文件并组织实施。

对于承租的设备，除按各级建设行政主管部门的有关要求确认相应企业具有相应资质以外，园林施工企业与出租企业在租赁前应签订书面租赁合同，或签订安全协议书，约定各自的安全生产管理职责。

（九）安全设施和防护管理制度

《建设工程安全生产管理条例》规定："施工单位应当在施工现场危险部位设置明显的安全警示标志。"安全警示标志包括安全色和安全标志，进入工地的人员通过安全色和安全标志能提高对安全保护的警觉，以防发生事故。园林工程施工企业应当建立施工现场正确使用安全警示标志和安全色的相应规定，对使用部位，内容作具体要求，明确相应管理的要求、职责和权限，确定监督检查的方法，形成文件并组织实施。

安全设施和防护管理的要求是制定施工现场正确使用安全警示标志和安全色的统一规定。

（十）消防安全责任制度

1．消防安全责任制度的主要内容

消防安全责任制度是指施工企业应确定消防安全负责人，制定用火，用电、使用易燃易爆材料等各项消防安全管理制度和操作规程，施工现场设置消防通道、消防水源，配备消防设施和灭火器材，并在施工现场入口处设置明显标志。

2．消防安全责任制度的管理要求

（1）应建立消防安全责任制度，并确定消防安全负责人。园林施工企业各部门、各班组负责人及每个岗位的人员应当对自己管辖工作范围内的消防安全负责，切实做到"谁主管，谁负责，谁在岗，谁负责"，保证消防法律法规的贯彻执行，保证消防安全措施落到实处。

（2）应建立各项消防安全管理制度和操作规程。园林施工现场应建立各项消防安全管理制度和操作规程，如制定用火用电制度、易燃易爆危险物品管理制度、消防安全检查制度、消防设施维护保养制度等，并结合实际，制定预防火灾的操作规程，确保消防安全。

（3）应设置消防通道，消防水源，配备消防设施和灭火器材。园林施工现场应设置消防通道、消防水源，配备消防设施和灭火器材，并定期组织人员对消防设施、器材进行检查、维修，确保其完好、有效。

（4）施工现场入口处应设置明显标志。

第五节　园林工程施工生产要素管理

园林工程项目生产要素是指施工中使用的人力资源、材料、机械设备、技术和资金等。园林工程项目生产要素管理是指对施工中使用的生产要素资源的计划、供应、使用、控制、检查、分析和改进等过程。

生产要素管理的目的是满足项目需要，优化资源配置，降低消耗，减少支出，节约物化劳动和活劳动。在园林企业管理中，生产要素的供应权应主要集中在企业的管理层，企业应建立生产要素专业管理部门，健全生产要素配置机制；而生产要素的使用权应掌握在项目管理团队手中，项目管理团队应及时编制资源需要量计划，报企业管理层批准，并做好生产要素使用中的考核和优化工作，实施动态管理，降低项目成本。

一、人力资源管理概述

（一）人力资源的概念

关于人力资源的定义，学术界存在不同的说法。对于园林项目而言，人们趋向于把人力资源定义为所有与项目有关的人，一部分为园林项目的生产者，即设计单位、监理单位、承包单位等的员工，包括生产人员，技术人员及各级领导；一部分为园林项目的消费者，即建设单位的人员和业主，他们是订购.购买服务或产品的人。

项目人力资源管理就是不断地获得人力资源并整合到项目中，通过采取有效措施最大限度地提高人员素质，最充分地发挥人的作用的劳动人事管理过程。它包括对人力资源外在和内在因素的管理。所谓外在因素的管理，主要是指量的管理，即根据项目进展情况及时进行人员调配，使人力资源能及时地满足项目的实际需要而又不造成浪费。所谓内在因素的管理，主要是指运用科学的方法对人力资源进行心理和行为的管理，以充分调动人力资源的主观能动性、积极性和创造性。

较之传统的人事管理，项目人力资源管理具有全过程性、全员性、综合性、科学性的特点；较之一般企业或事业单位的人力资源管理，项目人力资源管理具有项目生命周期内各阶段任务变化大、人员变化大的特点。

（二）人力资源的特点

1．人力资源是可再生的生物性资源

人力资源以人为天然载体，是一种"活"的资源，并与人的自身生理特征相联系。这一特点决定了在人力资源使用过程中必须考虑工作环境、工作风险，时间弹性等非经济和非货币因素。

2．人力资源是在经济活动中居于主导地位的能动性资源

人类能够根据外部可能性和自身条件，愿望，有目的地确定经济活动的方向，并根据这一方向具体选择、运用外部资源或主动地适应外部资源。人力资源与其他被动性生产要素相比，是最积极、最活跃的生产要素，居于主导地位。这一特点决定了人力资源的潜能能否发挥和在多大程度上发挥，更依赖于管理人员的管理水平、有效激励。

3．人力资源是有时效性的资源

即人力资源的形成．开发．使用都具有时间方面的制约性。

（三）项目人力资源管理的内容

项目人力资源管理是项目经理的职责，在项目运转过程中，项目内部汇集了一批技术、财务、工程等方面的精英，项目经理必须将项目中的这些成员分别组建到一个个有效的团队中去，使组织发挥整体远大于局部之和的效果。为此，开展协调就显得非常重要，项目经理必须解决冲突，弱化矛盾，必须高屋建瓴地策划全局。

人力资源管理可以分为宏观、微观两个层次。宏观人力资源管理指的是对于全社会人力资源的管理，微观人力资源的管理是指对于企业、事业单位的人力资源管理。项目人力资源管理属于微观人力资源管理的范畴。项目人力资源管理可

以理解为针对人力资源的取得、培训、保持和利用等方面所进行的计划、组织、指挥和控制活动。具体而言，项目人力资源管理包括如下内容：

1. 人力资源规划

它是指为了实现项目目标而对所需人力资源进行预测，并预先进行系统安排的过程。

2. 岗位群分析

它是指收集、分析和整理关于某种特定工作信息的一个系统性程序。岗位群分析要具体说明为成功完成某项工作，岗位的工作内容、必需的工作条件和员工必须具备的资格。

3. 员工招聘

它是根据项目任务的需要和岗位群分析的结果，为实际或潜在的职位空缺寻找合适的候选人的过程。

4. 员工培训和开发

它是指为了使员工获得或提高与工作有关的知识，技能、动机，态度和行为，为了提高员工的工作绩效以及员工对项目目标的贡献，所做的有计划、有系统的各种努力。培训着眼于目前的工作，而开发则为员工准备可能的未来工作。

5. 报酬

它是指通过建立公平合理的薪水系统和福利制度，吸引，保持和激励员工很好地完成其工作。

6. 绩效评估

它是指通过对员工工作行为的测量，用制定的标准来比较工作绩效的记录以及将绩效评估的结果反馈给员工的过程。

（四）人力资源管理基本理论

1. 人性理论

人性理论主要有 X 理论，Y 理论和四种人性假设。

（1）X 理论。麦格雷戈认为，X 理论主要体现了集权型领导者对人性的基本判断。该理论认为，一般人天性好逸恶劳，只要有可能就会逃避工作；人生来就以自我为中心，漠视组织的要求；人缺乏进取心，逃避责任，甘愿听从指挥，安于现状，没有创造性；人们通常容易受骗，易受人煽动；人们天生反对改革。

持此种观点的领导者往往认为，在领导工作中必须对员工采用强制、惩罚，解雇等手段来迫使他们工作，对员工应当严格监督和控制，在领导行为上应当实行高度控制和集中管理，在领导模式上采取集权的领导方式。

（2）Y理论。Y理论对人性的假设与X理论完全相反。该理论认为，一般人天生并不是好逸恶劳的，他们热爱工作，从工作中可获得满足感和成就感；外来的控制和处罚不是促使人们为组织而努力实现目标的有效方法，下属能够自我确定目标，自我指挥和自我控制；在适当的条件下，人们愿意主动承担责任；大多数人具有一定的想象力和创造力；在现代社会中，人们的智慧和潜能只是部分地得到发挥。

持此种观点的领导者往往认为，领导者应该采取民主型和放任自由型的领导方式，在领导行为上必须遵循以人为中心，宽容、放权的领导原则，要使下属目标和组织目标很好地结合，为人的智慧和能力的发挥创造有利的条件。

（3）有关人类特性的四种假设。美国心理学家和行为科学家对前人和自己的各种假设加以归纳分类，认为人共有四类，即理性经济人，社会人、自我实现人和复杂人。"理性经济人"假设认为人是由经济诱因来引发工作动机的，其目的在于获得最大的经济利益；"社会人"假设认为人的主要工作动机是社会需要，人们通过与同事之间的工作关系可以获得基本的认同感，人们必须从工作的社会关系中去寻求工作的意义；"自我实现人"假设认为人的需要有低级与高级的区别，人的最终目的是满足自我实现的需要；"复杂人"假设认为人有着复杂的动机，不能简单地归结为某一种，而且也不可能把所有的人都归结为同一类人。人的动机是由生理的，心理的、社会的、经济的多方面因素，加上不同的环境因素和时间因素而形成的。

2．激励理论

激励理论研究的主要问题是项目管理人员如何正确地开展激励工作，如何根据人们的需要、人类自身的规律，选择正确的激励方法。

激励理论总是与人的需要理论联系在一起，解释人的需要的主要理论有马斯洛的需要层次理论，赫茨伯格的双因素理论，麦克利兰的成就需要理论等。人本主义心理学家马斯洛假设每个人都存在着由低到高的五个层次的需要，即生理的需要、安全的需要、社交的需要、尊重的需要和自我实现的需要，这五种需要组成了一个金字塔，生理的需要是人最基础的需要。

管理中的具体激励方式很多，有信仰激励、目标激励、参与激励，竞争激励、考评激励、业绩激励、奖惩激励、信任激励、关怀激励、反馈激励.情感激励等。

3. 强化理论

美国心理学家斯金纳提出的强化理论认为，人的行为是对其所获刺激的函数。如果刺激对他有利，他的行为就有可能重复出现；若刺激对他不利，则他的行为就可能减弱，甚至消失。因此，管理人员要通过强化的手段，营造一种有利于组织目标实现的环境和氛围，以使组织成员的行为符合组织的目标。

强化可分为正强化和负强化两大类型。正强化是指通过奖励那些符合组织目标的行·为，以使这些行为得以进一步加强，重复地出现，从而有利于组织目标的实现。奖励包括物质奖励和精神奖励。负强化是指惩罚那些不符合组织目标的行为，以使这些行为得到削弱，甚至消失，从而保证组织目标的实现。惩罚包括物质惩罚和精神处罚，如减少薪金和奖金、罚款、批评、降级等。

二、人力资源的优化配置

（一）施工劳动力现状

随着国家用工制度的改革，园林企业逐步形成了多种形式的用工制度，包括固定工、合同工和临时工等形式。人工已经形成了弹性供求结构。当施工任务增大时，可通过多用合同工或农民工来加快工程进度；当任务减少时，可以减少使用合同工或农民工，以免窝工。由于可以从农村招用年轻力壮的劳动力，劳动力招工难和不稳定的问题基本得到解决，同时队伍结构也得到改善，提高了施工项目的用工质量，促进了劳动生产率的提高。农民工到园林企业中来，并不增加企业的负担，适应了园林工程项目施工中用工弹性和流动性的要求，同时也为农村富余劳动力转移和贫困地区脱贫致富提供了机会。

在建筑业企业中，国家规定设置劳务分包企业序列，序列分专业设立了13类劳务分包企业，并进行分级，确定了等级和作业分包范围，要求大部分技术工人持证上岗，这就给施工总承包企业和专业承包企业提供了可靠的作业人员来源保证。园林企业可以按合同向劳务分包公司要求提供作业人员，并依靠劳务分包公司进行劳动力管理，园林项目经理部只是协助管理，这一举措必将大大提高劳动力的管理水平和管理效果。

（二）劳动力计划的编制

劳动力综合需要计划是确定暂设工程规模和组织劳动力进场的依据。编制时首先应根据工种工程量汇总表中列出的各专业工种的工程量，查相应定额得到各主要工种的劳动量，再根据总进度计划表中各单位工程工种的持续时间，求得某单位工程在某段时间里的平均劳动力数，然后用同样方法计算出各主要工种在各个时期的平均工人数。将总进度计划表纵坐标方向上各单位工程同工种的人数叠加在一起并连成一条曲线，即可得出某工种的劳动力动态曲线图和计划表。

（三）劳动力的优化配置

一个项目所需劳动力以及种类，数量，时间，来源等问题，应就项目的具体状况做出具体的安排，安排得合理与否将直接影响项目的实现。劳动力的合理安排需要通过对劳动力优化配置才能实现。

1．劳动力管理思路

园林施工项目中，劳动力管理的正确思路是：劳动力的关键在使用，使用的关键在提高效率，提高效率的关键是调动员工的积极性，调动积极性的最好办法是加强思想政治工作和运用行为科学的观点进行恰当的激励。

2．优化配置的依据

（1）项目。不同的项目所需劳动力的种类．数量是不同的，所以劳动力优化配置的依据首先是不同特点的项目，应根据项目的具体情况以及项目的分解结构来加以确定。

（2）项目的进度计划。劳动力资源的时间安排主要取决于项目进度计划。例如，在某个时间段，需要什么样的劳动力，需要多少，应根据在该时间段所进行的工作活动情况确定。同时，还要考虑劳动力的优化配置和进度计划之间的综合平衡问题。

（3）项目的劳动力资源供应环境。项目不同，其劳动力资源供应环境也不相同，项目所需劳动力取自何处，应在分析项目劳动力资源供应环境的基础上加以正确选择。

3．优化配置的程序和方法

劳动力的优化配置，首先，应根据项目分解结构，按照充分利用、提高效率、降低成本的原则确定每项工作或活动所需劳动力的种类和数量；其次，根据项目的初步进度计划进行劳动力配置的时间安排；再次，在考虑劳动力资源来源基础上进行劳动力资源的平衡和优化；最后，形成劳动力优化配置计划。具体方法是：

（1）劳动力需要量计划应进一步具体化，以防止漏配。必要时可根据实际情况对劳动力计划进行调整。

（2）配置劳动力应积极而稳妥，使其有超额完成任务、获得奖励的可能，从而激发其劳动积极性。

（3）应尽量保持劳动力和劳动组织的稳定，防止频繁变动。但是，劳动力或劳动组织不能适应施工任务需要时，应敢于调整，改变原建制，实行优化组合。

（4）工种组合．技术工种和一般工种的比例等应适当．配套。

（5）劳动力配置要均匀，力争使劳动力资源强度适当，以达到节约的目的。

（6）要实行劳动力的动态优化配置。要根据生产任务和施工条件的变化对劳动力进行跟踪、平衡和协调，以解决施工要求与劳动力数量、工种，技术能力相互配合中存在的矛盾。其目的是实现劳动力的动态优化组合。

三、人力资源的激励与培训、开发

（一）人力资源的激励

在园林工程项目人力资源管理中，项目管理人员要充分利用人力资源，就必须充分了解每一个下属的行为动机，学会用激励的方法去调动每个项目成员的积极性，激发他们的潜能。

所谓动机，就是激励人去行为的主观原因，通常以愿望，兴趣，理想等形式表现出来。动机的产生通常有两个原因：一是需要，包括生理需要和社会需要；二是刺激，包括内部刺激和外部刺激。在同一时刻，人的动机可能有若干个，但真正影响人的行为的动机只有一个，这时人就需进行思想斗争，使其中一种动机占优势，这种占优势的动机通常称为优势动机。了解人的动机形成机理以后，就应有效地将人的动机和项目所提供的工作机会、工作条件和工作报酬紧密地结合起来，采取如下的激励方法和技巧进行人力资源的激励。

1. 根据不同对象采取不同激励手段

对于低收入人群，要注重奖金的激励作用；对高收入人群，特别是知识分子和管理干部，则要注重晋升职务、评聘职称以及尊重人格、鼓励创新、充分信任等措施的激励作用；对于从事危、重、脏、累等体力劳动的员工，要注重做好劳动保护，改善劳动条件、增加岗位津贴等措施的激励作用。

2. 奖励效价差与员工贡献差相匹配

效价差过小，易形成平均主义而失去激励作用；但效价差过大，超过了贡献的差距，会走向反面，使员工感到不公平。项目管理者应该采用适当的奖励效价差，使先进者有动力，后进者有压力。

3．注重期望心理的疏导

每次评奖活动，希望评上奖的员工人数总是大大多于实际评上奖的人数。当获奖名单公布时，一些人可能出现挫折感、失落感，及时对员工的期望心理进行疏导是非常必要的。疏导的主要方法是将员工的目标及时转移到"下一次"或"下一个年度"中去，鼓励员工树立新的目标，淡化过去，着眼未来。对"末班车"心理要特别注意及时消除，以防止不当争名次、争荣誉、争奖金等行为的发生。

4．注重公平心理的疏导

根据亚当斯的公平理论，每位员工都是用主观判断来看待周围事物是否公平的，他们不仅关注奖励的绝对值，还关注奖励的相对值。因此，尽管客观上奖励很公平，但仍会有人通过与别人的比较，主观上觉得不公平。项目管理者必须注意对员工公平心理的疏导，要积极引导全体员工树立正确的公平观。正确的公平观包括三个内容：一是应认识到"绝对的公平是不存在的"；二是不要盲目地进行攀比；三是不能"按酬付劳"、消极对抗，在员工中形成恶性循环。

5．科学树立奖励目标

这包括两层含义：一是在树立奖励目标时，要坚持"跳起来摘桃子"的原则，既不可过高，又不可过低。过高会使期望概率过低，过低则使目标效价下降。二是对于一个长期目标，可采用目标分解的办法，树立一系列阶段目标，一旦达到阶段目标，就及时给予奖励，即大目标与小步子相结合。这样可以使员工的期望概率提高，从而维持团队较高的士气，收到满意的激励效果。

6．科学设置奖励时机，频率和强度

奖励时机直接影响激励效果，又与奖励频率，强度密切相关。对于目标任务不明确，需长期方可见效的工作，奖励频率宜低；对于目标任务明确，短期可见成效的工作，奖励频率宜高。对于较多关注眼前利益的人，奖励频率宜高；对于需求层次较高，事业心很强的人，奖励频率宜低。在劳动条件和人事环境较差、工作满意度不高的单位，奖励频率宜高；劳动条件和人事环境较好，工作满意度较高的单位，奖励频率宜低。奖励频率与奖励强度应恰当配合，一般两者应呈负相关关系。

（二）人力资源的培训与开发

园林工程项目人力资源的培训与开发是指为提高员工的技能和知识，增进员工工作能力，促进员工现在和未来工作业绩所做的努力。培训集中于员工现在工作能力的提高，开发着眼于员工对未来工作的准备。人力资源的培训和开发实践

能够确保组织获得并留住所需要的人才，减少员工的挫折感，提高组织的凝聚力和战斗力，形成企业的核心竞争力，在整个人力资源管理过程中起重要作用。

在提高员工能力方面，培训与开发的实践针对新员工和在职员工应有不同侧重。为满足新员工培养的需要，人力资源管理部门一般提供三种类型的培训，即技术培训、取向培训和文化培训。新员工通过培训可熟悉公司的政策、工作的程序、管理的流程，还可学习到基本的工作技能，包括写作、基础算术、听懂并遵循口头指令，说话以及理解手册、图表和日程表等。对在职员工的能力培训可分为纠正性培训、与变革有关的培训和开发性培训三类。纠正性培训主要是针对员工从事新工作前在某些技能上的欠缺所进行的培训；与变革有关的培训主要是指为使员工跟上技术进步、新的法律或新的程序变更以及组织战略计划的变革步伐等而进行的培训；开发性培训主要是指组织对有潜力提拔到更高层次职位的员工所提供的必需的岗位技能培训。

四、人力资源绩效评估

绩效是个体或群体工作表现、直接成绩、最终效益的统一体。绩效评估就是以工作目标为导向，以工.作标准为依据，通过对员工行为的测量和分析来确认员工工作成就，改进员工工作方式的综合管理。其目的是提高组织的工作效率和经营效益。

绩效评估一般包括三个层次，即组织整体的、项目团队或项目小组的、员工个体的绩效评估。其中，员工个体的绩效评估是项目人力资源管理的基本内容。

现代人力资源管理系统包括人力资源的获得、选聘，培训与提高，激励与报酬、绩效评估等几个方面。其中，绩效评估是最重要的，因为绩效评估给人力资源管理的各个方面提供反馈信息，为确定员工的薪资报酬、决定员工的升降调配，进行员工的培训开发、建立组织与员工的共同愿望等提供决策依据。绩效评估是整个系统必不可少的部分，并与各个部分紧密联系在一起，一直被人们称为组织内人力资源管理最强有力的方法之一。

五、材料管理

（一）材料管理概述

园林工程项目材料管理是指对园林生产过程中的主要材料、辅助材料和其他材料的计划、订购、保管、使用所进行的一系列组织和管理活动。主要材料是指施工过程中被直接加工，能构成工程实体的各种材料，如各种乔、灌、草本植物以及钢材、水泥、沙、石等；辅助材料指的是在施工过程中有助于产品的形成，但不构成工程实体的材料，如粘贴剂，促凝剂，润滑剂，肥料等；其他材料则是指不构成工程实体，但又是施工中必需的非辅助材料，如燃料、油料、砂纸，棉纱等。

园林工程实行材料管理的目的，一方面是为了保证施工材料适时、适地、按质、按量、成套齐备地供应，以确保园林工程质量和提高劳动生产率；另一方面是为了加速材料的周转，监督和促进材料的合理节约使用，以降低材料成本，改善项目的各项技术经济指标，提高项目未来的经济收益水平。

材料管理的任务可简单归纳为全面规划、计划进场、严格验收、合理存放、妥善保管、控制领发、监督使用、准确核算。

（二）材料采购管理

在园林工程项目的建设过程中，采购是项目执行的一个重要环节，一般指物资供应人员或实体基于生产、转售、消耗等目的，购买商品或劳务的交易行为。

1．采购的一般流程

采购管理工作是一个系统工程。其主要流程包括：

（1）提出采购申请。由需求单位根据施工需要提出拟采购材料的申请。

（2）编制采购计划。采购部门从最好地满足项目需求的角度出发，在项目范围说明书基础上确定是否采购、怎样采购，采购什么，采购多少以及何时采购。范围说明书是在项目干系人之间确认或建立的对项目范围的共识，是供未来项目决策的基准文档。范围说明书说明了项目目前的界限范围，它提供了在采购计划编制中必须考虑的有关项目需求和策略的重要信息。

（3）编制询价计划。编制支持询价工作中所需的文档，形成产品采购文档，同时确定可能的供方。

（4）询价。获取报价单或在适当的时候取得建议书。

（5）供方的选择。包括投标书或建议书的接受以及用于选择供应商评价标准的应用，并从可能的卖主中选择产品的供方。

（6）合同管理。确保卖方履行合同。

（7）合同收尾工作。包括任何未解决事项的决议、产品核实和管理收尾，如更新记录以反映最终结果，并对这些信息归档等。

2. 采购方式的选择

对某些重大工程的采购，业主为了确保工程的质量，以合同的形式要求承包商对特定物资的采购必须采取招标方式，或者直接指定某家采购单位等。如果在承包合同中没有这些限制条件，承包商可以根据实际情况来决定有效的采购方式。通常情况下，承包方可选择的采购方式主要有以下几种：

（1）竞争性招标

竞争性招标有利于降低采购的造价，确保所采购产品的质量和缩短工期。但采购的工作量较大，因而成本可能较高。

（2）有限竞争性招标

有限竞争性招标又称为邀请招标，是招标单位根据自己积累的资料或工程咨询机构提供的信息，选择若干有实力的合格单位并向它们发出邀请，应邀单位（一般在3家以上）在规定的时间内向招标单位提交意向书，购买招标文件进行投标。有限竞争性招标方式有利于双方的沟通，能保证招标目标的顺利完成，同时节省了资格评审工作的时间和费用，但可能使得一些更具有竞争优势的单位失去机会。

（3）询价采购

询价采购也称为比质比价法，根据几家供应商（一般至少3家）的报价、产品质量以及供货时间等进行比较分析，目的是确保价格的合理性。它不需要正式的招标文件，只需获得各家的报价单，然后结合相关因素进行综合考虑，从而最终决定采购的单位。这种方式一般适用于现货采购或价值较小的标准规格设备，有时也用于小型、简单的土建工程。

（4）直接采购或直接签订合同

直接采购就是不进行竞争而直接与某单位签订合同的采购方式。这种方式一般在特定.的采购环境中进行。例如，所需设备具有专营性，只能从一家供应商处购买；承包合同中指定了采购单位；在采用竞争性招标方式时，未能找到一家供应商以合理价格来承担所需工程的施工或提供货物等。

3. 供应商的选择

供应商的选择是采购流程中的重要环节，它关系到对高质量材料供应来源的确定和评价，以及通过采购合同在销售完成之前或之后及时获得所需的产品或服务的可能性。一个合格的供应商应具备许多条件，如能提供合适的品质、充分的数量、准时的交货、合理的价格及热诚的服务等。因此，对供应商的选择，不能草率从事，需遵循一定的规则和程序。一般选择供应商的程序包括供应商认证准备、供应商初选、与供应商试合作、对供应商评估等步骤。

（1）供应商认证准备

在与供应商接触之前，项目采购部门应做好供应商认证准备工作，这是做好整个供应商选择的基础，同时也为进一步与供应商合作做好铺垫。

（2）供应商初选

有了供应商认证说明书，采购人员就可以有针对性地寻找供应商，搜集有关供应信息。一般信息来源有商品目录、行业期刊、各类广告，供应商和商店介绍、网络、业务往来、采购部门原有的记录等。为确定参加项目竞标的供应商，采购人员应首先对有意向的供应商提供的介绍资料进行研究筛选，然后根据认证说明书要求对供应商进行书面调查或实地考察。考察的内容包括供应商的一般经营情况、制造能力，技术能力，管理情况，品质认证情况等。

通过以上环节，采购人员可以缩短供应商名单，确定参加项目竞标的供应商，然后向他们发放认证说明书；供应商可根据自己的情况向采购方提交项目供应报告，主要包括项目价格、可达到的质量、能提供的月／年供应量．售后服务情况等。

（3）与供应商试合作

初选供应商后，采购人员可与其签订试用合同，目的是检测供应商的实际供应能力。试用合同中应就交货时间，质量、价格、服务等指标对供应商提出要求，在合同履行中要对合同执行情况进行监督控制，并不断地进行评价，看是否能够实现预期绩效。通过试合作阶段，可以甄选出合适的供应商，进而签署正式的采购合同。

（4）对供应商评估

与供应商签署正式的采购合同并不意味着对其评价的结束，在以后的供应过程中，还要对供应商的绩效从质量、价格、交付、服务等方面进行追踪考察和评价。采购方对于供应商的服务评价指标主要有物料维修配合、物料更换配合、设计方案更改配合、合理化建议数量、上门服务程度、竞争公正性表现等。

由于植物、石料、装饰品等材料的艺术性要求和部分园林产品非标准化的特点，在园林工程项目的材料采购中，要特别强调在供应商选择和管理评估的基础上与供应商建立密切、长期．彼此信任的良好合作关系，要把供应商视为企业的外部延伸和良好的战略合作伙伴，使供应商尽早介入项目采购活动，以及时，足量、质优地完成项目的材料采购任务。

（三）材料的库存管理

库存就是为了预期的需要将一部分资源暂时闲置起来。材料库存一般包括经常库存和安全库存两部分。经常库存是指在正常情况下，在前后两批材料到达的供应间隔内，为满足施工生产的连续性而建立起来的库存。它的数量一般呈周期性变化，在一批材料入库之后达到最高额，然后随着施工过程的消耗逐渐减少，到下一批材料入库之前达到最低点。安全库存则是为了预防某些不确定因素的发生而建立的库存，正常情况下是一经确定就固定不变的库存量。

库存量的确定对材料的管理具有关键的意义，必须经济合理，不宜过多也不宜过少。如果库存材料的数量过少，会影响到施工的正常进行，造成损失；如果库存量过多，则势必造成资源的闲置，增加各种各样的额外开支。因此，有必要对库存量进行严格管理。

1. ABC 分类法

对于各种工程材料，由于它们在施工中所占的比重各不相同，彼此的价值也有差异，在管理的过程中不可能面面俱到，可以实行重点控制，抓大放小。大量的调查表明，材料的库存价值和品种的数量之间存在一定的比例关系。通常占品种数约 15% 的物资占有大约 75% 的库存资金，称为 A 类物资；占品种数约 30% 的物资占有大约 20% 的库存资金，称为 B 类物资；而占品种数约 55% 的物资只占有大约 5% 的库存资金，称为 C 类物资。对这些不同的分类物资可以采取不同的控制方法。例如，A 类物资应该是重点管理的材料，一般由企业物资部门采购，要进行严格的控制，确定经济的库存量，并对库存量随时进行盘点；对 B 类物资进行一般控制，可由项目经理部采购，适当管理；C 类物资则可稍加控制或不加控制，简化其管理方法。

2. 供应商管理库存（VMI）

供应商管理库存是一种用户和供应商之间的合作性策略，是在一个相互同意的目标框架下的新库存管理模式。它以对双方来说都是最低的成本来优化产品的可获性，以系统的、集成的管理思想进行库存管理，使供需方之间能够获得同步化运作，体现了供应链的集成化管理思想。

传统的库存管理是由库存的拥有者对库存进行管理，物流的各个环节、各个部门都有各自的库存和库存控制策略。由于各自的库存控制策略不同，势必会造成需求信息的扭曲，使库存既不能满足用户的需求，又占用了企业的资源。采用传统的库存管理模式，具有采购提前期长，交易成本高、生产柔性差、人员配置多、工作流程复杂的缺陷。而 VMI 库存管理系统则突破了传统的条块分割的库存管理模式，它通过选择材料供应商，与选定的供应商签订框架协议，确定合作关系。对项目部而言，材料的供应管理工作主要是编制材料使用计划；对供应商而言，则是根据项目的材料使用计划合理安排生产和运输，保证既不出现缺货现象，也不使现场有较大的库存。采用 VMI 策略，将库存交由供应商管理，不仅可以使项目部把精力集中在工程的核心业务上，还具有减少项目人员，降低项目成本，提高服务水平的优点。

（四）材料的现场管理

材料的现场管理是材料管理的重要环节，直接影响着工程的安全，进度、成本控制等内容。下面从操作层面加以介绍。

1. **材料现场管理的基本内容**

（1）材料计划管理

项目开工前，向企业物资部门提出材料需用量计划，作为供应备料依据；在施工中，根据工程变更及调整的施工预算，及时向企业材料部门提出调整供料月计划，作为动态供料的依据；根据施工图纸、施工进度，在加工周期允许时间内提出加工制品计划，作为供应部门组织加工和向现场送货的依据；根据施工平面图对现场设施的设计，按使用期提出施工设施用料计划，报供应部门作为送料的依据；按月对材料计划的执行情况进行检查，不断改进材料供应。

（2）材料验收管理

为了把住材料的质量和数量关，在材料进场时必须进行材料的品种、规格、型号，质量、数量、证件等内容的验收，验收的依据是材料的进料计划、送样凭证、质量保证书或产品合格证。验收工作应按质量验收规范和计量检测规定进行，要做好验收记录，办理验收手续，对不符合计划要求或质量不合格的材料应拒绝验收或让步接收（即降级使用）。要求复检的材料要有取样送检证明报告；新材料必须经过试验鉴定并合格后才能用于施工中；现场配制的材料应经过试配，使用前应经认证。

（3）材料的储存与保管

进库的材料应验收入库，建立台账。材料的放置要按平面布置图实施，做到位置正确，保管处置得当，堆放符合保管制度，施工现场的材料必须防火、防盗、防雨、防变质、防损坏，并尽量减少二次搬运；材料保管要日清、月结、期盘点，要账实相符。

（4）材料的领发

凡有定额的工程用料，凭限额领料单领发材料。工程中，限额用料的方式主要有三种，即分项限额用料、分层分段限额用料、部位限额用料。超限额的用料，用料前应办理手续，填写限额领料单，注明超耗原因，经项目部材料管理人员签发批准后实施。材料领发应建立台账，记录领发状况和节约，超支状况。

（5）材料的使用监督

现场材料管理责任者应对现场材料的使用进行分工监督。监督的内容包括：是否合理用料，是否严格执行配合比，是否认真执行领发料手续，是否做到谁用谁清、随清随用、工完料退场地清，是否按规定进行用料交底和工序交接，是否做到按平面图堆料，是否按要求保护材料等。检查是监督的手段，检查要做到"四有"，即情况有记录，原因有分析、责任有明确、处理有结果。

（6）材料回收

班组施工余料必须回收，及时办理退料手续，并在限额领料单中登记扣除。余料要造表上报，按供应部门的安排办理调拨或退料。设施用料、包装物及容器在使用周期结束后应组织回收，并建立回收台账，处理好相应经济关系。

（7）周转材料的现场管理

各种周转材料（如模板、脚手架等）均应按规格分别码放，阳面朝上，垛位见方；露天存放的周转材料应夯实场地，垫高30 cm，有排水措施，按规定限制高度，垛间应留通道；零配件要装入容器保管，按合同发放；按退库验收标准回收，做好记录；建立维修制度，按周转材料报废规定进行报废处理。

2. 竣工收尾阶段材料管理方法

（1）估计未完工程用料，在平衡的基础上，调整原用料计划，控制进场，防止剩余积压，为完工清场创造条件。

（2）提前拆除不再使用的临时设施，充分利用可以利用的旧料，节约费用，降低成本。

（3）及时清理、利用和处理各种破、碎、旧、残料和料底及建筑垃圾等。

（4）及时组织回收退库。对设计变更造成的多余材料，以及不再使用的周转材料，抓紧作价回收，以利于竣工后迅速转移。

（5）做好施工现场材料的收、发、存和定额消耗的业务核算，办理各种材料核销手续，正确核算实际耗料状况，在认真分析的基础上找出经验与教训，在新开工程上加以改进。

3．节约材料成本的主要途径

节约材料成本的途径非常多，但总体可归纳为两个方面，即降低材料费用和减少材料消耗量。

（1）合理确定材料管理重点。一般而言，占成本比重大的材料、使用量大的材料，采购价格高的材料应重点管理，此类材料最具节约潜力。

（2）合理选择材料采购和供应方式。材料成本占工程成本的绝大部分，而构成工程项目材料成本的主要成分就是材料采购价格。材料管理部门应拓宽材料供应渠道，优选材料供应厂商，加强采购业务管理，多方降低材料采购成本。

（3）合理订购和存储材料。材料订购和存储量过低，容易造成材料供应不足，影响正常施工，同时增加采购工作与采购费用；材料订购和存储量过高，将造成资金积压，增加存储费用，增加仓库和材料堆场的面积。

（4）合理采用节约材料的技术措施和组织措施。施工规划（施工组织设计）要特别重视对材料节约技术，组织措施的设计，并在月度技术，组织措施计划中予以贯彻执行。

（5）合理使用材料。既要防止使用不合格材料，也要防止大材小用、优材劣用。可以利用价值工程等现代管理工具，在不降低功能和质量的前提下，寻找成本较低的代用材料。

（6）合理提高材料周转率。模板、脚手架等周转材料的成本不仅取决于材料单价，而且与材料的周转次数有关。提高周转率可以减少周转材料的占用，减少周转材料的成本分摊，有效地降低周转材料的成本。

（7）合理制定并执行材料领发管理制度。要凭限额领料单领发材料，建立领发料台账，记录领发状况和节约、超支状况，加强材料节约与浪费的考核和奖惩。

（8）合理做好材料回收。班组余料必须回收，同时要做好废料回收和修旧利废工作。工程完工后，要及时清理现场，回收残旧材料。

（9）大力研究和推广节材新技术、新材料、新工艺。

第五章　现代园林植物养护管理

俗语说:"三分种,七分养",充分说明植物的养护管理在园林施工和园林管理中的重要作用。本章主要介绍现代园林植物养护管理的技术和方法,包括土,肥、水的管理和自然灾害的防治。并对树木的整形修剪进行了较详细的阐述。

第一节　园林植物养护管理概述

一、园林植物养护管理的意义

园林植物养护管理的重要意义主要体现在以下几方面:

第一, 及时科学的养护管理可以克服植物在种植过程中对植物枝叶,根系所造成的损伤, 保证成活, 迅速恢复生长势, 是充分发挥景观美化效果的重要手段。

第二, 经常、有效、合理的日常养护管理, 可以使植物适应各种环境因素, 克服自然灾害和病虫害的侵袭, 保持健壮, 旺盛的自然长势, 增强绿化效果, 是发挥园林植物在园林中多种功能效益的有力保障。

第三, 长期, 科学、精心的养护管理, 还能预防植物早衰, 延长生长寿命, 保持优美的景观效果, 尽量节省开支, 是提高园林经济、社会效益的有效途径。

二、园林植物养护管理的内容

园林植物的养护管理必须根据其生物学特性, 了解其生长发育规律, 结合当地的具体生态条件, 制订出一套符合实际的科学, 高效, 经济的养护管理技术措施。

园林植物的养护管理的主要内容是指为了维持植物生长发育对诸如光照、温度、土壤、水分, 肥料、气体等外界环境因子的需求所采取的土壤改良, 松土、除草、水肥管理、越冬越夏、病虫防治、修剪整形、生长发育调节等诸多措施。

园林植物养护管理的具体方法因植物的不同种类、不同地区、不同环境和不同栽培目的而不同。在园林植物的养护管理中应顺应植物生长发育规律和生物学特性，以及当地的具体气候、土壤、地理等环境条件，还应考虑设备设施、经费、人力等主观条件，因时因地因植物制宜。

三、分级管理的标准

园林树木的绿化养护管理在不同地区有不同的质量标准。一般来说，具体划分为以下几个方面。

（一）绿化养护技术措施完善，管理得当，植物配置科学合理，达到黄土不露天。

（二）园林植物达到：

1. 生长健壮。新建绿地各种植物两年内达到正常形态。

2. 园林树木树冠完整美观，分枝点合适，枝条粗壮，无枯枝死杈；主侧枝分布匀称、数量适宜、修剪科学合理；内膛不乱，通风透光。花灌木开花及时，株形丰满，花后修剪及时合理。绿篱、色块等修剪及时，枝叶茂密，整齐一致，整型树木造型雅观。行道树无缺株，绿地内无死树。

3. 落叶树新梢生长健壮，叶片大小、颜色正常。在一般条件下，无黄叶、焦叶、卷叶，正常叶片保存率在 95% 以上。针叶树针叶宿存 3 年以上，结果枝条在 10% 以下。

4. 花坛、花带轮廓清晰，整齐美观，色彩艳丽，无残缺，无残花败叶。

5. 草坪及地被植物整齐，覆盖率 99% 以上，草坪内无杂草。草坪绿色期：冷季型草不得少于 300 天；暖季型草不得少于 210 天。

6. 病虫害控制及时，园林树木无蛀干害虫的活卵、活虫；在园林树木主干、主枝上平均每 100cm 介壳虫的活虫数不得超过 1 头，较细枝条上平均每 30cm 不得超过 2 头，且平均被害株数不得超过 1%。叶片上无虫粪、虫网。被虫咬的叶片每株不得超过 2%。

（三）垂直绿化应根据不同植物的攀缘特点，及时采取相应的牵引、设置网架等技术措施，视攀缘植物生长习性，覆盖率不得低于 90%。开花的攀缘植物应适时开花，且花繁色艳。

（四）绿地整洁，无杂物、无白色污染（树挂），对绿化生产垃圾（如树枝、树叶、草屑等）、绿地内水面杂物，重点地区随产随清，其它地区日产日清，做到巡视保洁。

（五）栏杆、园路、桌椅、路灯、井盖和牌示等园林设施完整、安全，维护及时。

（六）绿地完整，无堆物、堆料、搭棚，树干上无钉拴刻画等现象。行道树下距树干 2m 范围内无堆物、堆料、圈栏或搭棚设摊等影响树木生长和养护管理的现象。

四、养护管理月历

园林植物养护管理工作应顺应植物的生长规律和生物学特性以及当地的气候条件。我国各地气候相差悬殊，季节性明显，植物的养护管理工作应根据本地情况而定，可以根据当地具体的气候环境条件制订出适应当地气候和环境条件的园林植物养护管理工作月历。

第二节 土壤管理

土壤是植物生产的基础，为植物生命活动提供所需的水分、营养要素以及微量元素等物质，并起到固定植物的作用。

通过各种措施改良土壤的理化性质，改善土壤结构，提高土壤肥力，促进树木根系的生长和吸收能力的增强，为树木的生长发育打下良好的基础。土壤管理通常采用松土、除草、地面覆盖、土壤改良等措施。

一、中耕

一般选在盛夏前和秋末冬初进行，每年 4 ～ 6 次，中耕不宜在土壤太湿时进行。中耕的深度以不伤根为原则，松土深度一般在 3 ～ 10 cm，根系深、中耕深，根系浅、中耕浅；近根处宜浅，远根处宜深；草本花卉中耕浅，木本花卉中耕深；灌木、藤木稍浅，乔木可深些。

二、除草

大面积的园林管理常采用除草剂防治，与人工除草相比具有简单、方便、有效，迅速的特点，但用药技术要求严格，使用不当容易产生药害。

化学除草剂按照作用方式可分为选择性除草剂和灭生性除草剂，如西玛津、阿特拉津只杀一年生杂草，而 2，4-D 丁酯只杀阔叶杂草。按照除草剂在植物体内的移动情况分为触杀性除草剂和内吸性除草剂。触杀性除草剂只起局部杀伤作用，不能在植物体内传导，药剂未接触部位不受伤害，见效快但起不到斩草除根的作用，如百草枯，除草醚等；内吸性除草剂被茎、叶或根吸收后通过传导而起作用，见效慢，除草效果好，能起到根治作用，如草甘膦，敌草隆，2，4-D等。

化学除草剂剂型主要有水剂、颗粒剂，粉剂，乳油等；水剂、乳油主要用于叶面喷雾处理，颗粒剂主要用于土壤处理，粉剂在生产中应用较少。

常用的药剂有农达、草甘膦，敌草胺、茅草枯等，一般用药宜选择晴朗无风、气温较高的天气，既可提高药效，增强除草效果，又可防止药剂飘落在树木的枝叶上造成药害。

三、地面覆盖

在植株根茎周边表土层上覆盖有机物等材料和种植地被植物，从而防止或减少土壤水分的蒸发，减少地表径流，增加土壤有机质，调节土壤温度，控制杂草生长，为园林树木生长创造良好的环境条件，同时也可为园林景观增色添彩。

覆盖材料一般就地取材，以经济方便为原则，如经加工过的树枝，树叶，割取的杂草等，覆盖厚度以 3 ～ 6 cm 为宜。种植的地被植物常见的有麦冬，酢浆草、葱兰、鸢尾类、玉簪类、石竹类、蓝草等。

四、土壤改良

土壤改良即采用物理、化学以及生物的方法，改善土壤结构和理化性质，提高土壤肥力，为植物根系的生长发育创造良好的条件；同时也可修整地形地貌，提高园林景观效果。

土壤改良多采用深翻熟化土壤、增施有机肥、培土、客土以及掺沙等。深翻土壤结合施用有机肥是改良土壤结构和理化性状，促进团粒结构的形成，提高土壤肥力的最好方法。深翻的时间一般在秋末冬初，方式可分为全面深翻和局部深翻，其中局部深翻应用最广。

五、客土

客土即在树木种植时或后期管理中，在异地另取植物生长所适宜的土壤填入植株根群周围，改善植株发新根时的根际局部土壤环境，以提高成活率和改善生长状况。

六、培土（壅土）

培土是园林树木养护过程中常用的一种土壤管理方法。有增厚土层，保护根系，改良土壤结构、增加土壤营养等作用。培土的厚度要适宜，一般为 5～10 cm，过薄起不到应有作用；过厚会抑制植株根系呼吸，从而影响树木生长发育，造成根颈腐烂，树势衰弱。

第三节　灌溉与排水

一、灌溉的原则

园林植物种类多，具有不同的生物学特性，对水分的需求也各不相同。例如观花、观果树种，特别是花灌木，对水分的需求比一般树种多，需要灌水次数较多；油松，圆柏，侧柏，刺槐等，其灌水的次数，数量较少，甚至不需要灌水，且应注意及时排水；而对于垂柳、水松，水杉等喜湿润土壤的树种，应注意灌水，对排水则要求不高；还有些树种对水分条件适应性较强，如旱柳、乌桕等，既耐干旱，又耐潮湿。

灌溉的水质以软水为好，一般使用河水，也可用池水，溪水、井水、自来水及湖水。在城市中要注意千万不能用工厂内排出的废水，因为这些废水常含有对植物有毒害的化学成分。

二、灌水时期

灌水时间和次数应注意以下几点：在夏秋季节，应多灌，在雨季则不灌或少灌；在高温时期，中午切忌灌水，宜早，晚进行；冬天气温低，灌水宜少，并在晴天上午 10 点左右灌水；幼苗时灌水少，旺盛生长期灌水多、开花结果时灌水不能过多；春天灌水宜中午前后进行。每次灌水不宜直接灌在根部，要浇到根区的四周，以引导根系向外伸展。每次灌水过程中，按照"初宜细、中宜大、终宜畅"的原则来完成，以免表土冲刷。

三、灌溉的方法

灌水前要做到土壤疏松，土表不板结，以利水分渗透，待土表稍干后，应及时加盖细干土或中耕松土，减少水分蒸发。

灌溉的方法很多，应以节约用水、提高利用率和便于作业为原则。

（一）沟灌是在树木行间挖沟，引水灌溉。

（二）漫灌是在树木群植或片植时，株行距不规则，地势较平坦时，采用大水漫灌。此法既浪费水，又易使土壤板结，一般不宜采用。

（三）树盘灌溉是在树冠投影圈内，扒开表土做一圈围堰，堰内注水至满，待水分渗入土中后，将土堰扒平复土保墒。一般用于行道树、庭荫树、孤植树，以及分散栽植的花灌木，藤本植株。

（四）滴灌是将水管安装在土壤中或树木根部，将水滴入树木根系层内，土壤中水、气比例合适，是节水、高效的灌溉方式，但缺点是投资大，一般用于引种的名贵树木园中。

（五）喷灌属机械化作业，省水、省工、省时，适用于大片的灌木丛和经济林。

四、排水

长期阴雨、地势低洼渍水或灌溉浇水太多，使土壤中水分过多形成积水称为涝。容易造成渍水缺氧，使植物受涝，根系变褐腐烂，叶片变黄，枝叶萎蔫，产生落叶、落花、枯枝，时间长了全株死亡。为了减少涝害损失，在雨水偏多时期或对在低洼地势又不耐涝的植物要及时排水。排水的方法一般可用地表径流和沟管排水。多数园林植物在设计施工中已解决了排水问题，在特殊情况下需采取应急措施。

第四节　施肥

一、施肥的作用

树木的生长需要不断地从土壤中吸收营养元素，而土壤中的含有营养元素的数量是有限的，势必会逐渐减少，所以必须不断地向土壤中施肥，以补充营养元素，满足园林植物生长发育的需要，使园林植物生长良好。

二、施肥的原则

不同的植物或同一植物的不同生长发育阶段，对营养元素的需求不同，对肥料的种类、数量和施肥的方式要求均不相同。一般行道树，庭荫树等以观叶，观形为主的园林植物，冬季多施用堆肥、厩肥等有机肥料。生长季节多施用以氮为主的有机肥或化学肥料，促进枝叶旺盛生长，枝繁叶茂，叶色浓绿。但在生长后期，还应适当施用磷、钾肥，停施氮肥，促使植株枝条老化，组织木质化，使其能安全越冬，以利来年生长。以观花，观果为主的园林树木，冬季多施有机肥，早春及花后多施以氮肥为主的肥料，促进枝叶的生长；在花芽分化期多施磷、钾肥，以利花芽分化，增加花量。微量元素根据植株生长情况和对土壤营养成分分析，补充相应缺乏的微量元素。

三、施肥的方法

（一）施肥的方式

1. 基肥：在播种或定植前，将大量的肥料翻耕埋入地内，一般以有机肥料为主。

2. 追肥：根据生长季节和植物的生长速度补充所需的肥料，一般多用速效化肥。

3. 种肥：在播种和定植时施用的肥料，称为种肥。种肥细而精，经充分腐熟，含营养成分完全，如腐熟的堆肥、复合肥料等。

4. 根外追肥：在植物生长季节，根据植物生长情况喷洒在植物体上（主要是叶面），如用尿素溶液喷洒。

（二）施肥的方法

1. 全面施肥：在播种，育苗，定植前，在土壤上普遍地施肥，一般采用基肥的施肥方式。

2. 局部施肥：根据情况，将肥料只施在局部地段或地块，有沟施，条施、穴施、撒施、环状施等施肥方式。

（三）园林植物施肥应注意的事项

1. 由于树木根群分布广，吸收养料和水分全在须根部位，因此，施肥要在树木根部的四周，不要过于靠近树干。

2. 根系强大，分布较深远的树木，施肥宜深，范围宜大，如油松、银杏、臭椿、合欢等；根系浅的树木施肥宜较浅，范围宜小，如紫穗槐及大部分花灌木等。

3. 有机肥料要经过充分发酵和腐熟，且浓度宜稀；化肥必须完全粉碎成粉状后施用，不宜成块施用。

4. 施肥后（尤其是追化肥），必须及时适量灌水，使肥料渗入土内。

5. 应选天气晴朗、土壤干燥时施肥。阴雨天由于根系吸收水分慢，不但养分不易吸收，而且肥分还会被雨水淋溶，降低肥料的利用率。

6. 沙地、坡地、岩石易造成养分流失，施肥要稍深些。

7. 氮肥在土壤中移动性较强，所以浅施后渗透到根系分布层内被树木吸收；钾肥的移动性较差，磷肥的移动性更差，宜深施至根系分布最多处。

8. 基肥因发挥肥效较慢应深施；追肥肥效较快，则宜浅施，供树木及时吸收。

9. 叶面喷肥是通过气孔和角质层进入叶片，而后运送到各个器官，一般幼叶较老叶、叶背较叶面吸水快，吸收率也高，所以叶面施肥时一定要把叶背喷匀、喷到。

10. 叶面喷肥要严格掌握浓度，以免烧伤叶片，最好在阴天或上午 10 时以前和下午 4 时以后喷施，以免气温高，溶液很快浓缩，影响喷肥或导致药害。

第五节　自然灾害防治

一、冻害

（一）冻害的定义

冻害是树木因受低温使植物体内细胞间隙和细胞内结冰而使细胞和组织受伤，甚至死亡的现象。冻害是不可逆的低温伤害，具有全株性或部位整体性，伤害程度是灾害性的；冷害是可逆的低温伤害，具器官局部性，调整代谢后能恢复正常。

冻害对植物的危害主要是使植物组织细胞中的水分结冰，导致生理干旱，而使其受到损伤或死亡，给园林生产造成巨大损失。

（二）冻害的表现

1. 芽。花芽是抗寒能力较弱的器官，花芽冻害多发生在初春时期，顶花芽抗寒力较弱。花芽受冻后，内部变褐，初期芽鳞松散，后期芽不萌发，干缩枯死。

2．枝条。枝条的冻害与其成熟度有关，成熟的枝条在休眠期以形成层最抗寒，皮层次之，而木质部、髓部最不抗寒。所以冻害发生后，髓部、木质部先变色，严重时韧皮部才受伤，如果形成层变色则表明枝条失去了恢复能力。在生长期则相反，形成层抗寒力最差。幼树在秋季水多时贪青徒长，枝条不充实，易受冻害。特别是成熟不足的先端枝条对严寒敏感，常先发生冻害，轻者髓部变色，重者枝条脱水干缩甚至冻死。

多年生枝条发生冻害，常表现为树皮局部冻伤，受冻部分最初稍变色下陷，不易发现。如用刀切开，会发现皮部变褐，以后逐渐干枯死亡，皮部裂开变褐脱落，但如果形成层未受冻则还可以恢复。

3．枝杈和基角。枝杈或主枝基角部分进入休眠期较晚，输导组织发育不好，易受冻害。枝杈冻害的表现是皮层或形成层变褐，而后干枯凹陷，有的树皮成块冻坏，有的顺着主干垂直冻裂形成劈枝。主枝与树干的夹角越小则冻害越严重。

4．主干。受冻后形成纵裂，一般称为"冻裂"，树皮成块状脱离木质部，或沿裂缝向外侧卷折。

5．根颈和根系。在一年中根颈停止生长最迟，进入休眠最晚，而开始活动和解除休眠又最早，因此在温度骤然下降的情况下，根颈未经过很好的抗寒锻炼，且近地表处温度变化剧烈，容易引起根颈的冻害。根颈受冻后，树皮先变色后干枯，对植株危害大。

根系无休眠期，所以根系较地下部分耐寒力差。须根活力在越冬期间明显降低，耐寒力较生长季稍强。根系受冻后，皮层与木质部分离。一般粗根系较细根系耐寒力强，近地面的粗根由于地温低而易受冻，新栽的树或幼树因根系小而旺，易受冻害，而大树则相对抗寒。

（三）影响冻害的因素

1．内部因素

（1）抗冻性与树种、品种有关。不同的树种或不同的品种，其抗冻能力不同，如原产长江流域的梅品种比广东的黄梅抗冻。

（2）抗冻性与枝条内部的糖类含量有关。研究梅花枝条内糖类的变化动态与抗寒越冬能力的关系表明，在生长季节，植株体内的糖多以淀粉形式存在。生长季末淀粉积累达到高峰，到11月上旬末，淀粉开始分解成为较简单的寡糖类化合物。杏及山桃枝条中的淀粉在1月末已经分解完毕，而这时梅花枝条仍然残留淀粉。就抗寒性的表现而言，梅不及杏，山桃。可见树体内寡糖类含量越高抗寒力越强。

（3）与枝条的成熟度有关。枝条越成熟抗寒性越强，木质化程度高，含水量少，细胞液浓度增加，积累淀粉多，则抗寒力强。

（4）与枝条的休眠有关。冻害的轻重和树木的休眠及抗寒锻炼有关，一般处于休眠状态的植株抗寒力强，植株休眠越深，抗寒力越强。

2．外部因素

（1）地势、坡向。地势与坡向不同，小气候不同，如山南侧的植株比山北侧的植株易受害，因山南侧的温差较大。土层厚的树木较土层浅的树木抗冻害，因为土层深厚，根系发达，吸收的养分和水分多，植株健壮。

（2）水体。水体对冻害也有一定的影响，靠水体近的树木不易受冻害，因为水的比热大，白天吸收的热量会在晚上释放出来，使周围空气温度下降慢。

（3）栽培管理水平。栽培管理水平与冻害的关系密切，同一品种的实生苗比嫁接苗耐寒，因为实生苗根系发达，根深而抗寒力强；不同砧木品种的耐寒性差异也大；同一品种结果多者比少者易受冻害，因为结果消耗大量的养分；施肥不足的抗寒力差，因为施肥不足，植株不充实，物质积累少，抗寒力降低；树木遭受病虫为害时，也容易发生冻害。

（四）冻害的预防

1．宏观预防

（1）贯彻适地适树的原则。因地制宜地种植抗寒力强的树种，品种和砧木，选小气候条件较好的地方种植抗寒力低的边缘树种，可以大大减少越冬防寒措施，同时注意栽植防护林和设置风障，改善小气候条件，预防和减轻冻害。

（2）加强栽培管理，提高抗寒性。加强栽培管理（尤其重视后期管理）有助于树体内营养物质的储存。春季加强肥水供应，合理运用排灌和施肥技术，可以促进新梢生长和叶片增大，提高光合效率，增加营养物质积累，保证树体健壮。秋季控制灌水，及时排涝，适量施用磷钾肥，勤锄深耕，可促使枝条及早结束生长，有利于组织充实，延长营养物质的积累时间，从而能更好地进行抗寒锻炼。

此外，夏季适时摘心，促进枝条成熟；冬季修剪减少蒸腾面积，人工落叶等均对预防冻害有良好效果。同时在整个生长期必须加强对病虫的防治。

（3）加强树体保护。对树体的保护措施很多，一般的树木采用浇"冻水"和灌"春水"防治。为了保护容易受冻的植物，可采用全株培土防冻，如月季、葡萄等。

还可采用根颈培土（高 30 cm），涂白、主干包草，搭风障，北面培月牙形土埂等方法。主要的防治措施应在冬季低温到来之前完成，以免低温来得早，造成冻害。

2. 微观预防

（1）熏烟法：半夜 2 时左右在上风方点燃草堆或化学药剂，利用烟雾防霜，一般能使近地面层空气温度提高 1～2℃。这种方法简便经济，效果较好；但要具备一定的天气条件，且成本较高，污染大气，不适于普遍推广，只适用于短时霜冻的防止和在名贵林木及其苗圃上使用。

（2）灌水法：土壤灌水后可使田块温度提高 2～3℃，并能维持 2～3 夜。小面积的园林植物还可以采用喷水法，在霜冻来临前，利用喷灌设备对植物不断喷水来防霜冻，效果较好。

（3）覆盖法：用稻草、草木灰、薄膜覆盖田块或植物，既可防止冷空气的袭击，又能减少地面热量向外散失，一般能提高气温 1～2℃。有些矮杆苗木植物，还可用土埋的办法，使其不致遭到冻害。这种方法只能预防小面积的霜冻，其优点是防冻时间长。

（五）冻害的补救措施

受冻后树木的养护极为重要，因为受冻树木的输导组织受树脂状物质的淤塞，树木根的吸收、输导及叶的蒸腾，光合作用以及植株的生长等均受到破坏。为此，应尽快恢复输导系统，治愈伤口，缓和缺水现象，促进休眠芽萌发和叶片迅速增大，促使受冻树木快速恢复生长。

受冻后的树一般均表现生长不良，因此首先要加强管理，保证前期的水肥供应，亦可以早期追肥和根外追肥，补给养分以尽量使树体恢复生长。

在树体管理上，对受冻害树体要晚剪和轻剪，给予枝条一定的恢复时期，对明显受冻枯死部分可及时剪除，以利于伤口愈合。对于一时看不准受冻部分的，待发芽后再剪，对受冻造成的伤口要及时喷涂白剂预防日灼，同时做好防治病虫害和保叶工作。

二、霜害

气温或地表温度下降到 0℃时，空气中过饱和的水汽凝结成白色的冰晶——霜。由于霜的出现而使植物受害，称为霜害。草本植物遭受霜害后，受害叶片呈水浸状，解冻后软化萎蔫，不久即脱落；木本植物幼芽受冻后变为黑色，花瓣变色脱落。

三、寒害

受到寒害后，植物体内的各种生理机能发生障碍，原生质黏度增大，呼吸作用减弱，失水或缺水死亡。不同的物种具有不同的抗寒性。

第六节　园林植物病虫害防治

在园林绿化发展过程中，除受土壤、供水、肥料等因素影响外，园林植物病虫害是影响园林绿化景观发展的主要因素，为了提高城市景观质量、加强园林绿化管理，做好病虫害防治就成为十分关键的重要工作。

一、园林植物病虫害发生常见诱因

（一）植物采购检疫不规范

为了提高国内的园林景观品质，许多国内园林开始进行植物大规模引种驯化工作，以此来丰富当地的城市景观风貌。近几年，国外的植物新品种也常见于城市园林绿化中，在绿化美化城市景观的同时，不规范的人工引种会带来病虫害入侵的风险。目前，现代园林植物病虫害的现状较为严峻，很多园林植物在引种过程中检验检疫不到位是导致新型病虫害入侵的主要原因。

园林植物的引种工作虽逐渐常态化，但却未对植物引种检疫工作提高重视，大部分的检疫工作开展往往按照理论模式操作，对虫害的调研时间较短，缺少科学的关注和分析，导致外来物种入侵时没有及时发现。如若当地环境缺乏与之对抗的天敌，则极易引发区域性虫害，这些新虫害主要有扩散迅速、繁殖能力强等特点，会大量侵袭周围的生态系统。这种情况一旦加剧，会严重伤害整个片区的园林植物，进而破坏周边的生态系统，给园林病虫害的防治工作带来巨大的难度。

（二）植物栽植、配置不合理

在品种选择与植物配置上除了考虑视觉美学因素外，在此之前应充分考虑植物的自身生理特性、植物与植物生长间的相互影响以及整体植物群落的和谐稳定。在许多城市园林设计过程中，只注重植物的外观形态，没有根据植物生理特性来进行考量，植物处于不利的生长条件下，树势较弱，就极易发生病虫害。同时，在园林绿化工程中，应避免大规模种植同一品种植物，避免发生大规模侵染病虫害，而是应科学地利用不同植物之间的生态关系，进行一定合理的配置，从而形成有利于植物健康生长且不易发生病虫害的稳定的植物种群结构，同时这样也可以有效地避免因一些不利因素出现，而滋生病虫害发生的可能吧。例如，一些病虫害病原菌或虫卵是转主寄主，如锈病冬季病原菌在柏科植物上越冬，春天再借助雨水、风力传播到海棠、梨树上，秋季成熟的锈孢子再借助雨水、风力传播到柏树上越冬。植物配置时应尽量避免相关科属植物搭配，进而减少病害发生的可能。

园林病虫害防治的主要目的不是消除所有的病虫害，也不可能消除，而是维持相对的生境平衡。园林植物绿化要充分以自然生态平衡为基础，结合当地的环境特点、气候特征，形成一个种群多样化、适应范围较广的园林植物群落，进而有效地抑制病虫害发生，使园林植物始终具有较高的观赏效果。

（三）植物生长环境相对恶劣

由于城市的生态环境相对脆弱，许多城市地下水、城区河流水域存在着不同程度的污染，人类的生产生活、交通运输等活动造成城区的空气污染、土壤污染、噪声污染、光污染等都不利于园林植物的正常生长，造成树势下降。夏季持续高温产生的城市热岛效应会造成植物蒸腾加剧失水萎蔫，持续降雨排涝不畅又会使多数园林植物出现落叶、裂果、二次花、烂根等现象例。若长时间得不到缓解，会引发枯枝甚至全株枯死，进而易滋生病虫害。所以不良的生长环境是造成园林植物病虫害发生的一个重要因素。

（四）病虫害防治专业技术不强，人才队伍缺乏

由于城市园林植物病虫害防治工作常被看做是园林绿化管理工作中的一小部分，这就导致了园林生态维护过程中缺乏专业的技术人才，同时受相对较低的薪资待遇影响，使得越来越多的年轻人不愿从事园林病虫害防治工作，造成人才队伍极其不稳定、年龄结构偏大、行业缺乏年轻人。同时现有的园林植物病虫害防治一线技术人员普遍存在专业技术能力不强，对病虫害的预防检测、日常管理等缺少系统化、专业化、科学化的工作管理方法。在防治方法上一味增加相似药品的用药浓度，通过高浓度的化学药物来杀虫处理，导致病虫害出现抗药性，而且在药物浓度过高的情况下，有可能对植物生长造成二次伤害，也对周边环境造成了污染。

二、城市园林植物病虫害防治特点

（一）防治的长期性和反复性

由于园林植物生理特性及生长环境存在周期性变化，病虫害也是伴随园林植物生长季节性发生、且易反复发生，所以病虫害防治工作也是一项长期性且需要周期性反复开展的工作。季节性定期预防监测病虫害发生，防止常见病虫害反复发生是园林植物病虫害的基本工作内容。基于我国的园林植物种类由乡土植物为主逐步呈现地区多样化，伴随而来的病虫害种类、发生概率也随之增加，使得园林植物病虫害防治难度加大。

（二）防治的复杂性和特异性

园林植物栽植种类的逐渐多样化和园林植物生长环境的特殊性决定了园林植物病虫害防治的复杂性和特异性。通常一个片区的园林植物种类较多就易同时发生多种类病虫害，较难有针对性地进行病虫害预防工作，从而降低病虫害的发生率。在防治过程中若使用常规方法进行预防，防治措施往往没有很强的针对性，长期使用会导致园林植物抵御病虫害的能力下降，同时还易增加病虫害的抗药性，进一步增加病虫害的预防难度。由于城市园林植物所处生长环境不利于植物生长，树势通常较弱，植物生长环境也与人类活动场所高度融合，在进行病虫害防治的过程中还要避免对人造成间接危害。

三、城市园林植物病虫害防治措施

（一）化学防治

目前化学防治是病虫害防治过程中应用最广泛的一种技术，其优点就是经济、简单、高效。市面上常见的杀虫剂、杀菌剂等，作用原理为直接触杀或降低害虫交配率，有着作用明显、见效快的特点。不过长期使用化学药品，不仅会使园林虫害渐渐产生抗体，也会对周边环境造成污染。所以在利用化学防治方法进行虫害的防治时，一定要结合虫害种类进行科学复配药剂，采用合适的浓度进行喷洒，并定期更换药剂，尽量避免虫害抗体的产生，最大限度保证园林植物健康生长的同时兼顾园林生态平衡。

（二）物理防治

物理防治是利用人工捕杀或者利用其他辅助性器械对害虫进行诱杀或人工将病虫害植株清理隔离的防治措施，物理防治既最大限度的保证了园林植物的正常生长，又不会对周边环境产生不利影响，是较为理想的防治手段。人工捕杀是通过人工剪除、挖除、摘除害虫或其虫卵达到防治的目的。适用于人工捕杀的虫害要满足个头大、分布集中、行动缓慢的特点，例如，常见的园林植物蛀干天牛，对其进行施药操作，很难将天牛进行毒杀，但在其幼虫阶段处于植物的韧皮部时进行勾杀效果更好。诱杀法是利用部分昆虫自然的趋向性，将其诱捕，进而统一灭杀。例如，一些害虫具有趋光性，利用黑光灯，对成虫进行诱导之后，借助灯管的高压电将其灭杀。黑光灯可灭杀大部分食叶类害虫以及蛀干类害虫，如黑卵蜂、赤眼蜂等。在降低园林植物被侵害的同时，避免了对环境的污染。

（三）生物防治

生物防治就是根据植物本身的生理特性，利用生物界、微生物界物种间的相互影响从而达到病虫害防治的目的。如害虫通常会具有不同类型的天敌，根据不同的生境选择一种对周边环境影响最小的虫害天敌，有针对性地进行投放，以达到抑制虫害繁衍的目的。常见的生物防治措施有"以虫治虫、以鸟治虫、以螨治螨"。随着科技的进步，出现了人工提取能影响害虫正常生长繁育的的细菌、真菌、病毒、生长调节剂等加工成的生物制剂。生物制剂农药的使用在实现长期有效杀灭害虫的同时几乎对环境没有污染，人畜危害小，并且还能起到保护有益昆虫的作用。除此以外，还有昆虫蛋白酶抑制剂，能抑制昆虫消化道当中的消化酶的作用，使其消化功能减弱或者出现紊乱，从而引起害虫生长性的缺陷和生存能力的丧失，最终导致昆虫的死亡。

（四）综合防治

一是在城市园林绿地植物配置设计阶段做到充分结合植物生理特性、当地气候特征、地理位置、土壤条件等因素，做到因地制宜、适地适树，为植物生长提供更有利的环境，从而提高植物生长势、增强植物抗性。同时多采用复层种植手段，调整城市绿地植物种类、群落结构，达到片区生态平衡，增强抵御短时恶劣气候影响、降低整体病虫害发生几率的效果。此外还应加强城市园林植物的养护管理，由于园林植物受人类活动影响因素较大，因此要注意加强人工养护，重视水肥调节，弥补植物受不利环境因素的影响。

二是做好引种检验检疫工作。病虫害的出现并不是偶然的现象，很多病虫害都是长期积累的结果，如果没有及时解决和应对，必定造成非常恶劣的影响。对外来物种的传播途径、破坏方式、解决方式等缺乏了解，是造成对病虫害的根源治理难度提升的重要原因。为此，必须要优化检疫工作，提升检验检疫标准，规范苗木采购引种检验检疫体系，在城市园林植物病虫害的外来生物预防力度上不断提升，避免造成严重的隐患。

三是形成化学、物理、生物病虫害防治措施相结合的科学系统性防治方法。首先利用生物防治技术调节并形成稳定的片区环境生态平衡。加强季节性病虫害监管，在病虫害发生初期，尽量采用物理防治措施，减少对环境的影响。在病虫害大规模急发阶段，有针对性地采用靶向化学药剂，科学复配，定期更换药品，尽量避免害虫产生抗药性，最大限度地降低对环境的污染。

第七节　园林植物的整形修剪

整形修剪是园林植物养护管理中的一项十分重要的技术措施。在园林上，整形修剪广泛地用于树木，花草的培植以及盆景的艺术造型和养护，这对提高绿化效果和观赏价值起着十分重要的作用。整形是树体进行人工手段，形成一定形式的形状与姿态。修剪是将植物某一器官疏删或短截达到园林植物的栽培目的，修剪技术除剪枝外，还包括摘心、扭梢、整枝、压蔓、撑拉、支架、除芽、疏花疏果、摘叶、束叶、环状剥皮、刻伤、倒贴皮等。

一、园林植物整形修剪的目的和作用

对园林植物进行正确的整形修剪工作，是一项很重要的养护管理技术。它可以调节植物的生长与发育，创造和保持合理的植株形态，构成有一定特色的园林景观。

（一）园林植物整形修剪的目的

1. 通过整形修剪促进和抑制园林植物的生长发育，控制其植物体的大小，造成一定的形态，以发挥其观赏价值和经济效益。

2. 调整成片栽培的园林植物个体和群体的关系，形成良好的结构。

3．可以调节园林植物个体各部分均衡关系。主要可概括为以下 4 方面：

（1）调节地上部与地下部的关系。园林植物地上部分的枝叶和地下部分的根系是互相制约、互相依赖的关系，两者保持着相对的动态关系，修剪可以有目的地调整两者关系，建立新的平衡。

在城市街道绿化中，由于地上、地下的电缆和管道关系，通常均需应用修剪，整形措施来解决其与植物之间的矛盾。

（2）调节营养器官与生殖器官的平衡。在观花观果的园林植物中，生长与开花、结果的矛盾始终存在，特别是木本植物，处理不当不仅影响当年，而且影响来年乃至影响今后几年。通过合理的整形修剪，保证有足够数量的优质营养器官，是植物生长发育的基础；使植物产生一定数量花果，并与营养器官相适应；使一部分枝梢生长，一部分枝梢开花结果，每年交替，使两者均衡生长。

整形修剪可以调节养分和水分的运输，平衡树势，可以改变营养生长与生殖生长之间的关系，促进开花结果。在花卉栽培上常采用多次摘心办法，促使万寿菊多抽生侧枝，增加开花数量。

（3）调节树势，促进老树复壮更新。对生长旺盛，花芽较少的树木，修剪虽然可以促进局部生长，但由于剪去了一部分枝叶，减少了同化作用，一般会抑制整株树木，使全树总生长量减少。但对于花芽多的成年树，由于修剪时剪去了部分花芽，有更新复壮的效果，反而比不修剪可以增加总生长量，促使全树生长。

对衰老树木进行强修剪，剪去或短截全部侧枝，可刺激隐芽长出新枝，选留其中一些有培养前途的代替原有骨干枝，进而形成新的树冠。通过修剪使老树更新复壮，一般比栽植的新苗生长速度快，因为具有发达的根系，为更新后的树体提供充足的水分和养分。

（二）园林植物修剪的作用

1．对园林植物局部有促进作用。枝条被剪去一部分后，可使被剪枝条的生长势增强。这是由于修剪后减少了枝芽的数量，使养分集中供应留下的枝芽生长。同时修剪改善了树冠的光照与通风条件，提高了光合作用效能，使局部枝芽的营养水平有所提高，从而加强了局部的生长势。短截一般剪口下第一个芽最旺，第二、第三个芽长势递减，疏剪只对剪口下的枝条有增强长势的作用。

2．对整株有抑制作用。由于修剪减少了部分枝条，树冠相对缩小，叶量，叶面积相对减少，光合作用产生的碳水化合物总量减少，所以修剪使树体总的营养水平下降，总生长量减少，这种抑制作用在修剪的第一年最为明显。

3.对开花结果的影响。修剪后，叶的总面积和光合产物减少，也减少了生长总面积和光合产物，但由于减少了生长点和树内营养面积的消耗，相对提高了保留下来枝芽中的营养水平，使被剪枝条生长势加强，新叶面积、叶绿素含量增加，叶片质量提高。

4.对树体内营养物质含量的影响。修剪后对所留枝条及抽生的新梢中的含氮量和含水量增加，碳水化合物减少。但从整株植物的枝条来看，因根受到抑制，吸收能力削弱，氮、磷、钾等营养元素的含量减少。修剪越重，削弱作用越大。所以冬季修剪一般都在落叶后，这时养分回流根系和树干贮藏，可减少损失。夏季对新梢进行摘心，可促使新梢内碳水化合物和含氮量的增加，促使新梢生长充实。修剪后对树体内的激素分布、活性也有改变。激素产生在植物顶端幼嫩组织中，短剪剪去了枝条顶端，排除了激素对侧芽的抑制作用，提高了枝条下部芽的萌芽力和成枝力。

二、园林树木整形修剪的方法

（一）整形修剪的原则

1. 不同年龄时期修剪程度不同

（1）幼树的修剪。幼树生长旺盛，不易进行强度修剪，否则往往使得枝条不能及时在秋季成熟，因而降低抗寒力，也会造成延迟开花。在随意修剪时应以轻剪、短截为主，促进其营养生长，并严格控制直立枝，对斜生枝的背上芽在冬季修剪时抹除，以防止抽生直立枝。

（2）成年树的修剪。成年期树木正处于旺盛的开花结实阶段，这个时期的修剪整形目的在于保持植株的健壮完美，使得开花结实活动能长期保持繁茂，所以关键在于配合其他管理措施综合运用各种修剪方法，逐年选留一些萌蘖作为更新枝，并疏掉部分老枝，防止衰老，以达到调节均衡的目的。

（3）老年树的修剪衰老期的树木，生长势衰弱，每年的生长量小于死亡量，在修剪时应以强剪为主，使营养集中于少数的腋芽上，刺激芽的萌发，抽生强壮的更新枝，利用新生的枝条代替原来老的枝条，以恢复其生长势。

此外，不同树种的生长习性也具有很大差异，不许采用不同的修剪方法。如圆柏树、银杏、水杉等呈尖塔形的乔木应保留中央主枝的方式，修剪成圆柱形、圆锥形等。桂花，栀子花等顶端优势不太强，但发枝能力强的植物，可修剪成圆球形、半球形等形状。对梅、桃、樱、李等吸光植物，可采用自然开心的修剪方式。

2. 不同的绿化要求修剪方式不同不同的绿化目的各有其特殊的整剪要求，如同样的日本珊瑚树，做绿篱时的修剪和做孤植树的修剪，就有完全不同的修剪要求。

3. 根据树木生长地的环境条件特点修剪、生长在土壤瘠薄、地下水位较高处的树木，通常主干应留得低，树冠也相应地小。生长在土地肥沃处的以修剪成自然式为佳。

在生产实践中，整形方式和修剪方法是多种多样的，以树冠外形来说，常见的有圆头形、圆锥形、卵圆形、倒卵圆形、怀状形、自然开心形等。而在花卉栽培上常见有单干式，双干式，丛生式，悬崖式等，盆景的造型更是千姿百态。

（二）整形修剪的时间

总的来说，园林植物的修剪分为休眠期修剪（又称冬季修剪）和生长期修剪（又称夏季修剪）。休眠季修剪视各地气候而异，大多自树木休眠后至次年春季树叶开始流动前施行。主要目的是培养骨架和枝组，疏除多余的枝条和芽，以便集中营养于少数枝与芽上，使新枝生长充实。疏除老弱枝，伤残枝，病虫枝、交叉枝及一些扰乱树形的枝条，以使树体健壮，外形饱满、匀称、整洁。

生长期修剪是自萌芽后至新梢或副梢延长生长停止前这一段时期内施行，具体日期视当地气候而异，但勿过晚，否则易促使发生新副梢而消耗养分且不利于当年新梢充分成熟。修剪的目的是抑制枝条营养生长，促使花芽分化。根据具体情况可进行摘心、摘叶、摘果、除芽等技术措施。

掌握好整形修剪时间，正确使用修剪方法，可以提高观赏效果，减少损失。例如：以花篱形式栽植的玫瑰，其花芽已在上年形成，花都着生在枝梢顶端，因此不宜在早春修剪，应在花后修剪；榆树绿篱可在生长期几次修剪，而葡萄在春季修剪则伤流严重。另外，对于树形的培养，在苗圃地内就应着手进行。

（三）园林树木的整形方式

1. 自然式整形按照树木本身的生长发育习性，对树冠的形状略加休整和促进而形成的自然树形。在修剪中只疏除，回缩或短截破坏树形、有损树体和行人安全的过密枝、徒长枝，病虫枯死枝等。

2. 人工式整形这是一种装饰性修剪方式，按照人们的艺术要求完成各种几何或动物体形，一般用于树叶繁茂，枝条柔软，萌芽力强，耐修剪的树种。有时除采用修剪技术外，还要借助棕绳、铅丝等，先做成轮廓样式，再整修成形。

3. 混合式整形以树木原有的自然形态为基础，略加人工改造而成，多用于观花，观果、果树生产及藤木类的整形方式。主要有：中央领导干形、杯状形、自然开心形、多领导干形、篱架形等。

其他还有用于灌木的丛生形，用于小乔木的头状形，以及自然铺地的匍匐式等。

（四）园林树木的修剪方法

1. 疏枝、又称疏剪或疏删，即从枝条基部剪去，也包括二年生及多年生枝。一般用于疏除病虫枯枝、过密枝，徒长枝等，可使树冠枝条分布均匀，加大空间，改善通风透光条件，有利于树冠内部枝条的生长发育，有利于花芽的形成。特别是疏除强枝、大枝和多年生枝，常会削弱伤口以上枝条的生长势，而伤口以下的枝条有增强生长势的作用。

2. 短截、又称短剪，即把一年生枝条剪去一部分。根据剪去部分多少，分为轻剪、中剪、重剪、极重剪。

（1）轻剪：剪去枝条的顶梢，也可剪去顶大芽，一般剪去枝条的1/3以内，以刺激下部多数半饱芽萌芽的能力，促进产生更多的中短枝，也易形成更多的花芽。此法多用于花、果树强壮枝的修剪。

（2）中剪：剪到枝条中部或中上部（1/2或1/3）饱满芽的上方。因为剪去一段枝条，相对增加了养分，也使顶端优势转到这些芽上，以刺激发枝。

（3）重剪：剪至枝条下部2/3 ～ 3/4的半饱满芽处，刺激作用大，由于剪口下的芽多为弱芽，此处生长出1 ～ 2个旺盛的营养枝外，下部可形成短枝。适用于弱树、老树、老弱枝的更新。

（4）极重剪：在枝条基部轮痕处，或留2 ～ 3个芽，基本将枝条全部剪除。由于剪口处的芽质量差，只能长出1 ～ 2个中短枝。

重剪程度越大，对剪口芽的刺激越大，由它萌发出来的枝条也越壮。轻剪对剪口芽的刺激越小，由它萌发出来的枝条也就越弱。所以对强枝要轻剪，对弱枝要重剪，调整一 . 二年生枝条的长势。

3. 回缩：又称缩剪，是指在多年生枝上只留一个侧枝，而将上面截除。修剪量大，刺激较重，有更新复壮作用。多用于枝组或骨干枝更新，以及控制树冠、辅养枝等，对大枝也可以分2年进行。如缩剪时剪口留强枝、直立枝、伤口较小，缩剪适度，可促进生长，反之则抑制生长。

4. 摘心与剪梢：在生长期摘去枝条顶端的生长点称摘心，而剪梢是指剪截已木质化的新梢。摘心，剪梢可促生二次枝，加速扩大树冠，也有调节生长势，促进花芽分化的作用

5. 扭梢、折梢、曲枝、拧枝、拉枝、别枝、圈枝、屈枝、压垂、拿枝等这些方法都是改变枝向和损伤枝条的木质部、皮层，从而缓和生长势，有利于形成花芽、提高坐果率；在幼树整形中，可以作为辅助手段。

6. 刻伤与环剥刻伤分为纵向和横向 2 种。一般用刀纵向或横向切割枝条皮层，深达木质部，都是局部调节生长势的方法。可广泛应用于园林树木的整形修剪中。

环剥是剥去树枝或树干上的一圈或部分皮层，目的也是为了调节生长势。

7. 留桩修剪是在进行疏删回缩时，在正常位置以上留一段残桩的修剪方法，其保留长度以其能继续生存但又不会加粗为度，待母枝长粗后再截去，这种方法可减少伤口对伤口下枝条生长的削弱影响。

8. 平茬又称截干，从地面附近截去地上枝干，利用原有发达的根系刺激根颈附近萌芽更新的方法。多用于培养优良的主干和灌木的修剪中。

9. 剪口保护、疏剪、回缩大枝时，伤口面积大，表面粗糙，常因雨淋，病菌侵入而腐烂。因此，伤口要用利刃削平整，用 2% 硫酸铜溶液消毒，最后涂保护剂，起防腐和促进伤口愈合的作用。常用保护剂除接蜡外，还有豆油铜素剂调和漆及黏土浆等。

三、各类园林植物的整形修剪

（一）落叶乔木的整形修剪

具有中央领导干、主轴明显的树种，应尽量保持主轴的顶芽，若顶芽或主轴受损，则应选择中央领导枝上生长角度化较直立的侧芽代替，培养成新的主轴。主轴不明显的树种，应选择上部中心比较直立的枝条当做领导枝，以尽早形成高大的树身和丰满的树冠。凡不利于以上目的，如竞争枝、并生枝、病虫枝等要控制打击。

中等大小的乔木树种，主干高度约 1.8 m，顶梢继续长到 2.2 ～ 2.3 m 时，去梢促其分枝，较小的乔木树种主干高度为 1.0 ～ 1.2 m，较大的乔木树种，通常采用中央领导干树形，主干高 1.8 ～ 2.4 m，中央干不去梢，其他枝条可通过短截，形成平衡的主枝。观花，观果类也可采用杯状形、自然开心形等。

庭荫树等孤植树木的树冠尽可能大些，以树冠为树高的 2/3 以上为好，以不小于 1/2 为宜。对自然式树冠，每年或隔年将病虫枯枝及扰乱树形的枝条剪除，对老枝进行短截，使其增强生长势，对基部萌发的萌蘖以及主干上不定芽萌发的冗枝均需一一剪去。

行道树由于特殊要求亦有采用人工整形的，如受空中电线等设施的障碍，常修剪成杯状，主干高度以不影响车辆和行人通过为准，多为 2.5 ～ 4 m。

（二）常绿乔木的整形修剪

1. 杯状形的修剪杯状形行道树具有典型的三叉六股十二枝的冠形，主干高在 2.5 ～ 4 m。整形工作是在定植后 5 ～ 6 年完成，悬铃木常用此树形。

骨架完成后，树冠扩大很快，疏去密生枝、直立枝、促发侧生枝、内膛枝可适当保留，增加遮阴效果。上方有架空线路，勿使枝与线路触及，按规定保持一定距离。一般电话线为 0.5 m，高压线为 1 m 以上。近建筑物一侧的行道树，为防止枝条扫瓦、堵门、堵窗，影响室内采光和安全，应随时对过长枝条进行短截修剪。

生长期内要经常进行抹芽，抹芽时不要扯伤树皮，不留残枝。冬季修剪时把交叉枝、并生枝、下垂枝、枯枝、伤残枝及背上直立枝等截除。

2. 自然开心形的修剪由杯状形改进而来，无中心主干，中心不空，但分枝较低。定植时，将主干留 3 m 或者截干，春季发芽后，选留 3 ～ 5 个位于不同方向、分布均匀的侧枝行短剪，促枝条长成主枝，其余全部抹去。生长季注意将主枝上的芽抹去，只留 3 ～ 5 个方向合适、分布均匀的侧枝。来年萌发后选留侧枝，全部共留 6 ～ 10 个，使其向四方斜生，并行短截，促发次级侧枝，使冠形丰满、匀称。

3. 自然式冠形的修剪在不妨碍交通和其他公用设施的情况下，树木有任意生长的条件时，行道树多采用自然式冠形，如尖塔形、卵圆形、扁圆形等。

有中央领导枝行道树，如杨树、水杉、侧柏、金钱松、雪松等，分枝点的高度按树种特性及树木规格而定，栽培中要保护顶芽向上生长。郊区多用高大树木，分枝点在 4 ～ 6 m 以上。主干顶端如损伤，应选择一直立向上生长的枝条或壮芽处短剪，并把其下部的侧芽打去，抽出直立枝条代替，避免形成多头现象。

（三）灌木类的整形修剪

灌木的养护修剪：

1. 应使丛生大枝均衡生长，使植株保持内高外低、自然丰满的圆球形。

2. 定植年代较长的灌木，如灌丛中老枝过多时，应有计划地分批疏除老枝，培养新枝。但对一些为特殊需要培养成高干的大型灌木，或茎干生花的灌木（如紫荆等）均不在此列。

3. 经常短截突出灌丛外的徒长枝，使灌丛保持整齐均衡，但对一些具拱形枝的树种（如连翘等），所萌生的长枝则例外。

4. 植株上不作留种用的残花废果，应尽量及早剪去，以免消耗养分。按照树种的生长发育习性，可分为下述几类：

（1）先开花后发叶的种类可在春季开花后修剪老枝并保持理想树形。用重剪进行枝条更新，用轻剪维持树形。对于连翘、迎春等具有拱形枝的树种，可将老枝重剪，促使萌发强壮的新枝，充分发挥其树姿特点。

（2）花开在当年新梢的种类在当年新梢上开花的灌木应在休眠期修剪。一般可重剪使新梢强健，促进开花。对于一年多次开花的灌木，除休眠期重剪老枝外，应在花后短截新梢，改善下次开花的数量和质量。

（3）观赏枝叶的种类这类灌木最鲜艳的部位主要在嫩叶和新叶上，每年冬季或早春宜重剪，促使萌发更健壮的枝叶，应注意删剪失去观赏价值的老枝。

（4）常绿阔叶类这类灌木生长比较慢，枝叶匀称而紧密，新梢生长均源于顶芽，形成圆顶式的树形。因此，修剪量要小。轻剪在早春生长以前，较重修剪在花开以后。

（5）灌木的更新－灌木更新可分为逐年疏干和一次平茬。逐年疏干即每年从地径以上去掉 1～2 根主干，促生新干，直至新干已满足树形要求时，将老干全部疏除。一次平茬多应用于萌发力强的树种，一次删除灌木丛所有主枝和主干，促使下部休眠芽萌发后，选留 3～5 个主干。

（四）藤木类的整形修剪

在一般园林绿地中常采用以下修剪方法：

1. 棚架式。卷须类和缠绕类藤本植物常用这种修剪方式。在整形时，先在近地面处重剪，促使发生数枝强壮主蔓，引至棚架上，使侧蔓在架上均匀分布，形成荫棚。

像葡萄等果树需每年短截，选留一定数量的结果母株和预备枝；紫藤等不必年年修剪，隔数年剪除一次老弱病枯枝即可。

（2）凉廊式。常用于卷须类和缠绕类藤本植物，偶尔也用吸附类植物。因凉廊侧面有隔架，勿将主蔓过早引至廊顶，以免空虚。

（3）篱垣式。多用卷须类和缠绕类藤本植物。将侧蔓水平诱引后，对侧枝每年进行短截。葡萄常采用这种整形方式。侧蔓可以为一层，亦可为多层，即将第一层侧蔓水平诱引后，主蔓继续向上，形成第二层水平侧蔓，以至第三层，达到篱垣设计高度为止。

（4）附壁式。多用于墙体等垂直绿化，为避免下部空虚，修剪时应运用轻重结合，予以调整。

（5）直立式。对于一些茎蔓粗壮的藤本，如紫藤等亦可整形成直立式，用于路边或草地中。多用短截，轻重结合。

（五）绿篱（特殊造型）的整形修剪

1. 整形根据篱体形状和修剪程度，可分为自然式和整形式等，自然式绿篱整形修剪程度不高。

（1）条带状。这是最常用的方式，一般为直线形，根据园林设计要求，亦可采取曲线或几何图形。根据绿篱断面形状，可以是梯形、方形、圆顶形、柱形、球形等。此形式绿篱的整形修剪较简便，应注意防止下部光秃。

绿篱定植后，按规定高度及形状及时修剪，为促使其枝叶的生长，最好将主尖截去 1/3 以上，剪口在规定高度 5～10 cm 以下，这样可以保证粗大的剪口不暴露，最后用大平剪绿篱修剪机修剪表面枝叶，注意绿篱表面（顶部及两侧）必须剪平，修剪时高度一致，整齐划一，篱面与四壁要求平整，棱角分明，适时修剪，缺株应及时补栽，以保证供观赏时已抽出新枝叶，生长丰满。

（2）拱门式。即将木本植物制作成拱门，一般常用藤本植物，也可用枝条柔软的小乔木，拱门形成后，要经常修剪，保持既有的良好形状，并不影响行人通过。

（3）伞形树冠式。多栽于庭园四周栅栏式围墙内，先保留一段稍高于栅栏的主干，主枝从主干顶端横生，从而构成伞形树冠，在养护中应经常修剪主干顶端抽生的新枝和主干滋生的旁枝和根蘖。

（4）雕塑形。选择枝条柔软、侧枝茂密、叶片细小又极耐修剪的树种，通过扭曲和蟠扎，按照一定的物体造型，由主枝和侧枝构成骨架，对细小侧枝通过绳索牵引等方法，使他们紧密抱合，或进行细微的修剪，剪成各种雕塑形状。制作时可用几株同树种不同高度的植株共同构成雕塑造型。在养护时要随时剪除破坏造型的新梢。

（5）图案式。在栽植前，先设立支架或立柱，栽植后保留一根主干，在主干上培养出若干等距离生长均匀的侧枝，通过修剪或辅助措施，制造成各种图案；也可以不设立支架，利用墙面进行制作。

2. 绿篱的修剪时期绿篱的修剪时期要根据树种来确定。绿篱栽植后，第 I 年可任其自然生长，使地上部和地下部充分生长。从第 2 年开始按确定的绿篱高度截顶，对条带状绿篱不论充分木质化的老枝还是幼嫩的新梢，凡超过标准高度的一律整齐剪掉。

常绿针叶树在春末夏初完成第一次修剪；盛夏前多数树种已停止生长，树形可保持较长一段时间；立秋以后，如果水肥充足，会抽生秋梢并旺盛生长，可进行第二次修剪，使秋冬季都保持良好的树形。

大多数阔叶树种生长期新梢都在生长，仅盛夏生长比较缓慢，春，夏，秋 3 季都可以修剪。花灌木栽植的绿篱最好在花谢后进行，既可防止大量结实和新梢徒长，又可促进花芽分化，为来年或下期开花创造条件。

为了在一年中始终保持规则式绿篱的理想树形，应随时根据生长情况剪去突出于树形以外的新梢，以免扰乱树形，并使内膛小枝充实繁密生长，保持绿篱的体形丰满。

3. 带状绿篱的更新复壮大部分阔叶树种的萌发和再生能力都很强，当年老变形后，可采用平茬的方法更新，因有强大的根系，一年内就能长成绿篱的雏形，两年后就能恢复原貌；也可以通过老干逐年疏伐更新。大部分常绿针叶树种再生能力较弱，不能采用平茬更新的方法，可以通过间伐，加大株行距，改造成非完全规整式绿篱，否则只能重栽，重新培养。

（六）草本植物的整形修剪

1. 整形、为了满足栽植要求，平衡营养生长与开花结果的矛盾或调整植株结构，需要控制枝条的数量和生长方式，这种对枝条的整理和去舍称整枝。露地栽培植物的整形有以下方式：

（1）单干式：只留主干或主茎，不留侧枝，一般用于只有主干或主茎的观花和观叶植物，以及用于培养标本菊的菊花、大丽花等。对标本菊则还须摘除所有侧花蕾，使养分集中于顶蕾，充分展现品种的特性。

（2）多干式：留数支主枝，如盆菊一般留 3 ～ 9 个主枝，其他侧枝全部剥去。

（3）丛式：生长期间进行多次摘心，促使发生多数枝条，全株成低矮的丛生状，开出数朵或数十朵花。

（4）悬崖式：常用于小菊的悬崖式的整形。

（5）攀援式：多用于蔓性植物，使植物在一定形状的支架上生长。

（6）匍匐式：利用植物枝条的自然匍匐地面的特性，使其覆盖地面。

2. 修剪

（1）整枝：剪除扰乱株形的多余枝和开花结果后的残枝以及病虫枯枝。对蔓性植物则称为整蔓，如观赏瓜类植物仅留主蔓及副蔓各一支，摘除其余所有侧蔓。

（2）摘心：摘除枝梢顶端，促使分生枝条，早期摘心可使株形低矮紧凑。有时摘心是为了促使枝条生长充实，而并不增加枝条数量。有的瓜类植物在子蔓或孙蔓上开花结果，所以必须早期进行一次或多次摘心，促使早生子蔓、孙蔓，开花结果。

（3）除芽：剥去过多的腋芽，以减少侧枝的发生，使所留枝条生长充实。

（4）曲枝：是抑强扶弱的措施。

（5）去蕾：通常指保留主花蕾，摘除侧花蕾，使顶花蕾开花硕大鲜艳。在球根花卉的栽培中，为了获得优良的种球，常摘去花蕾，以减少养分的消耗，对花序硕大的观花观果植物，常常需要疏除一部分花蕾、幼果，使所留花蕾、幼果充分发育，称之为疏花疏果。

（6）压蔓：多用于蔓性植物，使植株向固定方向生长和防止风害，有些植物可促使发生不定根，增强吸收水分养分的能力。

第六章　甘肃省园林景观建设研究

西部大开发的战略举措为我国甘肃省市的城镇建设开发带来了前所未有的机遇，使经济快速发展，人民生活水平迅速提高，但是挑战与机遇并存，西北地区恶劣的自然环境、滞后的城市环境建设都严重制约着社会的进步与发展。相较于东部、南部沿海城市甘肃地区的园林建设有着严重的滞后性。

第一节　甘肃省园林景观建设分类

这一节将通过对甘肃省园林的建设方主体、性质、用途、地理环境进行整理以对其划分类型和做简要分析。

一、甘肃省园林景观按建设主体分类与分析

作为省市管理者的各级政府，是甘肃园林景观的主要建设者。其所拥有的行政资源使其在园林景观建设中理所当然地起着主导作用。各级政府作为园林景观建设的主体，其所建设的园林景观是其整个城乡园林景观的主要类型。其它建设主体在园林景观建设中居于次要地位，其所建设的园林景观类型在其所处的整个园林景观中也处于次要地位，但与广大居民的联系却相对于前者来说显得更为密切和重要。

表 6-1　甘肃省园林景观按建设主体分类与分析

建设方主体	建设范围	代表性景观建设特点	备注
各级政府	城市入口、景观大道、广场、各种主次路口、公园、风景名胜。	规模大，内容丰富，景观建设易与城市总体建设相结合，建设项目年年有。	侧重于城市形象的建立。
国有企事业单位	本单位规划红线以内。	以园林绿地景观为主，建设规模适度，内容较丰富。	侧重单位门口、办公楼前装饰。

建设方主体	建设范围	代表性景观建设特点	备注
民营企业	本单位规划红线以内。	以园林绿地景观为主，建设规模适度，内容较丰富。	追求建设成本最低化，以应付环评检查为主。
房地产开发公司	开发项目建筑红线以内。有时为项目利益，突破红线建设景观，需与政府形成默契。	景观内容丰富。	为追求利益最大化的建设观，针对特定群体的景观。
社会团体	公益、纪念性质为主，特批专用地范围内建设。	规模小，景观单一。	突出公益、纪念性质。
个人	附属于其它建设方主体	规模与景观内容不定。	名人、富豪捐献为主。

二、甘肃省园林景观按功能性质分类与分析

园林建设的最终目的还是为了服务人民。当地人日常生活行为的主要轨迹大都是居住区——街道——办公单位——居住区。可以看出街道园林景观、办公单位园林绿地景观、居住区园林绿地景观类型是常驻人口的主要观赏景观类型，其它园林景观类型则相对较为次要。

表6-2 甘肃省园林景观按功能性质分类与分析

名称	代表性景观建设特点	备注
近郊风景名胜区景观	占地面积广阔，历史氛围厚重，景观建设服从历史传承。	人民日常游玩不便，节假日的旅客流量大。
公园、广场景观	建设必须遵循城市总体规划，周围建筑景观风格需与其高度统一。	人民游玩集中于下班之后。
街道园林景观	建设必须遵循城市总体规划，线性空间特点明显。外围建筑繁杂，建设难度最大。	交通流量大，人民经过次数多，容易产生审美疲劳。
企事业单位园林绿地景观	建设遵循本单位总体布局规划。	服务对象仅限于本单位人员。
居住区园林绿地景观	建设遵循本单位总体布局规划。	建设时期不同，建设方主体不同，造成小区景观环境差异极大。与当地居民日夕相关。
城、乡结合部景观	随城市扩张，不确定因素较多。	目的在于美化城市边缘和生态防护作用。
铁路沿线景观	因为体制与历史原因，建设难度极大。	流动人口对城市景观主要观赏"途径"，暂时为城市景观的负面影响。

三、甘肃省园林景观按用途分类与分析

（一）生态型园林景观

此种类型景观为改善、保护区域内生态环境而建设。这种生态型园林景观建设是从根本上改善和创造甘肃区域内园林景观环境的最好途径所在。

（二）装饰型园林景观

装饰型园林景观建设目的有两种。一种是遮挡装饰当地的建筑无序和不良环境，改善人们视野内的景观秩序。另一种是装饰建筑与道路，也可以说是建筑与道路建设的组成部分。在这里应该强调的是道路（街道）绿地总体来讲是装饰型绿地，认清"装饰"这个根本目的是指导当地道路设计的总原则。

（三）开放（使用）型园林景观

可供人民进入游玩、休憩，包括居住小区、公园、广场等。满足人们对园林景观的使用功能。

（四）纪念型园林景观

纪念型园林景观又可细分为人物纪念、历史事件纪念。

（五）宗教园林景观

在甘肃地区，因少数民族群集，人民的信仰差异巨大，几大宗教并存，信仰群众众多。由于人民观念思想的老旧和当地经济发展水平低下使得宗教园林景观建设非常滞后。

（六）生产型园林景观

比如兰州市什川万亩古梨园，在建设园林景观的同时，产品经济效益客观，相辅相成，相得益彰。

四、甘肃省园林景观按用地类型分类

（一）高台、山地类园林景观

在其外可仰视，在其中可俯视，视角的不同可以带来园林景观不同的观赏个

性。负面因素为植被稀疏，各种原因造成生态环境破坏严重，恢复难度大。

（二）川地、平原（垣）类城市园林景观

川地、平原（垣）是甘肃城市建设选址的首要地点。交通便利，建设成本低，居住人口也最为集中。城市园林建设类型也最丰富。

（三）沙漠、戈壁类城市园林景观

景观单一，生态条件恶劣，绿化不易，园林景观建设难度极大。

（四）河流、湖泊、湿地类城市园林景观

自然景观丰富，与城市园林景观建设相结合，最容易产生良好的观赏效果。

第二节　甘肃省园林建设的现状与不足

一、甘肃省园林景观建设现状

随着国家西部大开发战略的实施，甘肃省园林景观建设步伐加快，高潮迭起。园林景观建设的各个主体认知相同，努力方向一致。但是因为甘肃地区地理环境的特殊性，当地园林景观建设的差异性也很大，主要表现在景观建设的水平、力度、规模、理念上。而且受制于当地的各种客观条件，甘肃省的园林工程建设水平远低于我国的东部与南部沿海城市。

（一）甘肃省园林景观建设水平排序

如果从建设规模、方案设计、工程施工、养护管理、从业者专业素质等几方面综合考虑园林的建设水平，甘肃省内城市的园林建设水平大致上从高至低可以依次排序为兰州、嘉峪关、庆阳、张掖、武威、天水、金昌、酒泉。

（二）甘肃省园林景观建设趋势

甘肃省园林景观建设趋势可以概括为：
1. 城市扩张速度加快，园林景观建设需求增速明显；
2. 园林景观建设在城市总体规划地位上升；

3．大型园林景观项目倍增；

4．项目投资规模加大；

5．建设过程日趋合理化、规范化；

6．整个社会认知程度、支持热情高涨；

7．整个行业从业人员水平提高较快。

二、甘肃省园林景观建设需要应对的问题与不足

当前，影响甘肃园林景观建设的景观要素已经不再局限于传统的地形地貌、建筑、植物、构筑物等几项，其它要素的景观功能在园林景观建设中变得越来越重要。

（一）园林景观建设要素的无序增多

表 6-3　园林景观相关要素与基本内容分析

要素名称	具体内容	景观功能
地形地貌	平坦地形、凹凸地形、沙漠、戈壁	景观设计中起支配作用，直接影响园林景观的空间美学特征。
水体	自然水体、人工水体	增加园林景观环境的活力和乐趣。
建筑	建筑的形式、形体、立面、色彩、艺术风格	影响街道景观的空间美学特征的主要因素之一。
植物（绿地）	植物的形态、色彩、功能、习性、种（栽）植形式、布局	园林景观的基本布置要素，影响景观的艺术风格。
园林建筑小品	亭、台、廊、架、雕塑	园林景观艺术风格的主要载体。
街道（园路）	走向、长度、宽度、色彩、质感	街道本身具有景观功能。
园林构筑物	台阶、坡道、栅栏、墙、休息设施	在要求"使用功能"第一的前提下参与园林造景。
大型（立交）桥梁	形态、体量、配套设施	可以成为城市或街道的主题景观。
照明	功能、亮度、光色、灯具形状	光的运用可增加街道夜间景观，灯具本身亦有景观功能。
过街天桥、地道	建筑形式、出入口布局	现代城市中的作用不可或缺，街道景观造景重要组成部分。
广场	绿化、建筑、小品、铺装、休闲娱乐设施	与街道景观空间构成城市最主要的建筑外部景观空间，二者相辅相成。
（街道）停车场	通道、车位、标牌、岗亭、出入口布局	现代城市中作用不可或缺，与街道景观统一难度大。
市场、排档	密集的人流、设施、布局	如能强调建筑风格与表现形式的统一可成为城市、街道的重要景点。

续表

要素名称	具体内容	景观功能
街道设施	公交车站、电杆、电话亭、宣传栏、标牌、广告牌、垃圾筒、市政设施、电信设施	内容繁多，形式散漫、随意，艺术格调低，极易成为街道园林景观建设的负面因素。
大型雕塑	主题内容与艺术表现形式	可以成为城市或街道的主体景观。

　　近年来，甘肃园林景观建设中所需要考虑的园林景观要素越来越多（表6-3），但是因为景观建设方主体的不同，建设过程中各个主体各自建设，缺乏沟通，常使某些景观构成要素成为当地园林景观建设的负面影响。比如城市道路中的公交车站、电杆、邮箱、宣传栏、标牌、广告牌、垃圾筒、市政设施、电信设施等。建设归属多个部门，缺乏统一规划，严重违背"多样与统一"原则，建成后多为居民诟病。

（二）园林景观建设材料与施工技术上的问题

表6-4　现代城市街道园林景观建设材料

建筑材料	无机材料	金属材料	黑色金属材料：钢、铁、不锈钢等
			有色金属材料：铜、铝、各种合金等
		非金属材料	天然石材：花岗岩、大理石、砂子、石子等
			烧结材料：陶瓷、玻璃、琉璃瓦、烧结砖等
			胶凝材料：水泥、石膏、石灰、水玻璃、菱苦土等
			混凝土、砂浆
			硅酸盐制品
	有机材料	植物材料	木材、竹材及其制品
		合成高分子材料	塑料、橡胶、涂料、溶剂、粘合剂等
		沥青类材料	沥青、冷底子油
	复合材料	非金属与有机材料复合	沥青混凝土、聚合物混凝土等
		非金属与金属材料复合	钢筋混凝土等
		金属与有机材料复合	塑钢等
非建筑材料	无机材料	土：种植土、复合土	
		水：液态、气态、固态	
		其它	
	有机材料	植物	
		动物	
		其它	

甘肃园林景观建设中经常出现建设材料使用不当问题，主要原因有：

1. 设计与施工人员对园林材料属性的不了解使得他们不能善用这些建筑材料

2. 设计与施工人员对甘肃园林景观建设施工技术的特殊要求没有足够的认识

（1）植物种植技术

甘肃省幅面广阔，不同地区的植物种植技术差异极大，设计者、施工者在景观建设过程中要有针对性的考虑。

（2）土建施工技术

甘肃地区的园林景观土建工程施工环节复杂，施工技术有特殊要求，如基础工程的防冻胀处理、面层铺装防冻裂和冻融处理、夏季高温的防热胀处理等等。

3. 其他方面的不足：园林建设资金缺乏保障、建设市场的不公平竞争与恶意竞争、资质管理、人才流失、建设主体自身能力不足等几方面。

第七章　甘肃省园林植物应用与分析

甘肃省的特殊地理环境决定了当地园林建设中可选择的植物范围。本章针对甘肃省的气候特征，从植物选择和配置上提出合理的建设策略，对于甘肃省的园林绿化工作，可以提供相应的现实指导和一定的参考建议。

第一节　甘肃省气候与自然环境调查

一、甘肃省的气候特点

甘肃省内的气候类型丰富多样，包括了亚热带季风气候、温带季风气候、温带大陆性（干旱）气候和高原高寒气候等四大气候类型。

甘肃省地处于我国气候自东南温暖多雨带向西北内陆干旱少雨带逐渐变化的过渡地带，其境内由于有许多高山和甘南高原的隆起，使其气候分布出现了复杂的格局。甘肃省地形狭长，幅面辽阔，在南北和东西上的地理跨度都很大，这就导致了其区域内的气候差异也很大。比如：处于东南部的陇南石山森林区具有南方湿润区的气候特征；而河西干旱区的绝大部分地方则基本与新疆内陆沙漠区一致，全年干旱少雨；从东西变化看，东部天水、平凉、庆阳的气候特征比较接近我国中部关中平原；而西部甘南高原的气候特征却与青藏高原东部相同。

从空间变化上看，乌鞘岭以东具有明显的大陆季风气候特征，乌鞘岭以西则主要受西风带和青藏高原季风控制，冬春季节蒙古冷高压、青藏高原热源动力作用和西风带对甘肃省影响最大，夏秋季节西太平洋副热带高压的伸缩变化对甘肃省的雨热组合起主导作用，表现出雨热同期的气候特征，夏季降水集中，占年降水的 70% 左右，从而造成了甘肃在一年当中的大部分时间都干旱缺雨的地理气候大背景。

二、甘肃省的自然环境

甘肃所在的西北地区是我国重要的生态建设区，也是全球植被变化最敏感的地区之一，覆盖了我国北方约 75% 的沙漠及全部的戈壁滩。由于近年来极端气候的加剧以及人类对生态环境的破坏，使得甘肃地区的河川径流量减少，荒漠区干旱化程度加快。同时，随着经济社会的发展，工农业发展挤占生态需水，导致生态环境受到破坏，生态系统涵养能力持续下降。

（一）水资源匮乏

甘肃省的水资源非常匮乏。伴随着我国西北地区的城镇化发展，兰州、天水等地居民与工业对水资源需求量不断的增加，同时水资源的浪费和污染也随之增加，目前甘肃省内有很多地区的蓄水量已经出现了严重不足的问题，另外由于城镇开发而导致地下水的开采过度，造成部分地区发生了地面下沉。

（二）生态环境污染造成水土流失严重

甘肃干旱与半干旱地区生态环境较为脆弱，并且生态环境的自我平衡系统较为脆弱。这意味着甘肃地区的生态环境，一旦遭到破坏便很难恢复。在甘肃，随着近几年来的城镇化，导致区域内的一些城市在进行城镇化规设的时候，缺少对环境的保护，同时在园林的设计和管理过程中缺乏科学化的规划，从而造成了园林生态环境污染严重，植被覆盖率较低，及水土流失严重的问题。

（三）干旱与洪涝灾害频繁发生

甘肃省具有降水集中、雨季时间短的特点。再加上部分区域内的植被生长较差，对于暴雨的滞留时间较短，所以很容易产生水土流失的问题。同时，由于甘肃西北地区多为沙地、盐碱地和荒漠地，土壤疏松孔之大，在夏季发生暴风雨的时候，容易出现洪涝灾害。且由于河流的传递性以及冲击性，会使得洪水灾害不断的扩散。由此可见，在甘肃地区的园林绿植选择上，必须综合考虑实地的自然因素。

第二节　甘肃省园林绿化中存在的问题

甘肃省从近代以来便是我国重要的重工业基地，随着石化、冶金、机械等工矿业的发展与壮大，催生了一批重要的工业城市。1978 年以来，随着城市规模的扩展，甘肃省的城市园林绿化工程也得到了快速发展，但由于城市管理者对城市园林绿化在认识上存在着一些误区，没有从城市自身的生态环境出发规划和发展城市园林绿化，也就导致在之后的实践中暴露出了一些问题。

一、重草轻树

同大多数西北内陆地区城市一样，在甘肃省的园林绿化工程建设中，快速地扩增园林数量和扩大绿地规模是管理者们追求的目标，具有短、平、快效果的草坪铺设为快速实现这个目标提供了可能。甘肃地区的各方园林建设主题热衷于铺设草皮，人们也在较长的一段时间中都将铺设草坪当作了园林绿化。

水资源缺乏和土地瘠薄是甘肃省内多数城市环境条件的基本特征。在这种条件下，靠大量建植草坪的方式进行城市园林建设、扩张绿地规模是第一个误区。首先，组成草坪草皮的草种大都是外源性植物种，根系极短，在少雨和土地贫瘠的城市容易出现草皮与土层分离等问题，不能真正根植于城市的原生土壤中，实现自我生长蔓延和良性的生态循环，对建设生态城市、改善城市的生态环境没有任何意义，是一种假绿化。其次，由于草皮与土层容易分离，多数城市的所建园林的草坪不耐踩踏，还有管理者不允许人们踏青享用，这反而占用了大面积的城市土地，减少了人们的活动空间；同时，大面积的绿色"地毯"也缺乏立体的美感，在游人眼里，草坪充其量不过是城市园林的一幅平面油画，难以置身其中，更无法享受其美。第三，为追求草坪的"地毯"效果，人们往往对草地修剪过勤，不仅降低了草坪滞留粉尘、净化空气等功能，而且剪短的草地也使阳光直射土壤和草根，导致这些部位的水分大量蒸发，经常性的浇灌草地又造成水资源的巨大浪费。草地也是城市中大多数昆虫等生物栖息地和鸟类的觅食地，修剪过勤也会使这些生物的种群数量减少或消失，对城市的物种和生态保护不利。

二、忽视乡土植物

乡土植物指在当地自然植被中有景观绿化功能的高等植物，它们是最能适应当地生态环境的植物群体。在城市园林中应用乡土植物，具有野趣天成、千姿百态的效果，使生活在城市"水泥丛林"中的人们感受回归自然的乐趣，而且由于资源丰富，更能体现城市园林的区域风貌特色。在甘肃，除了槐树、杨树等具有区域特色、适宜旱生的乔木树种外，还拥有旱柳、榆树、馒头柳、山桃、山杏、沙棘、红豆草、玫瑰等具有耐寒、耐瘠薄特性，且花色鲜艳、树姿娇美、覆盖度好的小乔木、灌木植被和为数不少的草本地被植物种类。但在追求高速和求奇求异的心理作用下，有许多甘肃的园林建设者忽视了这些乡土树种的生态与景观价值，在城市绿化中大量引植水杉、云杉、法国梧桐等乔木树种和彩叶矮生植物。这不仅没有地域特色，反而会增大建植和养护成本。在干热的夏秋季节，大街两边的彩叶植物令人目眩口燥，而在寒冷的冬季，人们期望看到火红多彩的植物时，这些彩叶植物反而枝枯叶落，一片凄凉。因此，盲目引种异乡"洋树"和大量应用彩叶植物实际上是甘肃绿化过程的又一个误区。

三、大树移栽进城

由于甘肃地区的城市大都土壤贫瘠，加上大规模的城市拆迁与新建，使得为数不多的大树难以保存。为了迅速建成具有"森林"特征的园林，以招揽投资商和房产业主，大树移栽进城的做法颇为流行，而且各个城市纷起效尤，把"大树园林"当做城市和小区的广告名片。这种做法对推动城市绿化工作不无裨益，但不利后果更为严重。一是严重破坏了整个生态系统。从其他地方运来的大树在一定程度上绿化美化了城市，但对于那些被移走大树的地区而言则是极大地破坏了生态系统。二是大树在异地移植后，由于气候、季节、移植技术等多方面的原因，往往会产生移植后的不适应，造成枝枯叶落，降低绿化效果，严重的会导致大树死亡；而且大树在移动过程中所需的各种成本很高，移植后即使成活，也需一个逐步恢复的过程，这势必要增加大量的人力、物力和财力。因此，大树移栽在适度之外，是以严重破坏生存环境、生态系统为代价的，得不偿失。

四、园林绿地分布不平衡

在源于工矿业的老城市，存在着园林绿地分布不均衡的问题，具体表现为老城区园林绿地严重不足而新城区园林绿地又过于充足。由于老城区人口密集、设施陈旧，园林绿地建设的成本较高，城市管理者和决策者为了快速取得政绩，只热衷于在新城区铺草种树，以快速完成城市园林规划指标，形成了新老城区在绿地分布上"两极分化"的现象。同时，靠近各单位的园林建设也很不平衡，大中小学校、医院、新建小区旁边的园林分布较多，厂矿、仓储、运输物流等机构附近的园林分布少。另外，甘肃的大多数城市都缺乏大中型绿地公园，布局也不尽合理。

五、不重视绿化安全

绿化安全包含两个层面的含义，一是绿化植物的生长安全，二是园林绿色景观及设施对人的安全。首先在绿化观念上，存在重规划设计、轻养护管理的问题，使得许多绿地缺乏监控，甚至只栽不管，可以说这是甘肃省内城市绿化安全的普遍问题。其次，绿化植物种质资源安全问题也有凸显，盲目引种会导致一些植物群落的生态入侵，威胁乡土植物资源的保存利用。第三，绿化规划布局安全问题也不容忽视。如在公园或公共绿地内部或周边，人们热衷于对道路与广场进行精细的铺装，使得园林绿地变得越来越"城市"，到处是人工雕琢加工的痕迹，难见土路和石子路的踪影，难得有野趣。这种趋向是甘肃城市绿化在高速发展过程中的一种偏好，需要从生态和人文的角度重新审视和认识，让城市绿地回归自然的价值。

第三节　甘肃省园林植物的选择与配置

植物在园林建设当中所起的作用非常关键，比如植物在城乡绿化工程、古迹改造、风景区的绿化和美化工程中都起着主导作用，植物是园林建设工程当中最主要的成分，园林的美景可以说是由植物来构成的，植物是活的有机体，可以在一年四季不同的季节当中呈现出来不同的景观，而植物本身具有的生物学与生态学的特性对于美化环境也具有积极的作用。

而甘肃干旱少雨的气候也就注定了很多植物无法在甘肃境内生存，如何在甘肃选取正确植物进行园林搭配是一个有趣的话题。

一、园林植物选择的原则

（一）遵循适地适树的原则

树木在长期的自然进化过程中，逐渐适应了适合自己生长发育的环境，并将这种适应性遗传给后代。因此园林树木的选择要根据甘肃的气候环境条件，选择适合的树木种类，即"适地适树"原则。衡量适地适树存在两个标准。其一是生物学标准，即在栽植后能够成活，正常生长发育、开花结果，对栽植地段不良的环境因子有较强抗性，具有相对的稳定性。一般可以用立地指数和其他生长标准进行评价。其二是功能标准，包括生态效益、观察效益和经济效益等栽培目的的要求得到较大程度的满足。适地适树的功能标准只有在树木正常生长发育的前提下，即满足生物学标的前提下才能得以充分发挥。

（二）乡土树种为主，适当引进经驯化的新树种

乡土植物是在本地长期生存并保留下来的植物，它们在长期的生长进化过程中已经对周围环境有了高度的适应性，因此，乡土植物对当地来说是最适宜生长的，也是体现当地特色的主要因素，理所当然成为城市绿化的主要来源。在园林绿化中应选择抗性、适应性强的乡土植物，有利于绿地的可持续发展。甘肃地区的气候、土壤等自然因素限制了园林植物的选择范围，自然条件划定了植物种类选择的界限，作为生命体的树种依附于自然因素，应充分考虑到树种的最适条件和极限条件，以本地树种作为植物配置的基础树种，同时还要积极挖掘驯化新的树种资源，以丰富园林绿化建设的形式。

（三）以经济实用为原则

园林树木种植的目的是改善和美化环境，为人类创造一个优美、宁静的生活、工作环境。但在改善环境的同时，应本着经济实用的原则。

1. 选择可以露地越冬的植物，减少养护成本。在冬季气候寒冷的西北地区，植物的越冬成为园林工作者的重点，由于保温不当而造成的植物死亡的现象时有发生。抗寒性较强的园林植物可以露地越冬，减少园林养护的成本。如紫叶矮樱、紫叶风箱果、金叶水蜡、金叶榆、金叶蔬、水蜡、龙柏、卫矛、景天、玉簪、萱草、蜀葵等，尽量少用金叶女贞、小叶黄杨。

2. 树木规格宜小不宜大，选择树木的规格要有度，不能一味地求大，因为大规格树木价格昂贵，在甘肃这种干旱的环境条件下移植和修复生长过程中的投入都较大。

3. 节水性原则。在甘肃地区，园林灌溉仍采用大面积漫灌，浇水次数及浇水量依靠管护人员的经验确定，无章可循，不计成本，造成水资源的浪费，加大养护成本。因此，乔灌木应该选择一些抗旱性较好的树种，用宿根花卉代替草坪。

（四）乔灌草接比例结合原则

合理密植才能使单位绿地面积生态效益最大化。为在较小的绿地空间取得较大活动面积而又不减少绿植数量，植物种植可以乔木为主，灌木为辅。乔木以点植为主，在边缘适当辅以树丛；灌木应多加修剪，适当增加宿根花卉的种类，以增添色彩的变化。此外，也可适当增加垂直绿化的应用。

二、园林植物的配置

正确的选择树种、合理的进行配置是甘肃园林绿化工作的重要环节，也是充分发挥园林树木的综合功能，构成美丽景观的重要环节。园林树木的配置包括两个方面，一是各种植物相互之间的配置，需要考虑植物种类的选择、树丛的组合及平面和立面的构图、色彩、季相和园林意境；另一方面是园林植物与其他园林要素如山石、水体、建筑、园路等相互之间的搭配。配置过程中，应当在园林规划设计的基础上，考虑树木与周围环境之间、景区之间和景点之间的相互关系，既符合生态环境的要求，又符合景观要求，还要有利于人类的活动。

（一）植物配置工作中的常见问题

通过分析甘肃省近几年来的园林绿化工程案例，我们发现当地园林绿化工作中园林植物配置常常会发生很多配置、设计上的误区，使得园林绿化工程不能做到物尽其用的功效。

1. 结构配置趋于单一

园林植物在不同区域的配置效果有差异，在甘肃省园林绿化的过程中，植物配置的空间结构往往会缺乏层次感，多是单纯的草类，灌木或乔木彼此独立的种植，这样配置出来的园林效果相对单调，同时不仅不利于城市景观的美化和城市形象的树立，而且也大大减弱了城市园林绿化应发挥的生态效益，更体现不出高低错落、千姿百态和绚丽多姿的配置效果。

2. 园林地被植物的利用率低

基于园林绿化设计的角度而论，因甘肃地区干旱多风，如果地被植物利用率太低，一是会影响园林绿化的美观效果，二是容易造成大量地面因裸露而水分流失，使其地被植物不易存活，特别是在昼夜温差大的甘肃北部地区。地被植物的种植不密集，还会导致植被出现病虫害。

3. 过度追求外在的美

在甘肃生态园林的建设中，有很多管理者片面地追求园林的美感，而忽略园林绿化的生态效益，很多园林绿化工程都是应付式的城市形象工程，很多植物种都是从外地引进临时移植，管理者们过度地注意形象工程和外在美，而忽略和忽视了园林植物配置工作自身的主旨。

4. 设计方式简单

通过对甘肃境内几所著名园林绿化工程的案例进行分析，笔者发现其绿化配置方式过于简单，达不到植物多样化、科学化及合理化配置的要求，在美观方面缺乏艺术性与合理性。

（二）园林植物配置的可行举措

1. 生物学特性与周围环境相协调

不同地区的土壤、温度、湿度等环境因子不同，所以要选择与之相匹配的植物类型进行配置，才可以满足植物生长的需要，使之正常生长，因地制宜，充分发挥其观赏特性。通常在光照充足的地方，应选择阳性植物和长日照植物；在光照少的建筑北侧或树荫下，可选择阴性植物，耐阴树种有冷杉属、云杉属等。随着甘肃工业化的快速发展及防护措施的不完善，工厂产生了大量的有毒有害气体，如二氧化硫、氯气等，因此，可在工厂附近选择种植吸收有毒气体的植物，如旱柳、国槐、刺槐、臭椿、悬铃木等。

2. 多用彩叶植物

园林绿化不仅需要绿色，而且需要丰富的色彩。彩叶植物具有绚丽的色彩，且枝繁叶茂，易形成大面积的群体景观，在甘肃园林绿化美化有着巨大的作用。

彩叶植物以植物色彩器官（非绿色）作为观赏特性，包括观叶、观花、观果等具有观赏价值的树种，以观叶植物为主，即在生长季节全部或部分叶片呈现非绿色（排除生理、病虫危害和栽培等外界因素影响）或枝条色彩呈现随季节变化的树种。

彩色树木包括春色叶树种、秋色叶树种和常色叶树种三大类。春色叶树种是指春季新发的嫩叶呈现彩色叶色的树种，如臭椿呈红色，连翘为黄色。秋色叶树种是指入秋后叶片由绿色转成其他颜色，整个树冠鲜艳美丽，如银杏、白蜡、火炬树等秋叶呈金黄色或黄褐色。常色树木是在整个生长季节叶片都为非绿色，观赏效果极佳，如紫叶小檗、红叶李等。

彩叶树种是园林植物的重要组成部分，能弥补一般植物的不足，极大丰富园林的色彩，具有一般树种无可比拟的优越性。彩叶树种不仅用来点缀、配色，更多可用来布置图案和色块烘托园林气氛，彩叶植物已成为立体的"彩色地被"。在甘肃，常用的彩叶植物有黄色系，如金叶榆、金叶荻、金叶女贞；红色系如红叶李、红叶碧桃、紫叶矮樱、红叶小壁。季相变化明显的有银杏、五角枫、槭树、火炬树、五叶地锦等。

3.多用花期较长的植物

就目前而言，甘肃地区园林植物配置较为单一，导致景观达不到想要的效果，应选择花期相同的不同植物进行配置，形成繁花似锦的景观效果，或者用不同花期的多种观花植物配置，形成春夏秋三季开花的景象。甘肃省内多为春季开花的植物，夏秋季开花植物较少。春季常见开花的植物有连翘、丁香、榆叶梅、碧桃、迎春、樱花等，夏秋季开花的植物有牡丹、芍药、月季、玫瑰、珍珠梅、木槿等。

4.观果植物的配置

园林绿化的植物种类贫乏，品种单调，只有采取各种有效的方式，最大限度地丰富园林绿化植物的种类，为鸟类和其他相关生物提供较为适宜的栖息生存环境，才能够使生态园林绿化的建设达到较好的效果。春夏赏花赏荫、秋季赏叶的植物在园林绿化中已得到大量的应用，但观果树种植物相对应用的较少。观果树种具有其它绿化树种的优美树形、繁茂的叶片和美丽的花朵，而且果实还具有观赏性。观果树种的果实成熟期多为7—9月份，此时大多数绿化树种的花期已过，为绿化树种绿化效果较为单一的时期，而观果树种在此期则能以其优美的挂满树枝的果实营造多彩的观赏效果。甘肃常用的观果树种有杏、李、桃、苹果、枣、山楂、核桃、海棠、银杏等。

（1）观赏桃。桃树树姿美丽，花朵繁密、烂漫芳菲、娇艳动人，叶片翠绿，非常优美。适宜在西北地区种植的观赏桃品种有碧桃、垂枝桃、山桃等，可与其他园林植物混植于林间或于园林建筑前零星栽植。

（2）观赏杏。杏是中国最早栽培的古老果树之一，杏树是先开花后展叶，花期长达20多天。花色有粉红、素白两种，绚丽多姿，杏树春观花、夏观果。杏树的适应性极强，抗旱耐瘠，可供甘肃园林选择栽培的品种有串枝红杏、龙王帽、山杏等。孤植、群植均可。

（3）观赏李。李树已有3000多年的栽培历史。它植株健壮，树干挺拔，木质坚硬，花朵艳丽，果实奇特，叶片色泽多样，是观赏果树中的重要成员。可供栽培观赏的主要品种有紫叶李等。紫叶李叶片常年紫红色，小枝、嫩芽淡红褐色，树皮紫灰色，整株树干光滑。叶片光滑，花色粉中透白，落叶晚，有良好的观赏价值。生长适应能力强，耐修剪，易造型。孤植、丛植、片植、群植皆宜。

（4）观赏苹果。苹果在观赏园艺树木中占有重要地位，开花时节，繁花朵朵，颇为壮观；果熟时节，果实累累，色彩鲜艳。适宜甘肃园林绿化所用品种有：乙女、金红、黄太平、沙果和芭蕾苹果等。特别是芭蕾苹果，其树冠只是一个细长的柱子，故也称柱型品种，具有婀娜的树姿、紧凑挺立。春季和秋季叶片呈红或绛红色，花朵胭脂红色，花冠与花瓣大、花期长，在盛花期整株树状似"花柱"一样，十分美观，果实紫红色，可以保持到秋后，且对甘肃当地的气候有良好的适应性。

（5）观赏海棠。树姿优美，春花烂漫，入秋后金果满树，芳香袭人。如"红宝石海棠"具有叶红、花红、果红、枝亦红的特点；"西府海棠"树姿直立，花艳果红；张家口乡土品种"八棱海棠"，花姿明媚动人，楚楚有致，花开似锦，自古以来素有"花中神仙"之称。秋季挂满枝头的海棠远远望去像一串串小红灯笼，硕果累累，景色怡人。海棠树春赏花，秋采果，且喜光、耐寒、耐干旱，适应甘肃本地的气候生态条件，宜孤植于园林建筑前后，对植入口处，丛植于草坪角隅，或与其他花木相配植。

（6）观赏梨。梨花是人们十分喜爱的观赏花卉，当桃杏落英缤纷之际，梨树恰是白花满枝之时，皑皑花海，银装素裹，朵朵梨蕊，晶莹如玉。其中著名的观赏梨品种有垂枝鸭梨、矮香梨等。

（7）观赏银杏。银杏树是古老树种，为人们喜爱的观赏树木，树冠似华盖，叶片如摺扇，枝叶繁茂，绿荫蔽日，晚秋时一片金黄。栽植在园林入口两侧或主要建筑物前，植株肃穆壮丽，古雅别致。其著名的观赏品种有垂枝银杏和斑叶银杏。

（8）山楂。山楂树适应能力强，病虫害少、容易栽培，树姿雍容优雅、果叶共衬。春季开花，满树皓白，绿装素裹，秋季结果，红果串串，碧叶绛珠，是园林绿化的理想观赏树种。

5. 用宿根花卉替代草坪

宿根花卉品种多、色彩丰富、耐旱、抗寒、耐贫瘠、耐盐碱，栽培容易，管理粗放，成本低，见效快，可一次种植，多年开花，适合于城市绿化的绿化带、花坛、花镜等，得到了园林工作者的广泛关注。通过对宿根花卉的配置及应用，可极大地丰富西北地区植物配置的多样性，并且减少了部分草坪，使养护成本降低。目前，甘肃园林建设中常用的宿根花卉有八宝景天、鸢尾、萱草、唐菖蒲、香石竹、马蔺、芍药、玉簪、福禄考、郁金香等。

6. 合理配置造型植物

运用植物造型，可以充分展示园林绿化特色，可起到画龙点睛的作用。且造型本身又具有较高的艺术效果，极大增加了绿化景观的观赏性。通常造型植物选用树形规整、枝叶繁茂、耐修剪、有较强再生能力的品种，如水蜡、桧柏、榆树可以修剪成种植篱，也可以修剪成球、圆柱等更多特殊的植物造型。类似的植物种类如金叶榆、连翘、榆叶梅、卫矛等，特殊的造型，再配上美丽的花色、叶色，自然美不胜收。

（三）特殊环境下的园林植物配置

回顾前言，甘肃省内环境因近年来极端气候增多与人为破坏严重等因素而产生了很多类似于土地荒漠化与水土流失的问题。在这些特殊地理环境下的园林绿化建设工作需要对植物进行严格的挑选，结合当地的气候，在对区域内园林绿化植物进行普查的基础上，翻阅资料，总结分析得出当地园林绿化植物的配置规律，以期指导今后的甘肃地区园林绿化工作。

1. 荒漠化地区

荒漠地区园林绿化普遍存在的问题是树种单一、色彩单调、结构简单和季相景观不突出，因此在选择适宜树种时除了考虑树种的适应性、抗逆性、观赏价值以及树种寿命等特点，还可以大胆运用彩色树种来丰富城市色调。以下是甘肃省沙漠城市园林绿化的可用树种：

耐瘠薄树种：小叶杨、河北杨、大叶榆、樟子松、油松、紫穗槐、臭椿、龙爪槐、侧柏、圆柏、榆树、紫丁香、旱柳、刺槐、枸杞、国槐、杏、垂柳、紫叶小檗、珍珠梅等。

抗污染树种：刺槐、国槐、紫穗槐、白蜡、白皮松、垂柳、榆树、侧柏、油松等。

彩色树种：国槐、金叶榆、银杏、五角枫、火炬树、杏、紫叶李、紫叶矮樱、紫叶风箱果、金丝垂柳、金枝白蜡、连翘、红瑞木、怪柳、白皮松、白桦、白丁香、珍珠梅、碧桃、刺槐、榆叶梅、山桃、连翘、黄刺玫、夹竹桃、紫丁香、香花槐、紫穗槐、楸树等。

草花植物：八宝景天、三七景天、旱熟禾、剪股颖、苣草、爬山虎等。

（1）荒漠化地区的植物配置模式

①风沙草滩区。利用抗逆性强的本土树种大面积造林绿化，乔灌搭配。

沙壤土地类：采用樟子松和沙地柏混交模式，苗高一般选用 1 m，2 m，3 m，4 m，株行距 3 m×3 m，3 m×4 m、4 m×4 m，5 m×5 m，多行栽植，地被选用 2 年生、苗高 50 cm 的沙地柏；采用杨树类和紫穗槐混交模式，常用杨树包括新疆杨、合作杨、河北杨，胸径 4、6、8、10 cm，截干高 3～3.5 m，株行距 3 m×3m，多行栽植；地被选用当年生紫穗槐，株行距 0.5m×0.5 m、1 m×1 m。

黄土地类：采用侧柏纯林或与紫穗槐、桑、长柄扁桃隔行混交。选用 1 m 或 1.5 m 侧柏，株行距 3m×3 m 或 3 m×4 m，整地规格 1 m×1.5 m 大鱼鳞坑。紫穗槐、桑、长柄扁桃整地规格用反坡梯田、株距 1 m，双株栽植；采用油松纯林或与紫穗槐、桑、长柄扁桃隔行混交。选用 1 m 或 1.5 m 侧柏，株行距 3 m×3 m，3 m×4 m、4 m×4 m、5 m×5 m，整地规格 1 m×1.5 m 大鱼鳞坑。紫穗槐、桑、长柄扁桃整地规格用反坡梯田、株距 1 m，双株栽植；团块状配置红叶树种。包括选用胸径 4～6 cm 大扁杏，树高 2m，带半冠、胸径 4～6 cm 五角枫，干高 2.5 m；胸径 4～～6 cm 火炬，干高 2.0 m；胸径 4～6 cm 山桃，树高 2m，带半冠；株行距 2m×3 m，3 m×3 m、3 m×4 m、4 m×4 m。

②交通干道绿化。按照乔灌草混交模式、乔灌混交模式、灌草混交模式进行配置。

落叶乔木树种：国槐、红花槐、香花槐、龙爪槐、垂柳、旱柳、河北杨、新疆杨、碧玉杨、大叶垂柳、垂榆、金叶榆、圆冠榆、长枝榆、银杏、白蜡、五角枫。

常绿乔木树种：油松、樟子松、白皮松、云杉、侧柏、龙柏、圆柏。

灌木类：圆柏、干头柏、侧柏、紫叶矮樱、紫叶风箱果、金叶风箱果、金叶榆、水腊、榆叶梅、四季玫瑰、碧桃、白丁香、紫丁香、连翘、黄刺玫、金银木。

地被：沙地柏、八宝景天、三七景天、德国景天、石竹、聋草、早熟禾、股颖、月季、芍药。

③河道绿化护岸林：以柳树类、槐树类、杨树类，松树类为主，单行栽植，形成行道树，从而达到遮阴美化和休闲的目的。护坡林，以沙地柏为主，适当搭配丁香、榆叶梅、连翘，从而增加绿地面积，有效控制水土流失。

④城市广场、公园、景点绿化以圆柏篱和丁香，榆叶梅、连翘为主，少量点缀一些油松、垂柳、云杉、国槐和大圆柏，用紫叶矮樱、水腊、金叶榆、沙地柏组合搭配一些色带或色块，构造一些造型，从而达到锦上添花的效果，草坪以股颖、聋草为主。

⑤学校，住宅小区绿化以三季有花、四季常青为目的，重点以丁香、榆叶梅、连翘为主，搭配地被景天、葺草、沙地柏，少量充实一些垂柳、国槐、樟子松、油松、云杉、龙爪槐。

2. 盐碱地

盐碱地是各种碱土、盐土及不同程度盐化和碱化土壤的总称。盐碱地中含有钾、钠、钙、镁的氯化物、硫酸盐、重碳酸盐等盐碱成分，具有不良的物理化学性质，致使大多数植物的生长受到不同程度的抑制。对于植被而言，盐碱化土壤中盐浓度高，植被细胞难以吸收土壤中水分，造成植物营养失调，减少地表植被覆盖率，制约生态平衡发展。因此，当务之急就是引进耐盐碱植物，对树种结构进行调整，增加植被的多样性，这对提高盐碱地的生态稳定和综合效应有着深远的意义。

选择抗盐碱植物是园林绿化对抗盐碱地最经济、最环保、最有效的手段。在盐碱地环境进行园林植物配置时，在注重其艺术性和意境美的同时，应以"适地适树"和"植物多样化"为原则选择耐盐碱观赏植物。常选用中度耐盐碱植物，灌木有月季、金叶获、怪柳、沙棘、丁香、紫穗槐、榆叶梅、黄刺玫、连翘、玫瑰等；草本植物有高羊茅、早熟禾、黑麦草、波斯菊、大花萱草、蜀葵、苜蓿、金光菊、宿根福禄考等；乔木有侧柏、铺地柏、雪松、樟子松、毛白杨、金叶榆、火炬树、国槐、刺槐、香花槐、臭椿、西府海棠、垂柳、馒头柳、新疆杨、金叶榆、枣树等。此外，也可加大耐盐碱的乡土植物在园林绿化中应用，如沙枣、大黄、甘草、芨芨草、刺旋花、蓬碱、盐爪爪等。

3. 高原高寒地区

高寒地区地理位置非常特殊，同时气候也较寒冷，所以更应当加强乡土树种的栽植，并发挥其优势，这样才能达到良好的绿化效果，增加相应的投资效益。

在配置植物过程中，应当与当地的土壤条件充分结合，同时考虑气候因素，对合适的植物种类进行选择，将适地适树原则充分落到实处，如榆叶梅、旱柳、华山松、珍珠梅、圆柏等树种适宜在光照条件充足的区域进行种植；白毛山梅花及青榨槭适宜种植在楼宇或者墙北面较阴的地方。在一些阴暗角落或者一些乔木下较阴暗植物无法立足的地方，可以设置假山，并进行相应蕨类植物配置，以增加观赏性。可以选择掌叶铁线蕨、中华蹄盖蕨及华北鳞毛蕨等，通过合理植物配置，创造良好的植物观赏景观。在一些居民区或者楼房南侧，小气候稍稍温和一些的区域，可以选择名贵的樱花及雪松等树种进行栽植，提高观赏价值，增加绿化档次，并配合应用一些小的灌木，如银露梅、金露梅及绣线菊等。

　　为了使高寒地区园林的花期更长，在高寒地区城市园林绿化过程中，要达到四季常青、三季有花的效果，存在较大难度，然而可以将树种枝条具有的色彩优势充分发挥出来，结合叶色与果实产生的季相变化，科学搭配植物材料，对常绿树种比例合理增加，也能达到四季常绿、三季有景、两季有花的效果。如在 -8 ～ 5℃条件下，野山芍药可以出土，而且积雪覆盖的花朵也不会掉落；在 2200 ～ 2 800 m 海拔范围内分布着马蔺花，其花呈现喇叭状，为蓝紫色或者白色和天蓝色，生长于花梗顶端，花色非常美丽、淡雅，4—6 月是其花期，一般开花 7 ～ 10 天，观赏效果极佳，在边坡绿化过程中可以选用，还可种植在公园绿地、街道、花坛景观等区域。现在栽植的花卉，比较其花期，虽然难以实现三季有花的效果，然而可以使观花期提前 1 个月，使当地的观花期及绿色期时间大大增加。而且这些野生花卉在早春时节开放，非常艳丽、优美，同时具有很强的适应性，且分布广泛，使早春时节木本花卉不足的现状得到有效补充，可以将野生的宿根花卉布置在草坪中，例如马蔺花、山芍药等，能够让花期提前至 4 月。

　　球花荚醚开花时间在 4 月中旬，开花期间如果遇到大雪，在白雪映衬下，粉红色的花显得更加艳丽，更加有特色，毫无冻害。在同一环境中混合栽植丁香、连翘、黄刺玫、金露梅、银露梅、大月季、珍珠梅等，可以使其观赏期进一步延长。

　　配置植物过程中，为了有效应对高寒地区城市绿化过程中花色不足的问题，应当运用各种色彩植物材料，科学合理地进行搭配，如将彩叶树种和观果树种合理搭配。小叶黄杨、红叶小檗及红叶李具有非常强的适应性，在春季展叶之后，色彩非常艳丽，桦叶四蕊槭、青榨槭、秋季茶冬槭和红桦树、白桦树相搭配，并配合圆柏、华山松与云杉等树种，会产生极强的观赏效果，使景色更加鲜艳。另外，白雪映衬下的桦叶荚蒾、水苟子红褐色的枝条再加上红、白色的果实，显得非常诱人，彼此衬托，增加色彩对比性，提高高寒地区城市园林绿化景观效果。

第八章　甘肃省生态园林建设与
可持续发展研究

生态园林绿化体系的构建具有恢复生态系统，促进园林城市发展等积极作用。当前甘肃地区仍存在水资源、土壤环境、绿化体系较差，绿化植被单一等问题。本章结合我国甘肃省生态园林绿化体系现状，提出了打造乡土景观格局、合理规划水系统、科学做好甘肃生态园林规划等相应问题的发展建议。

第一节　甘肃省生态园林建设的原则与途径

一、甘肃省生态园林建设的必要性

（一）恢复生态系统

目前甘肃地区最严重的生态问题就是生态退化。生态系统退化不是一蹴而就的结果，而是一个在自然环境和人类共同作用下向不利于人类可持续发展的方向行进的退化过程，严峻的生态条件是其退化基础，但人类长期的不合理利用，加快了退化的脚步。

由于甘肃地区地理环境和气候条件的复杂多样，故其生态系统的治理将是一个困难且漫长的过程。为此，应首先重视甘肃地区植物养护工作，加强对地表植被的治理力度，在此基础上尽可能地防止水土流失，从根本上改善土地环境。

（二）促进园林城市发展

甘肃地区本就属于贫瘠地区，而随着城镇化进程的加快，城市群现象越来越普遍，城中村的出现频率也越来越高，这不仅严重破坏了城市的形象，还影响了园林绿化体系的平衡。在过去数十年的发展中，城市的生态园林绿化在城市建设规划中很少被提到，旧城区杂乱无章，新城区高楼林立，毫无绿化体系可言。而基于国内外学者对城市绿化的研究表明，合理的园林绿化体系可以很好地改善空气环境。而促进生态与城市发展相平衡的体系，务必要做到以下两点：①扩大公园、小型湖泊、人民广场等公共区域的绿化面积；②更新适合该城市水土环境的绿化植被品种，尤其是乡土植被。乡土植被具有成本低、栽培速度快、栽培效益最大化的特点，不仅能够满足先进的园林绿化体系，还能促进甘肃地区向园林城市方向发展。

（三）市民健康生活的需要

在过去三、四十年的发展中，中国大多时侯处于粗放式发展状态，随之而来的就是城市的污染，环境的破坏等问题。随着近些年居民生活理念的改观，以及政府决策的出台，环境质量得到了大大改善，人们已经开始重新审视，并越来越重视生态绿化与健康的关系。实践证明，合理的绿化体系不仅仅能美化城市，还可以在一定程度上提高市民的身体健康水平。

二、甘肃省生态园林建设的原则

（一）整体优先原则

甘肃省的园林绿化要遵循自然规律，利用城市所处环境、地形地貌特征、自然规律、城市性质等特点进行科学绿化建设。园林工程建设应高度重视保护自然景观、历史文化景观、以及自然物种的多样性，把握好它们与园林绿化的关系，使当地的生态环境在现代化建设中同时保留下独有的自然景观和历史文化风貌。

（二）生态优先的原则

在城市园林绿化中首先树立生态优先的原则，其本质在于确立城市园林绿化的生态目标，这一目标决定了城市园林绿化建设在树种的选择、灌木的搭配、花卉的点缀、草坪的培育方面，必须从最大限度地改善生态环境，提高生态质量出发。

（三）可持续发展原则

坚持可持续发展原则就是要以自然环境为出发点，按生态学原理，调节自然环境与人类社会环境的关系，实现社会、经济及环境的协调发展，及物质、能量、信息的高效利用，以达到生态的良性循环。在全球倡导可持续发展的背景下，植物的可持续利用成为人类及所有生物生存和持续发展的基础。城市化进程的加快，城市人口的迅速增长，带来的一系列问题如大气污染、温室效应等，多使人们进一步认识到在城市建设中创造一个可持续的，具有人性化的绿地系统成为至关重要的大事。

（四）文化原则

在城市的园林绿化中坚持文化原则，可以使城市绿化向充满人文内涵的高品位方向发展，使不断演变起伏的城市历史脉络在城市绿化中得到体现。尤其其中的古树名木、栖居的珍稀名贵动物，以及配合以名人轶事、神话传说，通过人们的五官感应，联想遐思，会倍增人们的兴致，从而也丰富和提升园林绿地的内涵和功能。

三、甘肃省生态园林建设的途径

（一）树立整体统一的观念

园林绿化是城市建设的一个重要组成部分，甘肃省进行园林绿化、美化、香化、彩化工作时，不仅要纳入城市的总体规划，又要依据城市绿地的总体布局、功能分区和服务对象，结合城市的自然环境和人文景观，同时要从实际出发，始终坚持优美、舒适、实用的原则，树立整体统一的观念。加大城市绿化的长期投入，既要制定长远的规划，又要有短期的实施步骤。做到全面规划，合理布局，形成点、线、面三者相结合的绿化建设体系。

（二）注重植物造景的功能，发挥地域园林绿化的特点

城市园林工程建设的好坏不仅标志着城市的活力和文明，还体现了社会的进步状况和人们素质水平的高低。而园林绿化观赏效果和艺术水平的高低，在很大程度上取决于园林植物的选择和配置。因此园林植物就成为城市绿化的主题，如果不注意不同地域树种的变化和特点，以及乔、灌、草的合理搭配，就无法达到预期的效果，甚至破坏生态环境。如红花酢浆草与樟树配植会加重红蜘蛛的危害，将野牛草与银杏配植就会导致银杏提前落叶。

（三）充分结合本地条件，做到适地适树

在园林植物的选择应根据本地的土壤质地、土壤的酸碱度、地下水位及气候条件来选择，以乡土树种为主，既要能反映地方特色，又要有较高的观赏价值，还要注意研究甘肃城市的自然、人文、及历史，植物的选择利用要和当地历史文化结合起来，筛选当地优势野生地被进行园林绿化，保证春、夏、秋都有宜人的景观，野生地被的生命力很强，同"祭天古坛"的风格很协调。同时在树种的选择上还要和当地城市的环境背景相适宜，选择无污染、无飞絮的树种。在植物配置时还要考虑植物之间的共生关系

（四）建立健全法律法规，提高园林绿化管理水平

做好所有绿地、树木的养护管理，使其茁壮成长，是发挥绿化效益，提高城市绿化水平，巩固绿化成果的关键，与发展具有同样的意义。因此我们要大力宣传贯彻《宪法》、《森林法》、《城市园林绿化条例》等各种法规，并且随着园林管理中出现各种新的问题，及时制订一些具有法律效力的商业标准。加强城市绿地建设的监督和管理，加大城市绿化工作的执法力度，使园林绿化管理工作真正步入法制轨道，提高绿化养护的技术水平。完善绿化养护的设备，加强园林绿化的养护管理，避免"春天栽树热情高，夏天无人把水浇，秋天牛羊啃树皮，冬天拔来当柴烧"的不良现象产生。

第二节　甘肃省生态园林用水节水问题探索

甘肃地区的城市存在着严重的水资源不足问题，而其现行的灌溉方式又都是以漫灌为主，再加上对雨水和中水（再生水）的利用不到位，使得甘肃地区的缺水状况更加恶化。目前，甘肃生态园林的灌溉水源主要依靠自来水水源，而且没有得到充分的二次使用，给当地居民用水带来了巨大的负担。

一、甘肃省生态园林的水资源浪费问题

（一）大量耗水的水景建设

甘肃省内的大多数城市都属干旱或半干旱地区，一直以来都存在水资源严重

不足的问题。近些年，甘肃园林的建设往往会建造一些大量耗费水资源的水景设施，使本就不充裕的水资源变得更加短缺。水景设施对水资源的不合理利用，造成了大量的水资源浪费。甘肃省内的景观水体大都基本封闭，也不是依据天然的水景建造，其自洁功能差，内部构造不够完善，再加上设施建造时常会引入一些污染材料，日积月累之下，水体就会变得浑浊，甚至发臭发黑，乃至对水体造成污染，破坏水体的美感。

（二）灌溉的方式比较落后，而且缺乏系统性的灌溉设计

在甘肃园林的日常浇灌中，省内大多数的园林绿化设施主要采用人工软管、洒水车等来浇灌，设施简陋，管理水平低下，在喷灌、滴灌和滴灌等现代化的灌溉技术的采用上，也缺乏经费和技术上的考虑。当前甘肃省的浇灌形式以漫灌为主，灌溉水源以自来水为主，这些灌溉系统中有80%左右的水分无法被园林作物所吸收，造成了大量的水分流失。除了少数公园和广场绿地外，甘肃的绝大多数园林仍在用这类传统灌溉方式灌溉，日常损失的水量高达20%至30%。因此，在我国甘肃地区，特别是省内的干旱地区，所有绿地都必须建立灌溉系统。干旱地区地表径流小、土壤含水率高是造成当地园林景观质量差的另一个主要原因。此外，园林绿化的灌溉管理不完善，也是造成水资源浪费的重要原因之一。园林建设作为甘肃生态环境营造的主体，它的发展不能以大量的水来换取，所以要改变用水的模式，早日建成节水型园区，使甘肃省的生态园林建设走上可持续健康发展的道路

二、甘肃省生态园林的用水节水措施

（一）雨水利用

1. 雨水利用的思路

目前，我国在甘肃生态园林用水体系建设方面已经探索了不少经验，对于雨水管理利用方面也存在着独特的看法。要在下雨的时候，吸水、蓄水、渗水、净化水，而在需要"放水"的时候，就可以使用储存的水。以此缓解甘肃地区水资源紧张的问题。

2. 园林汇水面与"微流域"控制

雨水的收集和利用需要一定的设备，且只需少量的设备，就可以充分利用雨水。汇水面是指汇集降雨过程中所涉及到的各类地表，其覆盖程度与降雨径流、

水质等因素有很大关系。汇水面按材质分为硬水和软水两类，根据汇水面的具体情况，可分为建筑物屋顶、户外活动场地、交通设施、园林绿地空间、景观水体等。因此，不同汇水面的地表径流流量与渗流容量及所占空间大小相关，渗透率愈低，所占土地面积愈大，则径流愈大。一般来说，汇水规模越大，得到的降雨也就越多，但是地形坡度、地面质地、降雨类型、用水和储水设施的布局都会导致径流的增加，而在降雨的时候，渗水量大的地区会出现大量的径流，而随着降雨的不断渗透，这些地区的汇流会越来越多，最终会造成洪涝灾害。

我们常常觉得雨水径流要达到一定程度才会对场地产生影响，实际上，所有的水都是自然系统的一部分，自然的水循环可以在任何规模的场所进行，不管是宏观层面的区域雨水循环，中观层面的城市雨水循环及微观层面的社区雨水循环都应该有不同雨水规划策略。流域是指流域内及附近河流地上汇水和地下汇水的总称。在一般的园林绿地当中，尺度较少，属于微观层面的社区雨水循环模式，地表径流也较小，故称之为"微流域"控制。

在甘肃干旱地区，年平均降水量多在200mm以下。由于当地雨水的蒸发量远大于降雨量，城市雨水设施体系规划多以雨水"储、留"为目标，而当地的雨水又不足以形成雨水径流，所以甘肃很多城市都没有建设基础的排水管道。同时，甘肃地区的土壤主要质地是砂土或粉砂，雨水渗透系数大，渗透能力强，一般的降水难以形成地表径流。因此很有必要建设城市的雨水收集系统，达到对雨水的最大限度利用，流域控制可以很好的对场地降雨形成条件进行反应，还能对场地雨水的流向和下渗进行调节，用于补充地下水和对园林灌溉用水进行循环利用。

3. 小流量湿地系统和蓄水设施

当大气降雨降落到地面上时，会出现三种情况：一部分会蒸发回到大气层（大约40%的降水量），另一些会渗透到土壤中，以补充地下水（大约50%的降水量），剩下的则会变成地表水（大约10%的降水量）。有相当一部分的雨水会进入地下，经过一定时间后再由地下排水管网排出室外。由于甘肃的降水量主要集中于雨季，因此地表径流和地下水对环境的影响相对较小，这一点已经被大量实验证明了。但随着甘肃城镇化的发展，随着城市表面硬质化，地表径流可能会从10%增加到60%，地下水的渗漏补充量可能会急剧下降，甚至达到零。因此通过园林汇水面和"微流域"控制对雨水径流进行控制，让雨水尽可能的下渗，最大限度的补充地下水，维持地下水资源，减轻地面沉降，从而达到改善水环境、修复受损生态环境的目的，其次对于不能就地下渗的多余雨水，我们就应该就地蓄滞起来，作为园林水资源的重要来源。

建立在"微流域"和园林绿地汇水的地基上，如果地面上的雨水不能从地面排出，那么可以通过小型的人工排水系统和排水设备来进行降雨的渗透和聚集。人工湿地通常被称为"永远不会枯竭的浅滩"，它可以为雨水和污水的综合利用提供一套生态系统。人工湿地是一种综合性的生态治理体系，如可渗透式的河流，必须充分发挥其自身的水文地质特征，以重建和恢复其天然的水文地质作用。在此之前，必须对上游的降雨进行预处置，以消除泥沙沉积，避免水体的富营养化和缺氧。与蓄水池比较，湿地占地广、水深浅、植被覆盖率高，要求有较大的蓄水量以确保其永远不会枯竭，且其布置方式应具有一定的弹性，且不能太大，故适宜规模较小、流量较多的湿地。

蓄水设施主要是蓄水池、雨水罐、蓄水塘等，蓄水池主要是一些简易的池塘或者湿地，在雨水向下流传输过程中起到雨水过滤减缓、滞留的作用：常见的雨水罐主要有集雨桶、水槽、水箱、储水囊等，可以根据需要能方便灵活的进行选择。蓄水塘主要布置蓄水塘位于会输球和径流的下游，通在场地的最低处，蓄水塘主要运用在降水较为丰富的地区，收集由于雨水径流形成的雨水，从而形成灌溉水源。

4. 不透水表面的雨水收集利用

不透水表面采用无法通过表面垂直渗透液体的材料，不透水表面产生的雨水径流比自然地面多 2 ～ 6 倍，对于不透水面的雨水下渗主要是决定于材料的空隙度，空隙度越大渗透能力越强。常见的不透水面由屋顶、停车场、道路、运动场等各种建筑物组成，设计时必须使其同时满足其功能需要和蒸发、入渗雨水的效果。当不渗透面不能减小时，应对不渗透面所形成的雨流收集、储存和再利用。不渗透面的形式主要有雨水直接收集和屋顶式和地面铺装式两种。屋顶集雨装置利用屋顶物料的聚集功能，保证了雨水的安全集中，最简单的方法是将原有排水管与水库或水箱连接，屋面排放的雨水经过初期径流或其他技术措施的规避，处理后进入水库，并设有泄洪孔，当水位超过设计值时，自动流向园林或城市管网。

地表路面下设渗雨水收集系统，主要是将屋面雨水收集系统里面过剩的雨水和不能下渗地表径流，用地下储水箱收集起来，这样就可以作为生产生活的补充水源，如景观灌溉、废水利用，最高水平的是将收集到的雨水处理后形成饮用水。

德国是世界上最早实施雨水综合利用的国家之一。德国主要从雨水屋顶花园系统、净化系统、雨水渗透系统和回收系统四个方面对雨水进行收集、净化、渗透、储存等进行综合利用。当雨量充沛时，便把过剩的水输送到地下系统，地下蓄水池虽然在前期的投资成本较高，但具有容易维护的优点，性价比比较高，在大面积的城市广场，停车场等不透水面积较大的地方，应该选择利用蓄水池；屋面不透水面储存在雨水罐中的雨水应该及时利用，避免其富营养化，这样才能增加其储水能力。

5. 园林道路和小流域利用

在园林道路当中，其实际上的下渗率是比较低的，景观流线设计缺乏综合考虑，道路往往成为径流通道。由于缺少对城市景观流线的整体规划，导致了城市交通压力增大的问题。主园路和一条一级公路承担着运输的任务，为了保证车辆的通行和安全性，大部分的园路都不透水路面，特别是车辆的车道几乎全部采用不透水的铺装层，这就导致了很多的水资源的流失。然而，在现有的许多城市绿地景观设计中，空间布局没有考虑到雨水径流收集的环节，使得大部分道路只强调流畅性，简单地遵循坡度设计，与草地和雨水收集没有联系，从而间接地成为径流通道。通常情况下，对于机动车道路和停车场等地污染较大的雨水径流不宜采用雨水收集，因此，在绿化规划和建设中，可以在缓坡园路边界、道路绿化带、停车场绿化带、地形及铺装路边界等地方铺设植草沟渠，并采取垂直式的方式，降低地面的流量，将雨水引至植草沟渠，保证洁净的雨水通过种植沟渠的垂直斜度被导入排水渠或蓄水塘。

（二）土壤保水

1. 土壤表面覆盖物

在甘肃园林当中土壤表面覆盖物有很多，主要分为有机和无机两种，如小石子、卵石、植物修剪垃圾、枯枝落叶等。这些都是透水性强、吸水性好的材料，可用于树木树池、绿地边角地带或其他不适宜或裸露的地方。土壤覆盖物有很多优点：首先是覆盖裸露地表，有效减少地表水的蒸发，调节土壤温度，确保植物根系水分的水分吸收。第二是创造出亲切活泼的景观形式，景观材料简单，景观效果细腻，引人入胜；第三，树皮屑是天然的天然景观材料，绿色环保，无污染，价格低廉，可用于长期的土壤修复；下表主要介绍了9种地表覆盖物的节水保墒优缺点。

表 8-1　园林地表覆盖物蓄水保墒特点

材料类型	材料种类	蓄水保墒优点	蓄水保墒缺点	有效厚度
无机材料	砂砾石	雨水入渗效果好，不分解，规格丰富，持久	会压入土壤，自身无保水功能，面积太大影响视觉	2.5cm～7.5cm
	碎石	入渗性能好	分解后影响土壤化学性质	2.5cm～7.5cm
	沙子	密实，进入土壤后可以增加入渗	干燥迅速，易吹散，侵蚀，高反射率，视觉效果差	2.5cm～5cm
	风化花岗岩	自身具有良好持水性能入渗性能好，保水性好，持续时间长	具有区域选择性，颜色复杂，几年内可能破裂	5cm～7.5cm
	蛭石	自身具有保水能力，入渗性能好，质地轻	具有区域选择性，颜色复杂，几年内可能破裂，进入土壤后不能怎加土壤持水能力	5cm～7.5cm
有机材料	木屑	入渗性能好，具有一定的持水效果，增加土壤持水能力，许多尺寸可以选择	易分解	7.5cm～10cm
	碎树皮	入渗效果好，自身持水能力强	价格昂贵，具有区域适宜性，分解较慢，不能增加土壤持水能力	7.5cm～10cm
	大块的树皮	入渗效果好，持续时间长	价格昂贵，具有区域适宜性，分解较慢，自身持水能力较差	10cm～15cm
	松叶	松散，质地轻，入渗效果好	具有区域适应性，容易形成表层致密层，持续时间短	5cm～7.5cm

在不同的季节和气候条件下，园林景观设计中的地铺装饰材料的应用可以提高园林景观效果和质量，使得植物景观更加丰富多彩。由于植被的生成是在一定时期内发生的，因此，地表覆盖的方法可以有效地解决植物在前期产生的影响。新栽的植株尚未成形，且存在大量的间隙，一般采用两个办法：将植株紧密地栽种，并将其在成长期间进行稀释。树木的根系分布在林缘，路边，路段，路口，路基的地下深处，使树木的根系和根系统性地解决植物的生长问题。等待植物生长，如果采用树皮地铺的形式，将其收集用粉碎的园林机械加以处理利用，不仅可以填补空白，改善景观，不浪费植物材料，还可以将树皮中的有机物逐渐融入土壤的肥料、水和灰尘中，对地表起到一定的作用。

2．土壤保水剂

土壤保水剂（SAP）是近几年国内外研制的一种节水节水新品种，是一种集水、保水、节水功能的高分子聚合物。采用保水剂能有效地阻止土壤中的水分渗透和蒸发，从而降低用水和灌溉的数量，从而增加了水资源的利用。如唐山市大城山公园是唐山市面积最大的综合型园林，地势起伏，多为峡谷、斜坡、地面坑洼，岩体暴露，土壤的持水性差。在 2001 年度进行大面积造林时，采用了保水剂，与往年相比，除了气候原因，灌水量显著降低，但存活率达到 99%，创下了历年来的新高。在大树移植、新建园林绿地或需要大量水的地方应用保水剂，不但能降低耗水量，还能显著地增加植株的存活率。

土壤养护的方式有两种：一种是根系覆盖，另一种是混合土壤。已有的试验结果显示，在幼苗的根上施用能明显提高油松和国槐的水分含量，并能维持幼苗的生命力，提高其存活率。但由于不同品种的植物对保水剂的反应不一，所以其实际效果也就有所不同。因此，必须根据当地土壤条件及气候特点进行试验选择适宜的保水剂种类。给树根施足量的水，让苗木在吸收了细土的水分后，能够吸收土壤的水分。在甘肃干旱的地方，保水剂可以节约 50% ~ 70% 的水资源，但也不是保水剂量越多越好，否则，它不仅不能保持水份，还会将水从土地中抽走，因此，要适当把握保水剂的使用量，要在干燥的土地上添加 0.1% 的比例。

（三）灌溉设计与再生水

人类灌溉已有 5000 年历史，以前主要是针对农作物进行灌溉，因此又常被称为农田灌溉。后期是伴随着园林造景的兴起而兴起的，逐渐的园林造景必然会用到多种不同类型的植物，园林植物的灌溉必然会用到大量的水资源。因此灌溉植物的用水量与灌溉方式有很大关系。

我国古典园林往往强调的是景观的自然性，对其灌溉方式的研究却十分稀少，关于它的灌水方法的探讨很少，从古代到现在，中国的园林绿化一直延续到现在，主要还是采用天然降雨和手工灌溉，这样的灌溉方法简单、方便，在人力资源相对低廉的地方很有用。虽然这种地面灌溉方式简单易行，可以利用渠道输水或者洼地、沟等地势较低的地方集水用于灌溉；但是对于集水场地需要定期的平整和维护，以免造成对周围景观效果的影响，其次对于季节性的灌溉和定期的植物用水会造成供水困难，灌溉效率较低。

针对甘肃地区严重缺乏的水资源现状，节水灌溉具有十分重要的意义。节水灌溉，作为一个系统的概念，并不追求单块土地单位面积产量的最大化，而是一种灌溉模式，是为了在灌区或地区实现更高的作物产量而实施的。它是在现有经济和技术条件下，对现有灌溉水资源进行优化配置，以实现农作物产出的提高。

节水灌溉就是要充分利用有限的水源来提高灌溉效率，降低灌溉工程成本，增加农民收入。同时还可以节约水资源，改善生态环境，实现经济社会可持续发展。因此，随着城市化进程的快速发展，园林行业中城市绿地需水量的加大，园林灌溉用水是园林绿化建设和养护中最重要的用水环节。节水灌溉中需要根据作物需水量和当地供水规律，有效利用水资源，使农业获得最佳的经济、社会、生态环境效益的各种措施的总和。其实质是为了减少灌溉用水中水资源的无效损耗，而不是简单的减少灌溉用水。

1. 节水灌溉技术的应用

节水灌溉的主要类型分为喷灌、滴灌、微喷、小管出流、渗灌等方式进行。大面积、集中连片草坪宜采用喷灌，小片片种植区宜采用滴灌和微喷，大乔木宜小管出流和根部灌溉，小乔木宜采用滴灌和小管出流，花卉宜采用滴灌和微喷。绿地灌溉系统可分为地面灌水和地下渗水 2 种形式，前者适用于大面积绿地；后者则适于小型绿地。绿地需要进行自动化的灌溉。通过对灌区的自动化控制，可以大大减少人力成本；而由于各植被的需水特征的差异，灌溉方法和灌溉量也不尽相同，单凭人工调控很难实现，要实现适时适量灌溉，必须采用自动化的方法进行灌溉；此外，采用自动化灌溉技术进行节水，可使节水得到最大限度的发挥。

(1) 喷灌

喷灌简称"喷洒灌溉"，是一种先进的灌溉方法，是使用一套专门的设备，将加压的水喷洒在空气中，将其分散成水滴，然后降落在田间，为农作物供水的方式。目前已被广泛用于农业生产中，特别是在城市郊区及城市园林建设中应用更为普遍。根据植物品种、土壤和气候状况，喷灌几乎适用于所有园林绿地，且不容易产生地表径流和深层渗漏。我国从 20 世纪 90 年代初开始引进，现已成为甘肃园林绿化不可缺少的手段之一，并逐步发展为现代化农业不可或缺的重要组成部分。喷灌除具有最重要的灌溉作用之外，还可以带来出乎意料的景观效应，它可以营造和改进城市的微生态环境，调整空气含水量。

按照管道是否能够运动，喷灌可以分成固定式、半固定式和移动式三种。移动式管道投资较少，激动性强，但是管理强度大。固定式管道投资较高，但操作方便，便于实现自动化。喷灌尤其适合种植低海拔的作物（如草坪、灌木、花卉等）。在花卉和灌丛等密集的绿化区域，采用喷灌技术进行灌浆，可以达到良好的灌水和节流效益。园林喷灌节水节地，节约时间，适应性强，景观效果好，养护质量好。但由于天气因素的制约，使得城市绿化的初期建设投入较大，且对规划和施工的管理有较高的难度。

2. 微灌

微灌溉是一种新型灌溉技术，利用低压管线和专用灌水器，按植物的需求，将水分和营养均匀地供给到靠近根系的土壤表层或土体，这主要分为低压管线和高压管线，可以根据不同植物和土壤气候条件需要设置不同的微灌。特别是近年来，微喷技术在原有喷灌技术的基础上，又发展出了一种适应性较强的灌溉技术。单一的灌水量可持续较长时间，更换周期较短，工作压力较小，同时也可加强水量。微型喷雾器可将水和养分直接输送至作物根部附近的土壤，以满足作物生长和生长发育所需的水分，微喷亦可增加土壤的湿度和空气湿度，从而改变小地区的气候。微灌主要包括滴灌、微喷灌、渗灌、涌泉灌等技术。

（1）滴灌：滴灌是通过一种滴水装置，它被装在一根叫做毛细管的顶端，通过滴水来使泥土保持水分。如果把喷头和喷头放在地上叫做表面滴灌；也可以将其深埋在 30-40 cm 的土壤中，称为"地下滴灌"，其流量一般在 2-12 升 / 小时左右。结果显示：除了有喷灌的优势之外，滴灌节水 40% 左右，节约 50% ～ 70% 的能源，是目前节水区域内节水的一种方法。通过滴灌，可以将作物根部周围的水分维持在一定程度上，同时将养分通过根部传递给植株，从而增加养分的利用率，降低了灌水的压力，降低了能源消耗。在现有的园林绿化中，采用的是灌木、坡地、墙体绿化、窄路面绿篱、花坛花卉和道路绿化，但在草坪和其它密植中应用较多，也可以浇灌一些比较贵重的花卉。在我国的旱作中，采用了滴灌技术进行灌溉，具有良好的节水量和节水量，可达 98% 以上。与喷灌、微喷雾比较，可以明显提高灌溉效率，提高灌溉效率。由于其管路系统的广泛分布，增加了成本，增加了操作和管理的繁重，对水质的要求很高，很可能造成阻塞，使植株的根的分配受到限制。

（2）微喷灌：它是通过一个微型喷嘴，将喷嘴的压力水喷射到泥土中，其流量一般为 20-250 升 / 小时。与喷灌相比，微型喷灌体积小、重量轻、适应性强，它利用低压抽水机和管路，将水注入到低中，并在树叶和泥土中生成细小的雨珠。通过对微型喷灌技术的应用，可压的大气以达到精确控制、降低人力投入、增加节水的目的。

（3）渗灌：是将渗水毛管埋入地下一定深度，压力水通过渗水毛管管壁的毛细孔以渗流形式湿润周围的土壤，其流量一般为 2 ～ 3L/h。它直接作用于植物的毛细根区，避免过多水分的自然蒸发，不影响地面景观设计，也减少了杂草对水分的过度吸收。对植物根系土壤结构破坏小，保持根系土壤环境，保持土壤的通透性和疏松性，减少土壤板结，减少水资源浪费。地下滴灌适用于人口密集、交通密集的城市绿地。它可以很好地节约水资源，协调植物、绿地和土壤之间的需水关系。是一种新型的园林节水灌溉技术，与喷灌、滴灌等灌溉方式相比，渗灌在节水、防治病虫害、等方面具有更加突出的特点，其缺点主要是容易堵塞，不易检查和维修。有关数据统计，渗灌绿地水利用率可达95%，比喷灌节水25%，比漫灌节水75%。

（4）涌泉灌：涌泉灌技术是一种利用管道系统和上管灌水器（流量稳定器）向植物根部附近的土壤输送更少、更均匀、更准确的水的灌溉方法。第一灌段形成湿层，第二灌经过第一湿层时，向下入渗的水量减少，前向流速加快，使整个灌段的入渗和入渗程度不一致，减少渗入深层的水分损失，可节约灌溉用水20%～25%。涌水的推进距离是连续灌溉的2～3倍，这种方法适用于坡度较大的和有一定坡度的大地块。

目前，国内的微灌技术还处于起步阶段，主要表现在装备品种单一、工艺技术落后、产品质量低劣、材质不耐老化等方面；纯水工艺不能充分地适应它的水质；目前，我国甘肃园林绿化的节水效益并不明显，灌溉技术及技术研发的成果很难在全国范围内形成市场；当前，我国的园林绿化没有一个稳定的资金来源，而且在建设项目中，由于其对生态环境的影响，使得我国的节水灌溉始终处在一种消极的地位。因地制宜，科学合理地选择喷灌、微灌等节水节水的节水措施，以达到节水的效果。

表 8-2　不同节水灌溉技术的使用

灌溉类型		灌溉优点	灌溉缺点	适用场地
喷灌	固定式	节水、效率高	投资较高、耗用管材多	园林、运动场等多为灌草类
	半固定式	节水、效率较高、投资较低	劳动强度较大	多用于农业灌溉
	轻小型机组	一次投资低、轻便灵活，适用面宽	易损坏、保有率低	小面积绿地
微灌	滴灌	最节水、节省劳力、效率高	灌水不直观、投资较高	花卉、灌木、
	微喷灌	可创造景观、节水效率高	投资较高、易出故障	小面积绿地、花池、花坛、灌丛、树丛
	渗灌	节水效率高、节能、省工、防治病虫害	投资较大、单次灌水量较小、维修麻烦	园林、花卉
	涌泉灌	均匀准确、节约水	对地形有要求、有一定的局限性	树木灌溉
渠道防渗		简单、适用、容易布置	易受冻害、投资较高、工程量大	田间灌溉、农业灌溉
管道输水		节能、节水、投资较小	造价较高、对管材要求高	田间灌溉、农业灌溉

2.再生水源的使用

再生水经过处理后，可以满足一定的水质要求和使用功能，可以有效利用。再生水是中水的主要来源之一，随着现代污水处理技术的不断发展与完善，在污水处理过程中也会产生大量的再生水。它与城市污水相比，不仅解决了城市缺水问题，而且还能降低水污染对环境带来的危害。再生水可作为水量保障，保证出水水源的水质，延长用水风期，提高水质水量。它不仅能有效地净化雨水，降低绿地微污染，还可补充部分地表水，满足园林绿地灌水需求；再生水的来源非常丰富，其中一部分是经过处理后的水，这部分水具有一定的经济型，因此将这部分再生水作为清洁水资源用于园林绿地中。再生水广泛应用于绿地，绿地的类型、面积和功能差异较大，对再生水水的处理要求、出水指标和水质标准不同，其使用也不同。

以色列将生活污水和工业废水中的80%作为城市园林绿地用水或灌溉用水。甘肃缺水地区若采用中水中的一部分进行绿化，将大大提高单位面积的绿地面积和园林绿化覆盖率，从而节约更多的水量和能源。中水若作为园林绿地浇灌、水体景观、道路清洒及消防等方面的用水也得到了充分利用。甘肃园林建设采用雨水和再生水共同作为水源，形成了一个完整的生态水循环系统，实现了绿地节水。

（四）雪资源的收集使用

在甘肃所在的西北干旱地区，降雪是水资源的重要组成部分，因此必须大力研究冰雪资源的开发与利用。雪资源与雨资源是两种不同类型的水资源，但却是两种截然不同的类型，在严寒天气下，雪会凝结成一种柔软的、洁白的固态物质，而在暖和的天气里，雪会形成雨，并以一种无色的液态形式出现。在一定的时间和空间上，积雪消融速度缓慢，径流量也比较小。由于空间的空间和空间的非均质性和非连续性，与江河、地下水呈直线关系，因此，雪融水的排涝、蓄贮与雨水的蓄贮和排放是有区别的。

园林中的雪资源利用，多采用常规方法，将雪集中在附近的绿化区域或集中于场地，通过清扫机械进行清扫。对雪的利用方式是把雪堆积到绿地或水体中，而雪的地形都是在不渗透路面上展开的，这样就会造成雪的资源的浪费。通过分析融雪过程中产生大量径流的机理，提出了以蓄满产流为基础的"蓄滞—释能"型雨水调蓄系统，该技术已在国内多个地区得到成功运用。将冬春季节储存的积雪融水储存起来，可以用来解决春夏季节绿地浇灌用水问题，也可以用作绿地内景观水体的主要来源，因此对于雪资源的利用主要是下面几点。

1. 使用清雪铲、扫雪机等除雪设备，把道路积雪带进最近的绿化带，或铺设透水路面，灌溉水生植物和涵养地下水，在建筑物周围设置绿化池，收集路面积雪，融化屋顶雪水，使雪融水就地下渗或汇集到收集池。

2. 是对于远距离收集和运输储存的积雪。目前主要有人工作业方式和机械化作业系统两种模式，前者需要大量人力投入，后者可以通过远程遥控操作完成工作任务，但存在劳动强度大、效率低的缺点，因此应尽快发展机械化作业系统。一是使用集雪机收集大面积积雪，使用专门的机械收集积雪，融化后送至储雪站进行无害化处理。二是利用特殊地面和重要场地采雪，铺设电热管线或蓄能融雪水地面积雪。三是可以在风向上安装防雪栅栏，由于它对积雪的阻挡起到了阻隔的效果，因此可以在场地上安装一个挡板，挡住挡风板的一部分，降低风力，使得积雪发生积聚和沉淀。其次，就是可以采用常青树＋灌木丛＋地被的方法来提高地表的粗糙度，可以阻挡积雪，储存积雪。在储存积雪的能力上，以落叶类植物为最大，因此地被＋灌丛＋常青＋树叶可以阻挡积雪，提高土壤质量。

第三节　甘肃省生态园林修复的技术与措施

生态修复是指停止生态系统的人为干扰、通过生态系统的自我调节和恢复能力、再利用适当的人工帮助措施、使遭到破坏的生态系统逐步恢复，并朝着良性循环的方向发展。生态修复是一种新型的园林规划方法，在生态园林修复的过程中应注意生物的多样性以及当地气候等特点，综合各项生态服务功能的考虑、使园林实现最大的生态修复。

目前，甘肃省生态环境的主要特点就是生态脆弱。而且，由于甘肃省的矿产资源比较丰富，因此其自建国以来就是我国的采矿大省。而过多的矿产开采也就导致了生态环境污染现象的产生。矿区的废水、废气、固体废物等对当地的生态环境造成了巨大的危害。矿区地质环境损害的主要诱因是频繁开采导致的地表水流失、土壤酸化、空气污染等。污水中含有大量的重金属，重金属离子又会随着雨水渗透到地下，对人类的健康构成了极大的危害。同时，在矿区，还存在对矿产资源的不合理开采现象，例如煤尘、矿渣，造成了大气污染和生态环境恶化。而借助于生态园林绿化植物的光合作用、吸收等功能，可以实现降低矿区空气中灰尘含有量或是降噪的效果，且对于环境中存在的有害物质进行吸收和净化，最终促使生态质量得到进一步的提升。

一、矿区生态园林修复技术与措施

甘肃矿区生态园林的现状主要表现在其地表环境受到的破坏，如因采矿导致的植被清除，矿石、矿渣对地表土壤造成的污染等。想要对矿区生态园林修复首先就要采取措施来直面这些环境问题。

（一）物理修复技术

对污染土地的修复工作往往以土壤置换、隔离、围堵为主，利用热解吸附等物理方法对园林中受到污染的土壤进行治理。土地置换指在被污染的土地上混合或覆盖大量未经处理的土壤，包括表面覆盖、掩埋和包装。隔离技术是通过使用水泥、石板等材料隔离被污染的土地和土壤，防止污染物向周边地带传播。热处理依据污染物的挥发性，对土壤进行加热，加热方法有电阻加热、蒸汽加热和高频加热。一般说来，使用物理方法的目的是将污染物质从土壤中分离出来，效果显著，处理稳定，适应性强，同时存在成本高、稳定性差的缺点，所以仅适用于污染较重、面积较小的土地。

（二）生物修复技术

1. 植物修复。植物修复指在废弃矿山的表面土壤中栽植适宜的植物，从而阻止水土流失。该方法可以有效提高土壤物理化学性能，改善生态环境。生态园林中的许多草本植物都能优化土壤中的重金属含量，改善土壤的生态状况。常见的生态修复植物有苜蓿、白三叶草、豆科等，其大多具有较强的共生固氮能力，能够显著提高土壤肥力，随着播种时间的增加，能有效增加土壤的养分含量，从而优化土壤中的重金属含量。例如，紫花苜蓿的根系能有效丰富铜和锌的含量。但草本植物一般比较矮小，缺乏生物量，制约了重金属在土壤中的利用。此外，以草本植物为基础的生态系统在极端天气下的适应性不强。木本植物则具有较高的生物产量、较强的抗逆力和较发达的根系。木质的越橘、沙棘等对土壤的固氮作用非常明显，明显提高了土壤的肥力，且对重金属的富集作用也非常明显。另外，银合欢、桑树、臭椿等在废弃矿山中得到了广泛种植，并对重金属镉、铅、铜的富集起到了促进作用。目前，对矿山园林植被修复的研究已经越来越受到重视。植被修复技术具有防风固沙、降低水土流失的作用，在废弃矿山中得到了广泛应用。虽然抗病植物的修复效果很好，但因为大多数植株的生长速度很慢，所以其修复周期较长，只适合于表面修复。此外，当植物大量积累时，必须进行人工处理，而常规的处理方式（例如焚烧、热解）会产生二次污染，因此要实现资源利用的最大化，还需进一步研究。

2. 动物修复。动物修复技术是利用蚯蚓、蜘蛛等土体生物改善土体的物理特性。土体生物不但对恶劣的环境有很强的抗性，还能适应环境。此外，它的生物活性和生物代谢能有效改善土壤特性，增加土壤肥力，还能通过重金属的富集消除土壤中的重金属。此外，土体生物的活动能使土壤变软，例如蚯蚓的移动会使土壤的孔隙大大增加，其粪便也能有效改善土壤肥力，增加土壤的氧气和水分含量。土体生物的生长与迁移及生理代谢，都能增强土壤中的微生物活性，从而提高土壤肥力。此外，通过吸收和消化土壤中的有机物，可以将其转化为有机酸，使其更易于为作物所吸收，同时还能减少重金属的毒性。

3. 微生物修复。微生物修复技术就是利用微生物降低污染，并增加土壤肥力。例如，利用硫酸盐还原菌对采矿酸性矿山废水中的大量硫酸进行还原和清除，也使废水中的重金属沉淀下来。实验结果显示，当 pH 为值 5.00、滞留时间为 18h 时，硫酸盐的回收率可达 46.10%，且铜、锌、铁含量的下降十分显著。此外，微生物还能在固定 N_2 的过程中，利用有机废弃物，提高土壤的物理化学性能。微生物修复技术是一种天然的处理方法，对环境的影响非常小，而且能大幅度减少污染物质含量。微生物修复技术是一项比较复杂、耗时较长、又有一定特异性的技术，其应用还存在着许多限制。

在矿区生态园林的修复过程中，单一的修复技术常存在缺陷，不能完全满足修复的需要，而技术的组合可以起到互补作用，从而达到最好的修复效果。例如，物化复合修复技术可以迅速固化，并能直接去除有毒有害物质，而物化复合修复关键在于选用能与重金属相结合的材料；微生物化学复合修复技术将表面活性剂加入土壤，使其从固相到胶束变化，提高其在土壤中的溶解性，提高膜对微生物的渗透能力；植物化学复合修复技术将螯合剂加入土壤中，从而提高土壤的毒性；植物微生物联合修复技术能够与某些特殊的微生物协同作用，例如菌根真菌的生命和生理代谢可以将水、酶等其他物质输给到周围的植物，促进植物的生长，使土壤的重金属发生转化和迁移，提高植物吸收重金属的能力。联合使用两种以上复合修复技术，可以弥补解决单一修复技术的缺陷，提高资源的使用效率，提高生态园林的修复效率。因此，在今后的矿山生态园林修复中，综合利用技术必是重要的研究方向。然而，复合技术的结构非常复杂，与单一的再生技术相比，其对环境的影响更大，需要对每项技术都有一定的了解，增加了操作的复杂性。

（三）矿区生态园林修复的其他措施

1. 全面规划综合治理

将矿区分为居住区、采矿区、废矿堆积区、运输区，并根据矿区的特征，提出园林修复的对策。像居住区的地势较宽，是居民生活娱乐的场所，应以扩大附近园林绿化的覆盖面积为主，适当栽植适合本地气候的植物，提高植被覆盖率。采矿区地势复杂，坡度大，治理措施主要是修建围护、拦沙工程，并对该地区的泥沙进行合理控制，避免因淤积过多而导致水土流失和其他地质灾害，以对园林区域的可持续发展造成影响。废矿堆积区通常位于矿山沟渠两侧，治理方法以筑坝、拦阻、定期运输为主；对拦截坝的环境进行净化，减少尘土污染。运输区的保护应以护坡护岸工程为主，并在运输线路两侧设置绿化工程，确保各项措施的科学、合理、协调，从而达到综合保护的目的。

2. 因地制宜因害设防

根据矿区水土流失的成因和发展特征，把握重点，采取适当的防治措施。

对矿山生产中的大量废弃石料，要按规定分类存放，不得随意倾倒，防止占用园林绿化用地，毁坏植物。在自然灾害发生时，没有强大的水土保持措施，会造成重大的经济损失。同时，合理修建挡泥墙，一旦出现水土流失，就能及时截住废弃的石料，通过淤积可以有效降低植被的损失。

矿区比较陡峭，容易导致水土流失。因此，应按坡体的构造和分布特点进行分段截流，并在坡面两侧种植植物，提高植被的覆盖度，减少由地表径流引起的过度冲刷。同时，要进行排涝，及时疏通地下管线，增加地面的排水能力，避免由于水流过大导致泥沙淤积，确保当地人民的人身安全。

根据矿山水土流失的成因和严重程度，采取相应的防治措施。多种因素的共同影响容易造成地面重力不平衡，引起一系列的重力冲刷。因此，必须在铁路沿线种植植物，并定期进行防护。确保边坡承载力，增强稳定性。在矿山斜坡较大的情况下，可以改道，采取"S"形路线，减少矿山的运输坡度，减少水土流失造成的损失；在坡度较小的情况下，可以对植被进行定期修复，以确保覆盖率。

3. 加强管理注重效益

矿区的生态园林建设必须按照生态环境的发展规律，在保证矿山生态效益和社会效益的基础上，为当地创造更多的经济效益。矿区要设立保护管理机构，并对当地园林进行定期植被修复，以确保在雨季时能够保持植被的覆盖率；同时，定期对大坝的抗流性进行监测，对拦截坝、排水管等设备进行定期的检查和维护，确保在出现洪涝灾害时，其抗流性能得到保障。要加强对水土保持工作的宣传力度，减少对植物的损害，并采取适当的法律措施加以控制；加强居民对生态环境的认识，实现最大程度的保护效果。

4.边坡稳定性治理工程

①削坡减载工程。对于高陡边坡，要根据稳定性分析的结果，决定是否要进行削坡减荷。对分析结果为稳定的高陡边坡，可以保持原有状态，只进行复绿，以减少工作量，降低斜坡对周围环境的影响。在分析结果为不稳定的情况下，首先要对坡度变缓的斜坡进行减荷，在有悬空的情况下进行分层放坡，消除大的临空面。在保证安全的基础上，根据现场的实际情况，选用合适的开挖方案。在施工条件较好的地区，采取开挖措施，以确保安全；在缺少工作面的地区，采用爆破法进行治理，在治理完成后绿化，以保证矿山的可持续发展。

②坡面整理工程。对于不稳定的高陡边坡，在进行坡面修复和复绿前，或在发生次生病害和其他不良地质作用的情况下，必须对边坡进行勘察。在需要复绿的地区，首先要对边坡进行平整，将有可能造成边坡病害的落石、碎石等危石清理干净，然后进行生态修复。

③反压坡脚工程。对发生病害的斜坡进行治理，形成的危岩可以用作反压坡脚，坡度不大于45°，也可以设置护坡。在堆砌坡脚时，通常采用粗粒度的砂砾或经坡面处理的危石，由上往下分层，沿斜坡堆积。该方法既能改善边坡的整体稳定性，又能防止土石方的运动。

二、甘肃生态园林水体的生态修复技术与措施

除去采矿作业对甘肃生态园林用地带来的负面影响外，当地的居住人口与工业生产所排放的污水、废水对当地的河道水质也造成了严重的污染。在对园林内水体造成巨大影响的同时，对甘肃地区的园林灌溉取水用水上也造成了很大的问题。

（一）水污染的原因

1.外源污染

甘肃地区的工农业规模化发展加剧了当地的环境污染，尤其是严重污染了当地园林的水环境。另外，由于相关部门对城市污水排放管理的重要性缺乏正确认知，对污水排放管理工作重视不足，导致很多污水未被处理就直接排入河道，对河道造成了严重污染，河道再流经生态园林区域，对当地的水体造成了严重的污

染。垃圾分类未得到严格执行，下雨时大量的白色垃圾会被冲入水体中，从而打破园林水体内的生态平衡，甚至会产生具有刺激性气味的气体。此外，水体中的污染物通常具有难溶解的特点，会降低水里的氧气含量，进而使水体遭受进一步的破坏。

2. 内源污染

当园林水体存在内源污染时，水里的生态平衡会被打破，而水体植物具备自我分解的特征，在这个过程中会释放有机物，损害水环境。另外，水体内具有相对丰富的营养，可以为水中的藻类物质提供生长所需营养，使藻类物质大量繁殖，并漂浮在水面上，在空气和水体之间产生一定的隔绝效果，导致污染状况加剧，还会释放具有腥臭气味的气体，大幅度降低城市的环境质量。

（二）污染治理

1. 外源污染控制

生态园林水体污染主要的外源污染成分是雨水，雨水具备吸附性，工业区的雨水含有二氧化硫等有害物质，这类雨水进入水体中，不仅会对水源造成污染，还会威胁水生动植物的健康。另外，降雨时雨水会将地面的泥沙以及固体垃圾一同冲入地势较低的水池中，对园林水体环境产生较为严重的负面影响。因此，在对园林水体污染实施治理时，相关人员应该合理运用多方位的生态修复技术，确保该技术的作用得到充分发挥，以此达到预期的治理效果。对雨水等外源污染实施治理时，可以采用折叠式滤膜进行阻隔，确保污染物无法流入园林水体。首先，相关人员要合理规划设计雨水收集管网，将折叠滤膜安装到管网末端，以此有效截留雨水中的有害物质，避免造成污染。其次，充分利用河岸边的植物，实施透水性设置，将芦苇等植物种植在园林水景周围，让植物发挥自身的阻隔作用，将雨水中的泥沙和固体垃圾隔离在水体之外，降低水中固体垃圾和淤泥的含量。除此之外，相关人员还可以采用工程建设以及安装设备等方式，控制水体污染产生的影响，从而加强治理效果。

2. 内源污染控制

园林河道内部的污染物经过长时间的积累会生成一层淤泥，附着在河道底部，从而破坏水体及周边环境。因此，及时妥善地处理河床上的淤泥具有重要意义。底泥污染成分种类相对较多，会在水体中释放污染物质，此时相关人员应结合物理等技术，合理运用多方位生态修复技术来保证相关的治理效果。比如，通过机械设备的辅助，对河道底泥进行充分挖掘，同时利用生物酶，保证底泥中的污染物质被彻底消化。内源污染控制的意义在于可以降低污染程度，提高污染去除工作的质量和效率，从而实现河道净化。需要注意的是，利用机械设备对河道底泥进行挖掘和清除时，需要耗费大量的成本，适宜应用于小面积或污染程度偏低的河道治理中；而对面积较大且污染程度偏高的河道进行治理时，可以选用生物治理技术，该技术的原理是将生物酶投放到河道中，并加强其中的微生物活性，进而保证有毒有害物质被快速降解。

3. 增强水体自净功能

园林水体涵盖的植物群落非常繁杂，包含浮叶植物或挺水植物等。想要保持水质，并实施美化，则要让浮水和挺水植物充分发挥自身的作用。同时，沉水植物能够增加水体的多样性和稳定性，从而对水体生态功能修复起到决定性影响。一般情况下，工作人员会将水下草皮种植在浅水区域，将四季常绿植物种植在中水区域，以形成水下森林。

水生动物群通常以底栖动物、大型鱼类以及浮游生物群落为主。大型鱼群能够在较多方面发挥自身的作用，起到一定的生态景观功能。底栖植物主要以动植物残体和有机质为食，在自身成长需求得到满足的同时，还能净化水体。浮游生物群落会捕食水中的腐植物及绿藻等，加强水体自身的清洁能力，进而形成良好的园林河道水体生态环境。

4. 构建人工净化体系

当外界污染物进入园林水体中，会使其出现失衡或不稳定的现象，此时想要保证园林水体系统的完整性，需要使用应急措施，此时，可以通过人工净化干预系统，有效提升水体抵抗外界干扰的能力。目前，使用频率较高的技术之一为超微净化水工艺。该技术在超高压气水混合法的作用下，产生大量的微小气泡，不仅能够增大水体的氧容量并氧化有机物，而且能够去除各类污染物，有利于增强水体能见度，效果明显。超微净化水处理技术不仅能够去除河流重金属污染，还能改善水体浑浊、发绿等水质问题。由于气泡属于微米级，能够有效去除发绿水体中的粘附藻类。另外，当超微气泡携带正电荷时，可以直接分离与吸附水体中的泥沙和胶体，使浑浊的水体得到有效净化。此外，超微气泡在破裂和沉降的过程中，会产生相应的自由基及氢氧基，在这些自由基的作用下，水体中的有机物会被有效分解与氧化，从而实现对黑臭水体的科学化治理。

5. 复合微生物菌剂

复合微生物菌剂具备降解有机物的功能，可以为水质正常曝气提供保障，以此有效治理园林水体中的污染物质，从而改善水体污染状况。复合微生物菌剂主要由微生物组成，通常以光合细菌与放线菌为主。该菌剂在水体中能够形成优势明显的菌类群体，并且能够快速发育繁衍，提高水中营养物质被吸收和降解的速度，从而降低水中污染物的含量。复合微生物菌剂的优势体现在成本低、净化效果佳等方面，具有较大的推广价值。

6. 植物修复技术

开展园林水体污染治理工作时，工作人员可以栽培特殊植物，通过特殊植物的作用，达到治理和修复的目的。

（1）植物转换

植物自身具有新陈代谢功能，该方法使这种功能得到最大化的呈现，并且以吸收、分解等方式，处理或转化水中的污染物质，转化生成的物质能够为植物提供生长所需的养分，从而达到治理污染的目的。

（2）根系过滤

该方法让羽状根系植物充分发挥自身的作用，最大化地吸收水体污染物，为污染物富集、沉淀提供保障。根系过滤适合处理被放射性元素污染或重金属污染的河道水体。

（3）植物萃取

如果水中存在污染物质，可以利用植物根系吸收该污染物质，有利于最大程度地发挥植物机能作用。根系吸收污染物后，会实施有效的转移，转移方向为自下而上，最终将其存储在植物地上部分，然后可以通过处理地上植物，使治理效果得到保障。此外，利用植物萃取还可以治理重金属污染的水体，但这种方式对植物种类有较高的要求，植物不仅要具有良好的耐受能力和抗病虫害的能力，而且需要具有非常强的富集能力，才能最大限度发挥植物萃取技术的效果。

（三）提升园林水环境治理效果的措施

1. 科学运用生态修复技术

生态修复技术可以有效恢复园林水体的生态平衡，更好地调节河道水环境。在实际工作中，使用频率较高的生态修复技术之一是植物调节法，该法可以科学有效地管控水环境中的微生物。但需注意的是，在全面开展生态修复工作之前，先要实现水体环境治理的目标，进而使河道内污染物的平衡状态达到合格水平。

2. 制定科学有效的水体治理方案

园林水体发黑发臭的原因相对复杂，并且不同城市水体的黑臭问题也存在一定差异。在对治理方法进行选择时，工作人员先要详细调查水体内的污染状况以及污染源，并在此基础上，制定科学有效的水体治理方案；与此同时，还要判断水体的污染程度，采取对应的污水回收和节流措施，降低水体发生黑臭的概率；除此之外，还要科学改造河道污水的排污管道，有效控制城市污水排放，为绿色城市目标的实现提供保障。

３．强化政府职能及部门协调

要保证生态园林水体环境不受污染，政府部门需要充分发挥自身职能，对园林水体实施全面的监管和保护。另外，想要避免园林河道水体污染现象，政府部门相关机构需要协同作业，在各自的管理监督范围内，全面落实相关的治理对策。还要引入社会资本，确保治理过程有充足的资金支持，以此保障对园林水体污染的长期治理。要全面落实园林负责人的制度，这说明城市水体治理获得政府的支持和保障，以及实现了良好的责任人制度。

第四节　甘肃省生态园林可持续发展的建议

甘肃省生态园林的可持续发展不仅能满足人们的长远需求和要求，而且对维护全球的生态平衡具有一定的促进作用。采用科学的技术手段，全面优化生态经营管理系统，对提升生态园林功能、实现生态园林和社会的可持续发展具有积极的作用。

一、确定甘肃生态园林建设的方向

在科技和社会经济飞速发展的今天，生态园林要有科学而又具有自然特色的建设风格。使人们能够在生态园林环境中实现渴求大自然景观的愿望，满足人们崇尚自然、回归自然的精神需求；同时还要在园林环境建设中实现自然景观的可持续性发展，极大地促进了对生物多样性的发展与保护。而要实现人与自然的和谐，这就要求生态园林的建设必须要有一个正确的发展方向，才能保证生态园林建设的未来成果。

（一）生态园林的建设要实现园林技术标准化和规范化，建立健全园林标准化技术体系，打破传统园艺技艺，走园林现代化，园林科技代代相传的可持续发展之路。

（二）借鉴世界发达国家完整的园林标准化体系（例如荷兰的花卉标准体系）和先进经验，快速提高我国园林标准化的起点；生态园林的建设方面的科研成果应与实际应用密切联系，制定可行的技术标准体系，随着中国加入 WTO，应尽快与国际标准化接轨。

（三）生态园林植物的配置应该实现多元化，防止因植物品种单一，为防治虫害而造成的城市环境污染。

（四）为减少农药对环境的污染，应开创无公害的园林植物保护时代。具体内容包括：捕食性天敌的控制，主要是采取以虫治虫措施，防治植物虫害；寄生性天敌控制，主要是利用害虫天敌来消灭植物害虫；微生物控制，主要是利用微生物来控制植物害虫；病毒控制，主要是利用昆虫病毒侵染昆虫幼虫，使其植物害虫死亡；性信息素控制，利用信息素诱导消灭植物害虫；植物控制，利用植物的天然防御能力，包括不利于昆虫产卵、栖息、取食或植物的挥发、分泌物对昆虫具有趋避、杀伤作用和不利于病害发生的特性；栽培控制，利用物种多样化的自然法则，有效地消除植物病虫害；招引益鸟，觅食害虫；使用低毒和无毒生物农药；植物检疫等措施。

（五）在现实条件下，园林工程缺乏必要的工程监理机制，园林工程监理的的滞后已经严重制约了园林事业的健康发展。为确保生态园林建设的健康发展，应改变园林绿化工程在园林管理部门多实行建设项目审批的制度，建立园林工程建设监理制度，彻底解决施工过程无人监督，施工结果无人过问，绿化资料数据源于项目备案时的设计资料的现状，以提高绿化资料数据的可靠性和真实性。

（六）生态园林建设应逐步向实现城市生物多样性的方向发展。城市生物多样性是城市环境重要组成部分，更是城市环境、经济可持续发展的资源保障。城市生物多样性已是城市人们生存和发展的需要，是维持城市生态系统平衡的基础。但是，随着城市化进程的加剧和人类盲目建设、环境污染和破坏，城市生物多样性急剧下降，影响了城市生态系统的稳定和协调发展。保护城市生物多样性已倍受世人关注，成为当前生物多样性研究与保护的热点领域之一。

（七）依据生物多样性保护的城市园林规划与景观生态学原理斑块—廊道—基质模式。运用景观生态学的方法对园林进行以人工生态为主体的景观斑块单元设计，包括城市公园、花园、小游园、广场、绿化带等。设计内容包括园林空间的异质性、园林类型的多样性、园林物种的多样性、城郊生态景观、城市的廊道和城市绿色生态网络等。园林类型的多样性按照构成城市园林斑块的主体和基础，可分为生产型植物群落、观赏型植物群落、抗逆性植物群落、保健型植物群落、知识型植物群落和文化环境型植物群落六大园林类型。利用不同的园林斑块类型，通过绿色廊道的联系，通过点—线—面的衔接，实现城市生态环境建设兼备人文特色的城市绿色生态网络。

二、严格把控甘肃生态园林建设设计

根据生态园林建设的发展动态和方向，其园林绿化设计应以生态环境再现自然、人与自然和谐共生为目标，以维护周边生态平衡和实现生物多样性的可持续发展为目的，按照生态景观学的理论和方法，以生态学工程学和现代园林技术为指导，跳出传统模式，设计出立意新颖，富含人文艺术、寓意深刻的适宜于实现城市生物多样性的新模式，充分发挥植物的景观功能和生态功能。为此，城市生态环境建设和园林绿化的设计，在坚持土地利用多样性和园林建设生态性原则的同时，应遵循下列原则：

（1）立足生态，体现自然；

（2）兼顾功能，统筹布局；

（3）渗透文艺，寓意新颖；

（4）种群多样，景观异质；

（5）以人为本，绿网生态。

按照上述原则，以植物造景为主题规划生态园林环境系统，实现横向相关性与纵向系统性、层次性的绿色生态网络系统，使植物花、果、叶的色相变化与季节变化相一致，达到"自然—植物—人"相吻合的理想的生态复合人居环境。

三、坚持甘肃生态园林的可持续发展战略

（一）借鉴世界生态园林环境建设方面的先进经验和科学研究成果，结合园林建设地址所处的地域气候环境特点，在通过调查研究的基础上制定可行的技术标准体系，促使甘肃生态园林建设走可持续发展的道路。

（二）生态园林建设应与社会发展相互衔接、协调发展，要以"绿"为中心，自然景观为特色，把传统园林的概念从孤立的花园、街道、庭院绿化中解救出来，发展"以城市为主，环境绿地协调，空间绿化补充"的途径，按照相生相克的原理，植物配置实行多元化，可有利地控制病虫害的发生，减少有机农药给城市生态环境造成的破坏，为开创无公害的园林植物保护时代的城市创造一个良好的生态环境。

（三）加强培养懂生态、建筑、园林、植物等学科知识的复合型生态园林工程人才的力度，尽快培养一批高水平，高能力生态园林工程的设计和监理人才，为确保生态园林环境建设发展，做出高水平、风格别致、寓意更富有人文艺术水

平的设计和建立健全城市生态园林工程建设监理制度奠定基础。

（四）生态园林的设计与施工，应与城市生物多样性保护和可持续发展原理相匹配，在给城市环境，经济可持续发展提供保障的同时，为城市生态系统的稳定和协调发展，城市生物多样性满足城市人们生存和发展的需要，是维持城市生态系统平衡，实现生物多样性的可持续发展创造条件。

（五）运用生态景观学的原理和方法，按照斑块—廊道—基质模式，遵循以小为主，中小结合，普遍分布的原则，依据其立地条件的不同，配置不同的园林斑块类型，并通过绿色廊道的联系和"点—线—面"的衔接，共同构建"生态基质—绿色廊道—绿地斑块"的生态绿地系统格局。

参考文献

［1］毛欣.基于传统风水理论的清代北京皇家园林理水手法研究［D］.山东农业大学，2022.

［2］龙杏维.园林绿化植物种植技术管理研究［J］.种子科技，2023，41（02）：87-89.

［3］徐春蕾.试谈城市园林绿化档案工作的有效管理［J］.兰台内外，2023（02）：46-48.

［4］张杰.A园林绿化施工项目的成本影响因素研究［D］.北京化工大学，2021.

［5］纪媛.园林工程质量管理研究［D］.河北地质大学，2022.

［6］王亮.现代园艺技术与园林景观设计融合分析［J］.佛山陶瓷，2023，33（01）：164-166.

［7］胡伟杰.基于阴阳五行理论的中国古典园林空间研究［D］.江西农业大学，2022.

［8］苏有波.园林建筑、小品与园林风格协调问题及对策分析［J］.园艺与种苗，2022，42（12）：62-63.

［9］王松.上市民企引入国资进行混改的动因及效果研究［D］.广州大学，2021.

［10］卢海鹏.节能型技术及优化方案在园林景观施工中的应用研究［J］.居业，2022（11）：145-147.

［11］潘芳.汉代园林审美文化研究［D］.山东师范大学，2022.

［12］尹祥俊.住宅小区园林绿化施工存在的问题及对策分析［J］.散装水泥，2022（06）：50-52.

［13］肖森.彩叶植物在园林景观设计中的融入［J］.环境工程，2022，40（12）：316.

［14］施袁顺.清代扬州园林与文人雅集研究［D］.南京林业大学，2022.

［15］于利贤，吴振全.信息化系统在园林项目管理中的应用——以某生态湿地公园建设项目为例［J］.项目管理技术，2022，20（11）：15-18.

［16］徐胜烨.中国传统园林理水之'以水为心'的形式探究［D］.中国美术学院，2022.

［17］王云琦.可持续发展理念下城市园林景观设计分析［J］.居舍，2022（30）：141-144+152.

［18］姜琰.园林绿化工程后期养护管理工作研究［J］.房地产世界，2022（20）：155-157.

［19］王彤.基于熵权法的QS园林公司财务风险评价研究［D］.沈阳工业大学，2022.

［20］岳毅平.中国现代公共园林的发展历程及其对社会生活的影响［J］.铜陵学院学报，2022，21（05）：73-77.

[21] 樊芳兰.加强园林绿化工程质量监督管理对策探讨［J］.居业，2022（09）：133-135.

[22] 唐梦.拉萨市公园绿地园林植物造景研究与策略［D］.西藏大学，2022.

[23] 罗海旺.如何提高园林绿化工程的生态经济效益［J］.智慧中国，2022（08）：69-70.

[24] 马良.国资纾困缓解企业僵尸化研究［D］.河南财经政法大学，2022.

[25] 陈静，张广元，毕煌凯，高鑫.城市园林经济管理优化路径探讨［J］.现代农村科技，2022（09）：119.

[26] 李倩，辛亮.园林绿化工程施工与养护管理措施［J］.现代农村科技，2022（08）：58-59.

[27] 谢腊梅.LY园林咨询公司兼职专业技术人员激励问题研究［D］.西南大学，2022.

[28] 李倩，张世姣.园林植物引进过程中的生态安全性思考［J］.南方农业，2022，16（12）：44-46.

[29] 邱化腾.YHF园林景观工程项目成本管理研究［D］.青岛大学，2021.

[30] 王肖飞.基于移动GIS的园林绿化巡查管理系统设计与实现［J］.测绘与空间地理信息，2022，45（05）：139-142.

[31] 陈炜.园林养护管理中存在的问题及其对策［J］.南方农业，2022，16（10）：54-56.

[32] 胡通.青俊公司园林苗木营销策略优化研究［D］.湖南大学，2021.

[33] 李道静.园林工程造价的预算与审核分析［J］.房地产世界，2022（08）：78-80.

[34] 于杰.园林工程管理与成本控制［J］.林业科技情报，2022，54（01）：115-117.

[35] 王良.EQ园林公司X项目成本控制案例研究［D］.大连理工大学，2021.

[36] 张东波.浅谈园林景观施工管理控制难点及对策［J］.四川建材，2022，48（01）：49-50.

[37] 赵钰.WK园林公司资本结构优化研究［D］.沈阳工业大学，2021.

[38] 杨芳.高原生态环境对西宁城市园林绿化管理的影响［J］.现代园艺，2022，45（01）：182-184.

[39] 李彦鹏，李淑贤.绿化造价在园林工程经济管理中的意义［J］.南方农业，2021，15（33）：191-193.